FUNDAMENTOS DE EXPLOTACIÓN DE RECURSOS VIVOS MARINOS

Fundamentos de explotación de recursos vivos marinos

Ángel Guerra Sierra

Investigador científico
Instituto de Investigaciones Marinas de Vigo (C.S.I.C.)

Jose Luis Sánchez Lizaso

Profesor Titular de la Universidad de Alicante

Editorial ACRIBIA, S.A.
ZARAGOZA (España)

I.S.B.N.: 84-200-0858-3

IMPRESO EN ESPAÑA PRINTED IN SPAIN

Depósito legal: HU-382/98 Editorial ACRIBIA S.A. - Royo, 23 - 50006 Zaragoza

Imprime: Grafic RM Color, S.L. C/ Ganadería, Parcela 27 B, Nave 2, Pol. SEPES, 22006 Huesca. 1998.

ÍNDICE DE CONTENIDO

PREFACIO

Estos Fundamentos de Explotación de Recursos Vivos Marinos nacen como resultado de las clases de la asignatura «Biología Pesquera» impartida en el Tercer Ciclo de las Universidades de Santiago de Compostela y Vigo desde 1988 (A.G.) y en el Segundo Ciclo de la licenciatura de Biología de la Universidad de Alicante (J.L.S.).

Además del bagaje de nuestras propias experiencias y lecturas, se ha contado con el magisterio de los doctores Manuel G. Larrañeta, Ramón Margalef, Carlos Bas y Alfonso Ramos, a quienes estamos muy agradecidos.

También han influido en su gestación las conversaciones y debates científicos mantenidos con nuestros colegas del Instituto de Investigaciones Marinas (CSIC, Vigo), del Instituto de Ciencias del Mar (CSIC, Barcelona) y del Instituto Español de Oceanografía. Aún a riesgo de dejar alguno de ellos olvidado, involuntariamente, es de justicia expresar nuestro reconocimiento a José María Alonso-Allende, José Ramón Fuertes, Eugenio Labarta, Enrique C. López Veiga, Jordi Lleonart, Enrique Macpherson, Miguel Masutí, Pere Oliver, José Antonio Pereiro, Germán Pérez-Gándaras, Pilar Sánchez y Antonio Vázquez. Nuestro agradecimiento también para Bernardino G. Castro, Francisco Rocha, Ángel F. González, Mario Rasero, Begoña Santos, Tito Cortez y Vera Bettencourt, componentes del Grupo de Investigación sobre Ecofisiología de Cefalópodos (CSIC, Vigo), y además para Graham J. Pierce del Departamento de Zoología de la Universidad de Aberdeen, con quienes se trató en numerosas ocasiones problemas relacionados con la Dinámica de Poblaciones de los Cefalópodos. A Víctor Gómez Muñoz del Centro Interdisciplinario de Investigaciones Marinas (BCS, México) y a Paulo T. dos Santos del Instituto de Zoología de la Universidad de Oporto, con quienes hemos mantenido fructíferas relaciones personales y profesionales, también queremos darles las gracias. Este trabajo se ha enriquecido además con las aclaraciones a las preguntas de nuestros alumnos.

María Teresa Fernández y Eva Ledo merecen un agradecimiento particular por haber puesto a disposición de los autores su pericia técnica y su paciencia. Todas las ilustraciones han sido realizadas por Alfredo López «Tokio», y en su proceso informático, la ayuda de Joaquín Gracia ha sido inestimable.

La referencia a distintos autores que se hace al principio de algunos capítulos indica que han sido la fuente principal de información utilizada. Por otra parte, este texto se ha concebido de forma que su comprensión no precise conocimientos previos profundos sobre la materia. Finalmente, señalar el propósito de los autores por enriquecer esta primera edición con sucesivas aportaciones y mejoras.

Vigo, 1 de septiembre de 1998

INTRODUCCIÓN 1

La pesca es una actividad humana que consiste en la extracción de distintos tipos de organismos del medio acuático utilizando una variada gama de instrumentos.

El producto de la pesca se emplea fundamentalmente para el consumo humano, aunque también puede usarse como cebo o para la alimentación de animales de interés en ganadería y acuicultura. Los consumidores pueden ser los mismos pescadores, o bien otras comunidades. En este caso se establecen unas relaciones que dan lugar a que la actividad pesquera sea abierta y compleja y se rija sobre todo por la oferta y la demanda.

Siendo el mar un ambiente hostil para el hombre y más asequibles los productos de la tierra, en forma de agricultura y de ganadería, la necesidad parece ser el factor que ha jugado el papel principal en el desarrollo de la tradición pesquera.

Hay países con una importante tradición pesquera y otros que carecen de ella. Para que se de una tradición pesquera han de concurrir tres condiciones básicas. En primer lugar, que en el entorno cercano a donde se halle instalada una comunidad existan recursos en cantidad suficiente y asequibles. En segundo término, que exista un colectivo de individuos capaces de desarrollar técnicas para capturar dichos recursos y se sientan suficientemente motivados para hacerlo. Y por último, que haya personas dispuestas a consumir lo que los pescadores sean capaces de capturar.

Cuando cualquiera de las tres condiciones básicas falla, el desarrollo de la pesca no se produce. Así, hay países donde se padece hambre pero sus aguas son pobres, careciendo de recursos marinos en cantidad suficiente. En ellos puede existir una actividad pesquera artesanal, pero difícilmente se producirá un desarrollo importante de la pesca. Por el contrario, otros países, como Argentina, Estados Unidos, Canadá o Sudáfrica, que poseen enormes recursos marinos carecen, sin embargo, de una actividad pesquera en consonancia. En ellos la carne es abundante y barata y apenas hay demanda de pescado. Otros países, como Thailandia, Marruecos, Mauritania, Chile o Namibia, han desarrollado una importante actividad pesquera en los últimos años porque tienen recursos abundantes en sus costas, cuentan con comunidades consumidoras importantes o exportan. Lo primero que han hecho estos países es proteger sus recursos de la explotación por naciones con tecnología más avanzada, ir creando infraestructura en tierra y flota propia, de la que carecían, y estableciendo acuerdos beneficiosos para su desarrollo en forma de empresas mixtas o de otros tipos.

En una primera etapa, la actividad pesquera se produce sobre los recursos más próximos a tierra; es la pesca de bajura. Paulatinamente, los pescadores se van alejando cada vez más del litoral, originándose así la pesca de altura y de gran altura. La lejanía de los caladeros conlleva una mayor complejidad de la industria pesquera: barcos de mayor porte con capacidad de congelación o procesado a bordo, navíos de apoyo, plantas de elaboración en tierra, etc. Estos cambios influyen en las costumbres del consumidor, que de comer sólo pescado fresco, salado o ahumado, pasa a familiarizarse con el congelado y los preparados diversos, introducidos en el mercado mediante campañas publicitarias.

Todo el proceso de la pesca debe considerarse como una actividad económica global que repercute en numerosos sectores de la sociedad.

La actividad pesquera se realiza, en principio, sobre un recurso común o de libre acceso y autorrenovable. El desarrollo espontáneo de la explotación de un recurso de estas características se basa en la necesidad de conseguir alimento y en la capacidad del pescador para capturarlo. La evolución de una explotación de este tipo viene dada por lo que se ha venido en llamar «la tragedia de los recursos de propiedad común». Esta tragedia consiste en que cada usuario piensa que si introduce un elemento más en la explotación (más artes o barcos en el caso de la pesca) aumentará sus beneficios en proporción directa a los elementos que utilice. Considerando el conjunto de usuarios, y como el recurso no es inagotable, este planteamiento suele conducir a la reducción de los beneficios individuales obtenidos por la explotación y, en casos extremos, a la destrucción del recurso por agotamiento o sobreexplotación.

Aunque las técnicas pesqueras han avanzado considerablemente desde el Paleolítico, en la explotación de los recursos marinos apenas se ha salido de los planteamientos de aquella época: la captura por acecho o por persecución de la presa. Estamos pues ante un Paleolítico tecnificado. ¿Puede superarse este planteamiento? Aunque todavía es relativamente pequeña la fracción de productos marinos que se consiguen mediante la maricultura, aproximadamente un 15% de un total de cien millones de toneladas anuales, poco a poco se van introduciendo la mentalidad y la tecnología necesarias para alcanzar una etapa que podría considerarse de Neolítico tecnificado. Sin embargo, dadas las características del medio marino, no es previsible que la maricultura pueda desbancar totalmente a la pesca, sino que ambas actividades deberán complementarse y la pesca se mantendrá. Esto no ha ocurrido con la caza, su equivalente en un ambiente más manejable, que dejó paso a la ganadería, como la agricultura sustituyó a la recolección de vegetales silvestres.

¿Qué medidas son las que hay que tomar para que un recurso marino no alcance la fase de sobrepesca? Si el problema de fondo es el carácter de libre acceso de los recursos o la propiedad común de los mismos, esto puede lograrse por dos caminos: o implantando una disciplina general que proteja los recursos, como vedas, reducción de esfuerzo pesquero, imposición de tallas mínimas de captura o implantación de cuotas de captura, o bien creando zonas exclusivas de pesca, como concesiones a particulares o licencias de pesca. Esto significa adoptar una ordenación pesquera o, como se dice más modernamente, optar por una pesca responsable. Regular o manejar la explotación de un recurso es imponer una ordenación pesquera y vigilar para que se cumpla. Cualquier ordenación pesquera correcta se basa, como mínimo, en el conocimiento de dos unidades: la biológica (el recurso) y la extractiva (la flota). Corresponde al Biólogo Pesquero ocuparse del estudio de ambas, así como de sus relaciones, para proponer medidas que permitan obtener la Producción Máxima Sostenible, y aquí suele terminar su misión.

El biólogo que se dedica al estudio de la explotación de los recursos vivos marinos profundiza en el conocimiento de la biología y ecología de las especies, en la configuración de la flota, en el tipo de artes y aparejos que se emplean, etc., y utiliza modelos matemáticos, más o menos predictivos, para explicar lo que acontece en un recurso explotado o lo que puede suceder con un recurso que comienza a explotarse, dictamina sobre el estado de éste y sobre las medidas de ordenación más convenientes para que la explotación sea juiciosa y se mantenga en unos niveles que no pongan en peligro el recurso. Por tanto, básicamente, su actuación es la de asesor científico. Son otras instancias las encargadas de adoptar y controlar una ordenación pesquera, que conlleva siempre consecuencias sociales, económicas y políticas importantes. El éxito de una ordenación pesquera depende tanto de su idoneidad como de su correcta aplicación; la primera característica es responsabilidad del Biólogo Pesquero, mientras que la segunda escapa, generalmente, a sus atribuciones.

La ciencia que trata sobre la explotación de los recursos vivos marinos, o Biología Pesquera, es una parte de la Biología Marina. La Biología Pesquera es una disciplina científica multidisciplinar estrechamente relacionada con otras ciencias, desde la Oceanografía hasta la Economía.

Breve visión histórica de la evolución de la pesca y de la Biología Pesquera

2

2.1 EVOLUCIÓN HISTÓRICA DE LA PESCA

La pesca es una actividad muy antigua. En el Paleolítico existen muchas evidencias de que los organismos marinos eran importantes en la alimentación de los habitantes de zonas costeras, así, acumulaciones de conchas, anzuelos, ornamentos, pinturas rupestres, etc. Los romanos desarrollaron un sistema de captura y comercialización del atún que implicaba conocimientos sobre las migraciones de los mismos. Existe constancia de que ya en el siglo VII los vascos capturaban ballenas en sus migraciones a través del golfo de Vizcaya. En los siglos XVI y XVII las principales pesquerías en la península Ibérica eran la sardina, mayoritariamente en Galicia pero también en el Mediterráneo, y el atún, que se capturaba con almadrabas en el estrecho de Gibraltar, golfo de Cádiz y Levante. La pesca de la ballena se había extendido a Terranova y el Ártico (Spitsbergen) debido al declive de las poblaciones de ballena vasca; también se había desarrollado la pesquería del bacalao en Terranova. Las dos primeras pesquerías eran costeras y las otras dos de altura o gran altura. En otros países europeos estaban desarrolladas también las pesquerías de bacalao y de ballenas pero, sobre todo, la pesquería de arenque en el mar del Norte. Ligadas a estas pesquerías florecieron actividades económicas de conserva (salazón y ahumado principalmente) y de obtención de aceites de ballena, así como la comercialización de estos productos pesqueros, muy importantes en la época. Además estaban desarrolladas otras pesquerías costeras de las que existe poca documentación debido a que se destinaban principalmente al consumo local y no había detrás una actividad industrial.

El declive de la pesca de la ballena vasca o franca en el golfo de Vizcaya se había producido en el siglo XV, forzando la búsqueda de nuevos caladeros más lejanos, que llegaron hasta las costas de Canadá. El siglo XVIII se caracteriza por la aparición de fuertes conflictos debido al declive de recursos tradicionales (sardina y atún principalmente) y a la introducción de nuevos artes de pesca más eficientes. El principal conflicto en esa época fue la introducción de la pesca de arrastre a pareja, que desató una gran polémica entre defensores y detractores. También se produjo un conflicto en Galicia entre el sistema tradicional de pesca de sardina, las traiñas, y las jábegas, que importaron los catalanes.

Otro conflicto era el que provocaba la «titularidad» de los caladeros de altura entre potencias. Los barcos de pesca en Terranova, Groenlandia y sobre todo en el Ártico, que Inglaterra reclamaba como propio, iban fuertemente armados y en ocasiones practicaban «el corso» (sin patente o licencia).

Aunque a finales del siglo XVIII se encontraban ya desarrolladas muchas de las pesquerías y sistemas de pesca actuales, si se pudiese ver cómo se practicaba la pesca hace sólo dos siglos se encontrarían pocas similitudes a como se practica actualmente. Hasta la revolución industrial, los barcos de pesca se propulsaban a vela, las redes eran de esparto, y no se utilizaba el acero para los anzuelos. La conservación se realizaba mediante el salado o ahumado y la distribución era limitada.

La revolución industrial introdujo, a finales del siglo pasado, importantes cambios en las pesquerías, que afectaron a los barcos y aparejos: puertas, anzuelos de acero, cáñamo para las redes, cañones para arponear ballenas, motores de vapor, etc, también a la conservación: hielo y enlatado, así como a la distribución y comercialización: ferrocarril, grandes mercados en las ciudades, etc. A modo de ejemplo, el arrastrero de vapor se introdujo en el mar del Norte en la década de 1880 y diez años después solamente Gran Bretaña tenía 600 arrastreros de vapor operando, existiendo flotas similares en Alemania y otros países europeos.

Sin embargo, hasta la Segunda Guerra Mundial esta expansión de las pesquerías se limitaba a los países industrializados del hemisferio norte, comprendiendo el Mediterráneo y Norte del Atlántico fundamentalmente y, en menor medida, el Pacífico. Las capturas estaban dominadas por especies demersales, aunque con algunas excepciones como las sardinas, arenques, atunes y cetáceos.

A partir de los años 40 se producen cambios notables en las pesquerías, algunos de ellos directamente relacionados con la investigación militar en la Segunda Guerra Mundial, como ecosondas, radar, sistemas de posicionamiento y navegación, mejora de motores, etc. Las redes mejoran en su construcción, particularmente las de cerco, y por los años sesenta se introdujeron las fibras sintéticas, como el nylon. Como resultado de ello, se intensificó la captura de especies pelágicas y se introdujo el proceso de harina de pescado para alimentación de ganado. Así, en 1970, la captura de especies pelágicas doblaba la de especies demersales y el 90% de la captura de especies pelágicas y la mitad de las capturas totales se destinaba a la fabricación de harina. Por aquel entonces la pesca industrial se había extendido a todo el mundo mediante la aparición de nuevos países (Unión Soviética, Indonesia, Thailandia, Perú, México) y el aumento de la autonomía de los barcos.

Como resultado de toda esta serie de innovaciones, la industria pesquera se ha expandido enormemente en este siglo. Desde 1900 a 1970 la producción mundial creció de 4 a 70 millones de toneladas, lo cual representa que, aproximadamente, se dobló la producción cada 10 años. Desde los años 70 la producción se ha estabilizado, básicamente debido al colapso de una sola pesquería, la de la anchoveta peruana. En la actualidad la pesca representa en torno al 10% de las proteínas animales consumidas por el hombre. Esta proporción es mayor en algunos países de Asia y África donde el pescado es la fuente básica de proteínas para consumo humano.

A finales de los 70 la mayor parte de los países costeros reclamaron la Zona Económica Exclusiva, que reserva a los países ribereños la potestad de explotar los recursos que se encuentren hasta 200 millas de la costa, y que fue efectiva a partir de la Tercera Conferencia sobre Derecho del Mar de Naciones Unidas celebrada en 1982. Aunque inicialmente lo que más influyó en el establecimiento de la zona económica exclusiva fue la existencia de yacimientos minerales en la plataforma continental, la medida afectó notablemente a la «propiedad» de las pesquerías mundiales. Las 200 millas incluyen, en la mayor parte de los casos, la plataforma continental y el talud en los que se capturan la totalidad de las especies demersales y la mayor parte de las pelágicas. Esta medida ha afectado de manera muy negativa a la flota española que creció muchísimo en los años 60 y no dispone en su litoral de pesquerías importantes.

De lo anterior se desprende que el desarrollo de una pesquería es un fenómeno complejo en el que intervienen muchos factores diferentes: recursos, medios de captura, habilidad para manejar los equipos de pesca, sistemas de comercialización, demanda de los productos de la pesca, etc. También es importante que exista una adecuada relación entre productores, administración y centros de investigación para optimizar la gestión del recurso.

De la evolución histórica de las pesquerías se puede identificar una serie de estadíos en el desarrollo de cualquier pesquería. Estas etapas son las siguientes:

- Intensificación de la pesca sobre los stocks tradicionales (los más abundantes, los más fáciles de capturar y vender, los que se encuentran más cerca de los puntos de venta), a veces hasta un punto en el que la pesca ya no es rentable.
- Pesca de especies no convencionales en las zonas de pesca tradicionales como por ejemplo especies que no tenían interés comercial cuando los stocks tradicionales eran abundantes.
- Extensión de la pesca a zonas progresivamente más alejadas de los caladeros tradicionales (y repetición del mismo proceso en cada una de ellas).

La extensión de la pesca a nuevas especies y zonas ha cambiado radicalmente el patrón de explotación de los recursos marinos vivos. Aunque todavía existen recursos en algunas zonas que no se encuentran totalmente explotados en la actualidad, para la mayor parte de regiones y especies la pesca es muy intensa e incluso excesiva, siendo necesario adoptar nuevos mecanismos de ordenación y utilización racional.

La administración, e incluso la investigación pesquera, ha prestado atención a las pesquerías a gran escala porque son las más productivas en cuanto a número de toneladas, particularmente las de pelágicos menores. Las tendencias actuales, sin embargo, empiezan a valorar mucho más las pesquerías a pequeña escala o pesquerías artesanales porque capturan especies de mayor valor económico, son más selectivas en líneas generales, emplean comparativamente mayor número de gente y tienen un impacto socioeconómico mucho mayor del que se les había asignado tradicionalmente.

2.2 DESARROLLO HISTÓRICO DE LA BIOLOGÍA PESQUERA

Los conflictos pesqueros del siglo XVIII en España provocaron que los políticos ilustrados de la época empezaran a demandar información, pudiéndose considerar que entonces se inició la Biología Pesquera. Merecen destacarse los trabajos de Joan Salvador i Riera, José Cornide de Saavedra, Antonio Sañez Reguart y el Padre Sarmiento, entre otros. Se adoptaron medidas de regulación, como la prohibición y autorización de artes, particularmente para el arrastre y la jábega, y la concesión de licencias. Otro problema que se abordó fue la importación de pescado, sobre todo arenque y bacalao, que provocaba una fuerte dependencia económica y que forzó a las primeras campañas de prospección pesquera. En 1788 fue armado «El Descubridor», primer barco español con destino exclusivo de prospección en las pesquerías de Galicia. También se inicia la prospección de posibilidades de explotación de lo que se conoce actualmente como banco Sahariano. Además, a final de siglo (1790) se creó la Real Compañía para la Pesca y Manufactura del Coral.

El aumento de la intensidad de pesca provocó que a finales del siglo XIX y principios del siglo XX se hubiesen documentado un gran número de casos de declives o colapsos en algunas pesquerías, como el de la platija en el mar del Norte y la caballa y el menhaden en los Estados Unidos de América. Petersen (1894) y Garsang (1900-1903) llamaron la atención de que en una década se habían reducido en un tercio las densidades de peces capturados por los arrastreros en el mar del Norte. En 1899 se reunió en Oslo el Consejo para la Exploración del Mar para debatir dos problemas: el de la explotación de stocks y el de los efectos del medio ambiente sobre ellos. Como consecuencia, en 1902 se creó el Consejo Internacional para la Exploración del

Mar (CIES o ICES), que se considera por muchos el inicio de la Biología Pesquera, aunque existen antecedentes como se ha visto en el caso de nuestro país.

En la primera mitad del siglo XX la Biología Pesquera progresó lentamente. Merecen destacarse los trabajos de Maier (1906), que recuperaron los hasta entonces olvidados estudios de Henderström (1759), donde se utilizaron por primera vez los anillos de las vértebras del lucio para determinar la edad de los peces. Dahl (1907) demostró que los anillos de las escamas de los arenques se correlacionan con las distribuciones de tallas obtenidas por el método de Petersen (1892) y que tienen carácter anual, como ya habían adelantado Hoffbauer (1898) y Thompson (1902). Posteriormente, Lea (1910) describió la historia de la clase anual de 1904 del arenque noruego a partir de datos de captura y lecturas de escamas, descubriendo migraciones entre la costa y el océano. Reibisch (1899) y Thompson (1915) demostraron la misma utilidad para los otolitos. El fenómeno de mortalidad selectiva por talla, según el cual dentro de una clase anual los peces con una mayor tasa de crecimiento tienen una mayor tasa de mortalidad que los de crecimiento más lento, fue descrito por Lea (1912) y Sond (1913). Estos trabajos permitieron el desarrollo de los modelos matemáticos para expresar el crecimiento como los de Brody (1927-45), Ford (1933) y von Bertalanffy (1934-49), aunque algunas de las expresiones matemáticas utilizadas ya habían sido formuladas con anterioridad, entre ellas las de Gomperzt (1825).

En otra línea, varios trabajos de principios del siglo XX demostraron la utilidad de los métodos de marcado para estimar abundancias y migraciones de peces.

Un tema que atrajo el interés de los biólogos pesqueros muy tempranamente fue el cálculo de tasas de mortalidad. Las fórmulas más antiguas para el cálculo de la tasa instantánea de mortalidad total que se conocen son las de Edser (1908), aplicadas a la platija del mar del Norte y relacionadas con las curvas de captura de Baranov (1918) y el método de Heinke (1913).

Hellard (1913) utilizó las estadísticas de la caza de osos de Noruega en cinco años sucesivos para calcular el tamaño de la población, considerando que el número de animales cazados era proporcional al tamaño de la población y que el número de nacimientos y el de muertes por causas naturales se equilibraban mutuamente. Hjort, Sahn y Ottestad (1933) aplicaron esta metodología a las pesquerías de ballenas. Aplicar este principio a las poblaciones explotadas es, en general, poco realista. Sin embargo, pueden obtenerse estimaciones razonablemente buenas considerando que el tamaño de la población es proporcional a la captura por unidad de esfuerzo si se elimina el efecto del reclutamiento. Para ello, hay que trabajar con periodos cortos como hicieron Leslie y Davies (1939) y De Lury (1947).

El principal progreso teórico anterior a la Segunda Guerra Mundial se debe a Russell (1931), que con su sencilla ecuación canaliza los trabajos posteriores. Esta ecuación viene a decir que el incremento en biomasa de una población explotada es igual a unas ganancias de biomasa debidas al reclutamiento y al crecimiento y a unas pérdidas de la misma producidas por la mortalidad natural y por la mortalidad por pesca, considerando que las ganancias y pérdidas por inmigraciones y emigraciones se anulan mutuamente. En la misma línea, Thompson y Bell (1934) y Graham (1935 y 1938) formularon las bases de la dinámica de pesquerías planteando por primera vez de una manera formal la relación entre las abundancias y capturas y la tasa de pesca.

La interrupción en la explotación pesquera durante las guerras mundiales, sobre todo durante la segunda, provocó la recuperación de las capturas de especies sobreexplotadas, confirmando la relación entre intensidad de pesca y la abundancia, que es la base actual de la regulación de las pesquerías.

El mayor problema y reto de la Biología Pesquera fue predecir el efecto de diferentes cantidades y estrategias de pesca sobre el número o peso de peces obtenidos en la captura. Para resolverlo se han realizado dos aproximaciones: las analíticas y el método de la producción excedente o modelos de producción global o generalizada.

El primero en utilizar un método analítico de rendimiento o producción (yield) por recluta fue Baranov (1918), pero el modelo que iba a tener mayor influencia en posteriores desarrollos fue el de Thompson y Bell (1934) sobre el halibut del Pacífico. Utilizando esta metodología, Ricker (1945) calculó el rendimiento o la producción de una pesquería para distintas combinaciones de la tasa de mortalidad por pesca y de edad de reclutamiento. Sin embargo, el modelo que representó una auténtica novedad en la biología pesquera fue el de Beverton y Holt (1956-57). El trabajo de Beverton y Holt presenta además un modelo entre el stock parental y el reclutamiento, tema que ya había abordado Ricker (1948, 1954). Ambos modelos, en uso todavía, tratan sobre una cuestión crucial para el ordenamiento de una pesquería, como es la relación entre progenitores y descendencia, que todavía no está del todo resuelta.

El otro gran grupo de modelos analíticos es el de aquellos que se basan en la composición por edades de las capturas y que son análisis de la población virtual o análisis de cohortes. La primera aproximación se debe a Derzhanvin (1922), quien calculó el número mínimo de una clase anual de esturiones del río Kura al comienzo de una edad determinada por la suma de las abundancias en número de todas las capturas posteriores de esa clase. Lo que estimó así fue el número mínimo de esturiones vivos en el año de referencia, puesto que no incluía las perdidas por mortalidad natural. Voevodin (1938) denominó a este número «stock utilizable» y Fry (1949) «población virtual», que es como ha quedado. Ricker (1948) trabajó en un modelo basado en que, cuando se dispone de una composición representativa por edades de una población, es posible realizar una secuencia de estimaciones de la tasa de pesca (coeficiente instantáneo de mortalidad por pesca, F) y del tamaño de las poblaciones presentes durante los años de reclutamiento, asumiendo una mortalidad natural (M) conocida. Sus ecuaciones, que se resuelven iterativamente, se pueden utilizar para calcular F para todas las edades, dado un valor de M para cada edad. Los datos de composición anual por edades son aplicables a la captura total para estimar lo que se pescó cada año a partir de cada clase anual o cohorte. El cálculo se comienza con un valor de prueba de F para la edad más vieja y se realizan estimaciones retrospectivas. Jones (1961) demostró que las estimaciones de la tasa de mortalidad por pesca convergen hacia sus valores verdaderos para una mortalidad natural dada. Éste es el Análisis de la Poblacion Virtual (APV o VPA). Murphy (1965) preparó los primeros programas de ordenador para este análisis. Posteriormente, Pope (1972) sugirió algunas simplificaciones que se suelen denominar Análisis de Cohortes (AC o CA).

Por su parte, los modelos globales o de producción generalizada se basan principalmente en la expresión de Graham (1935), quien postuló la existencia de una relación parabólica entre la producción y la biomasa de un stock en equilibrio. Schaefer (1954) fue el primero en deducir fórmulas para el cálculo de la producción de una pesquería con base en series históricas de captura y esfuerzo en una explotación en equilibrio. Modelos posteriores se deben a Fox (1970) y Pella y Tomlinson (1969). Gulland (1969) propuso un método para aplicar estos modelos a situaciones de no equilibrio. Por su parte, Gordon (1954) utilizó las expresiones de Schaefer para desarrollar el primer modelo bioeconómico de una pesquería.

Los planteamientos anteriores partían del supuesto de considerar una pesquería compuesta por una sola especie o uniespecífica. Esto sólo es así en algunos casos, ya que, generalmente, las pesquerías son multiespecíficas, es decir, en el arte se recogen varias especies a la vez, las cuales están relacionadas entre sí. Por otra parte, en la pesquería cuentan los factores medioambientales. Este enfoque amplía la visión de la Biología Pesquera que pasa a considerarse desde un punto de vista ecológico, más acorde con la realidad.

Las tendencias modernas discurren por la ampliación de los modelos clásicos o uniespecíficos a multiespecíficos (FAO, 1978; Daan y Sissenwine, 1991), por considerar la influencia de factores del ambiente en las pesquerías (Anderson y Ursin, 1977), por aplicar modelos depredador-presa (May *et al.*, 1979), o por considerar los ecosistemas explotados globalmente (Henderson *et al.*, 1973, Regier, 1974). A estas tendencias hay que añadir la actualización de modelos antiguos de evaluación de los stocks explotados, como son los modelos de biomasa de frezantes por recluta (véase Apartado 13.3) y los modelos de extracción o agotamiento (véase Apartado 13.4).

PRODUCTIVIDAD MARINA Y PESQUERÍAS 3

3.1 PRODUCCIÓN PRIMARIA Y REDES TRÓFICAS

La fotosíntesis consiste básicamente en la conversión de la enegía solar en energía química. Esta función la realizan los organismos autótrofos utilizando el anhídrido carbónico y el agua, dando lugar a carbohidratos y oxígeno. Existen también organismos autótrofos que obtienen la energía a partir de compuestos inorgánicos (quimiosíntesis). Este tipo de producción se denomina primaria, constituyendo la base de la mayoría de los ecosistemas existentes. La fotosíntesis se puede expresar mediante la siguiente ecuación química (Valiela, 1984):

$$1.300 \text{ kcal luz} + 106 \text{ moles } CO_2 + 90 \text{ moles } H_2O + 16 \text{ moles } NO_3$$
$$+ 1 \text{ mol } PO_4 + \text{pequeñas cantidades de otros elementos minerales} = 3{,}3 \text{ kg}$$
$$\text{biomasa} + 150 \text{ moles } O_2 + 1.287 \text{ moles de calor}$$

Al proceso inverso se le denomina respiración. Los organismos autótrofos también respiran. Los organismos incapaces de realizar fotosíntesis o quimiosínteis son los heterótrofos.

La luz visible, aunque aparezca como blanca, en realidad está compuesta por radiaciones de diferente longitud de onda. El color visible de más baja longitud de onda es el violeta (370 nanometros), y el de mayor es el rojo (750 nanómetros). Por debajo y por encima de ellos se hallan el ultravioleta y el infrarrojo, respectivamente. La energía calórica de cada uno de ellos está en relación inversa a su longitud de onda. Por otra parte, su penetración en el agua marina es distinta, de forma que, dentro del espectro visible, la luz roja es la de más bajo poder de penetración, mientras que la violeta es la que mayor profundidad alcanza. Este fenómeno contribuye a la distribución diferencial de las plantas marinas según la profundidad, de acuerdo con la longitud de onda de la luz del espectro visible que sean capaces de utilizar.

La penetración o la extinción de la luz en el agua marina depende de muchos factores, y, generalmente, nunca sobrepasa los 100 metros de profundidad. Esta capa iluminada se denomina zona fótica.

La producción primaria se suele expresar en gramos de Carbono (C) asimilado por unidad de superficie o volumen y por unidad de tiempo.

De la energía solar total incidente en el globo sólo un 1/1.000 se aprovecha en la síntesis de materia orgánica de la biosfera. La producción primaria total de la Tierra es de unos 66.000 millones de toneladas de C por año. La superficie de los continentes es de 148×10^6 km^2, mientras que la de los océanos es de $361 \times 10^6 km^2$. Sin embargo, la producción primaria de la zona emergida de la tierra es de unos 30.000 millones de toneladas de C por año, mientras que la de todos los mares y océanos es de 36.000 millones de toneladas de C por año aproximadamente. Es decir, los continentes producen más que los océanos por unidad de superficie. Estos datos pueden parecer sorprendentes, sobre todo cuando tanto se ha hablado de que el mar es la despensa y el futuro alimentario de la humanidad. La realidad es que grandes extensiones en el mar tienen valores de producción similares a los desiertos. La productividad promedio de los continentes es de 200 g C por m^2 y año, mientras que la del mar es de 100 g C por m^2 y año. De los 5.100×10^6 toneladas de alimentos que actualmente se consumen en la Tierra sólo un 2% proceden del mar.

En la Tabla 3.1.1 se expone la producción promedio de algunas zonas terrestres comparándose con la producción primaria de comunidades planctónicas de varias áreas marinas. Los datos son explícitos por sí mismos si se considera la limitada extensión de las áreas de afloramiento.

Los productores primarios son el primer nivel trófico de los ecosistemas. A partir de él se constituyen redes tróficas más o menos complejas. En el paso de un nivel a otro de la red trófica existe una pérdida de materia y energía. Por ello, la biomasa producida en el primer nivel será siempre mayor que la de cualquier otro, y factor limitante de la biomasa de los restantes. En definitiva, la carga máxima de explotación que puede soportar cualquier ecosistema dependerá de su producción primaria, del nivel trófico al cual se realice la explotación y de las eficiencias en la transferencia de energía de un

Tabla 3.1.1 Producción primaria (g C/m^2 y año) en diferentes medios (Margalef, 1974).

Desiertos	40	Mediterráneo occidental	50-85
Estepas y pastizales	200	Mar del Norte	150
Cultivos	350	Áreas fértiles del Atlántico	250-450
Selvas tropicales	500	Áreas de afloramiento	500-1.500
Lagos oligotróficos	10-80	Cultivos de algas	500-800
Lagos eutróficos	100-600		

nivel a otro. En tierra, el hombre aprovecha los recursos a un nivel trófico bajo: vegetales (productores primarios) o herbívoros (productores secundarios), mientras que en el mar las cadenas tróficas son más largas. Una cadena alimenticia típica en el mar estaría formada por fitoplancton, zooplancton herbívoro, zooplancton carnívoro, peces planctófagos y peces piscívoros.

3.2 PRODUCCIÓN PRIMARIA EN REGIONES SIN AFLORAMIENTO NI DIVERGENCIA

Una característica de los ecosistemas acuáticos que los diferencia de los terrestres es que los procesos de remineralización se producen a mayor profundidad que los de asimilización, de tal modo que, con el tiempo, se agotan los nutrientes de las capas superficiales iluminadas porque existe una exportación continua de materia orgánica hacia zonas más profundas. En el mar, la producción primaria va a estar controlada por la profundidad de la capa fótica y los mecanismos de ascenso de nutrientes (sales de nitrógeno, fósforo y silicio, principalmente). El ascenso de nutrientes se debe principalmente a los afloramientos (véase apartado siguiente) y a la mezcla vertical de aguas superficales que homogeneiza la columna de agua hasta una profundidad que depende, básicamente, de la fuerza del viento y de cambios en la densidad de las aguas superficiales.

Tres son los factores que determinan el ciclo de producción primaria en cualquier región marina, exceptuando ahora las áreas de afloramiento y de divergencia:

1 La relación entre la profundidad de compensación (*Pc*) y la profundidad de mezcla (*Pm*). Si la profundidad de mezcla es menor que la profundidad de compensación (situación de verano) los nutrientes se agotan rápidamente de la capa iluminada. Por el contrario, si la profundidad de mezcla es mucho mayor que la profundidad de compensación (situación de invierno) cada célula de fitoplancton está expuesta durante muy poco tiempo a la luz y la producción es baja. La producción de fitoplancton se dispara en un momento crítico (primavera en zonas templadas) en el que la profundidad de mezcla es de 1,5 a 5 veces la profundidad de compensación.

2 El periodo de retardo (*Pr*). Tiempo que media entre el inicio de la producción del fitoplancton y el comienzo del pastaje efectivo por los fitófagos, que depende, sobre todo, de la aparición de la primera generación anual de zooplancton. Se ve afectado en relación directa por la temperatura.

3 La variación a lo largo del año de la relación entre profundidad de compensación y profundidad de mezcla. La profundidad crítica de la capa de mezcla (*D*) es

$$D = (1 - e^{-kD})\, I_0/kI_c$$

donde

k es el coeficiente de extinción de la luz en el agua,
I_0, I_c son la irradiancia en superficie y la profundidad de compensación respectivamente.

Por otra parte, la profundidad de compensación depende de la cantidad de radiación solar diurna media y de la claridad del agua. La profundidad de mezcla de nutrientes depende sobre todo de la fuerza del viento, que es mayor en aguas más profundas.

En las tres figuras siguientes (3.2.1 a 3.2.3) se expone el ciclo de producción en el Ártico, en una zona templada y en una zona tropical.

En los meses del invierno Ártico el cociente entre la profundidad de compensación y la profundidad de mezcla (*Pc*/*Pm*) tiende a cero (A), mientras que en el verano, lo hace a 1 (Fig. 3.2.1). Este punto (B) corresponde con la máxima producción de fitoplancton. El ciclo de producción en el Ártico es tardío, discontinuo y de gran amplitud, con un periodo de retardo de varios meses. En un ciclo de este tipo se transfiere mucha biomasa de un nivel trófico (fitoplancton) al otro (fitófagos), pero la eficiencia es baja y se pierde mucho fitoplancton en el fondo. La producción bruta promedio anual en el Ártico es de unos 10 g C/m^2. Se entiende como producción bruta aquella cantidad de carbono realmente asimilada por el fitoplancton. La producción neta, o energía disponible, es la diferencia entre producción bruta y respiración. Ésta es la producción que se puede transferir de un nivel trófico a otro. La mayoría de los peces del Ártico tienen su ciclo vital adaptado a este sistema, así la época de máximo desove acontece en primavera-verano.

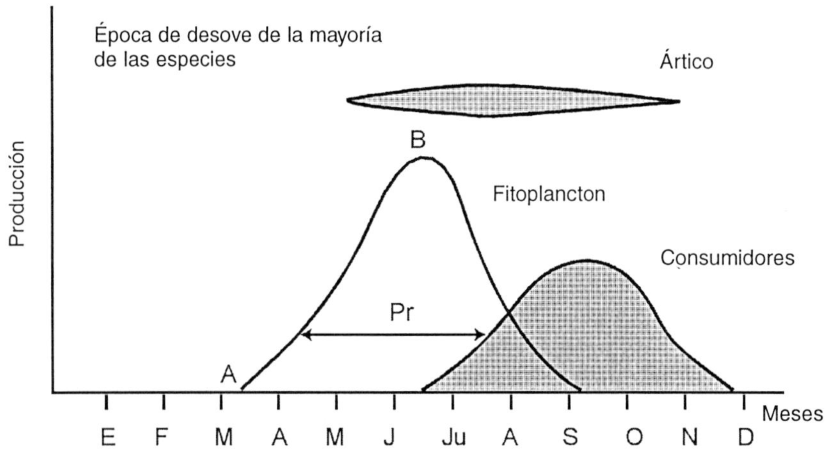

Figura 3.2.1 Producción primaria, secundaria y época de desove de la mayoría de los peces en el Ártico.

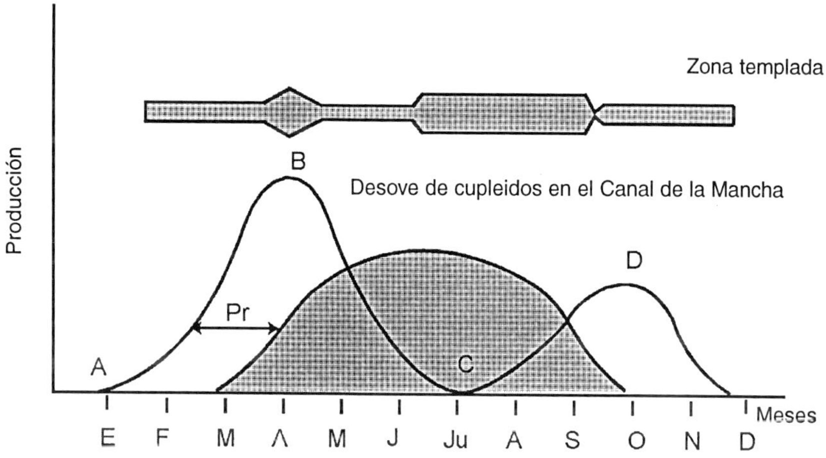

Figura 3.2.2 Producción primaria, secundaria y desove de cupleidos en una zona templada. P_r: periodo de retardo.

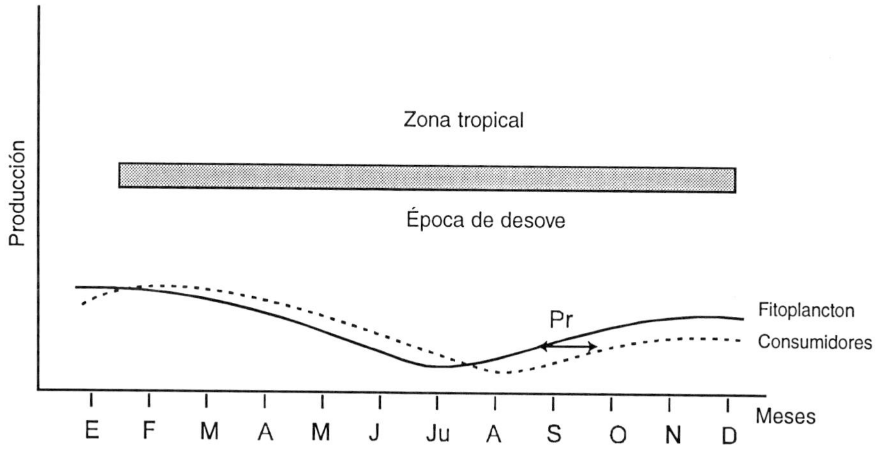

Figura 3.2.3 Producción primaria, secundaria y época de desove de las especies marinas en una zona tropical.

En el invierno de una zona templada como el canal de la Mancha, el cociente *Pc*/*Pm* tiende a cero (Fig. 3.2.2), mientras que en la primavera comienza a tender hacia 1. La máxima producción de fitoplancton corresponde al inicio de la primavera, inmediatamente comienza a ser consumido por los fitófagos, que en el verano prácticamente lo eliminan. Con el aumento de la profundidad de mezcla, el fitoplancton vuelve a recuperarse presentando un nuevo pico en otoño, menor que el de primavera. Se trata de un ciclo de producción temprano, discontinuo y de gran amplitud, donde el periodo de retardo es relativamente amplio. La producción bruta promedio anual en el Canal de la Mancha es de unos 150 g C/m^2. El desove de los clupeidos, cuyas larvas se alimentan tanto de fito como de zooplancton, está adaptado al ciclo de producción.

En una zona tropical no existen máximos de producción de fito ni de zooplancton (Fig. 3.2.3). El periodo de retardo es muy corto, y el ciclo es continuo y de baja amplitud. En él se transfiere poca biomasa de un nivel trófico al otro, pero la tasa de eficiencia es buena y apenas se pierde fitoplancton en el fondo. La producción bruta promedio anual es de unos 300-500 g C/m^2. Existe una alta diversidad de especies, cuyo desove suele ser continuo a lo largo del año.

La riqueza pesquera de una zona es, en definitiva, función de la producción primaria a través de una red trófica más o menos compleja. Una red trófica de dos o tres niveles en la que la pesca explota este último nivel corresponde a pesquerías que cuentan con importante biomasa de organismos de ciclo vital relativamente corto, en las que las fluctuaciones de abundancia son muy grandes, debido a que están afectadas muy directamente por las condiciones hidrográficas. En el caso más extremo, se encontraría, por ejemplo, la pesquería de atunes, constituida por cuatro o cinco niveles tróficos.

3.3 PRODUCCIÓN EN ZONAS DE AFLORAMIENTO Y DE DIVERGENCIA

Un afloramiento consiste fundamentalmente en la elevación de agua relativamente profunda (100-300 m), fría, de menor salinidad que la superficial y rica en sales nutrientes a la zona fótica. Existen afloramientos en diferentes regiones del globo, pero los más importantes se sitúan al este de los grandes giros anticiclónicos oceánicos: costa nororiental (Sahara) y sudoriental (Namibia) africana, California y Perú-Chile. Estas zonas están asociadas a áreas desérticas en tierra y a regímenes de vientos particulares. Afectan extensas regiones y son fenómenos estacionales. En ellas se sitúan las principales pesquerías. Afloramientos de menor importancia ocurren estacionalmente en otros muchos lugares como las costas gallegas entre Finisterre y el rio Miño, Somalia, etc. En las zonas de afloramiento la producción primaria puede alcanzar niveles de asimilación de carbono muy altos de hasta 1.500 g C por m^2 y año.

La formación de un afloramiento es un fenómeno complejo. En el ejemplo que se muestra a continuación (Figs. 3.4.1-3.4.4) se expone la formación del afloramiento del Noroeste de África según Hagen (1974). Con una flecha

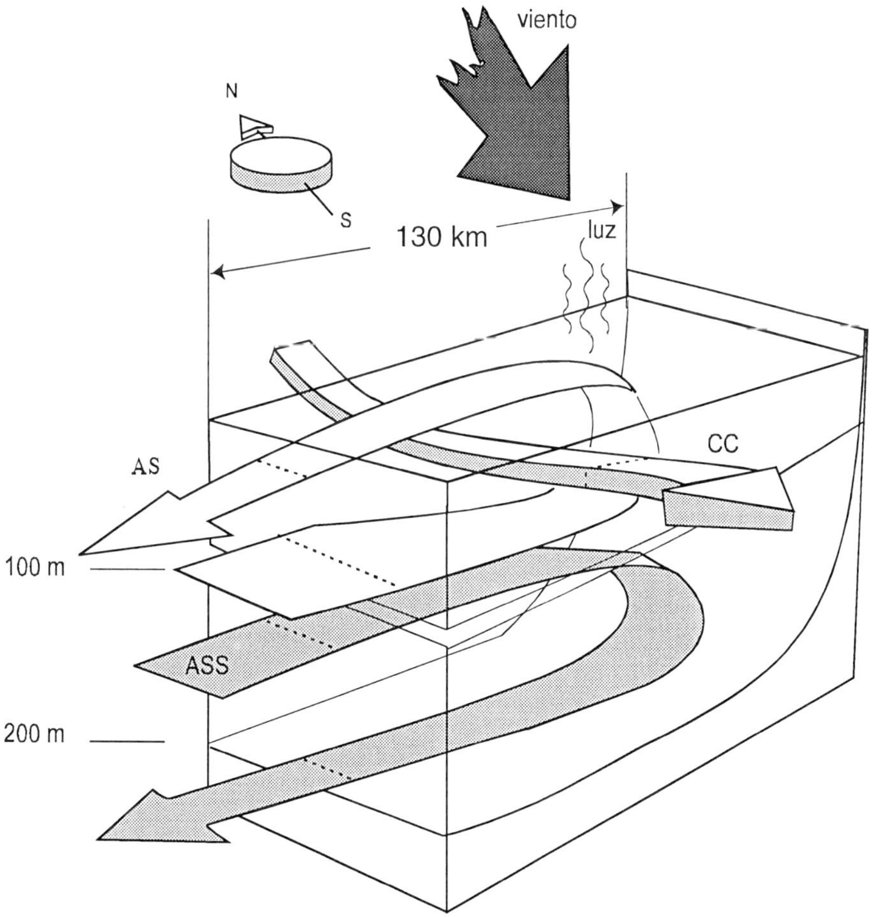

Figura 3.4.1 Esquema del afloramiento del NW de África visto desde el Sur (Hagen, 1974). Primera fase: formada por la corriente de Canarias (CC) que se mueve en dirección Norte-Sur, lo mismo que el viento. AS: agua superficial; ASS: agua subsuperficial. Véase explicación en el texto.

oscura se indica la dirección del viento reinante con más constancia durante la época del afloramiento, que es Norte-Sur. El efecto de Coriolis en el hemisferio Norte hace que la corriente superficial, de poca densidad y formada por la corriente de Canarias que discurre de Norte a Sur, se desplaze desde la costa hacia alta mar. La masa de agua superficial, empobrecida en nutrientes, se desplaza también en el sentido de las agujas del reloj, al contrario que la

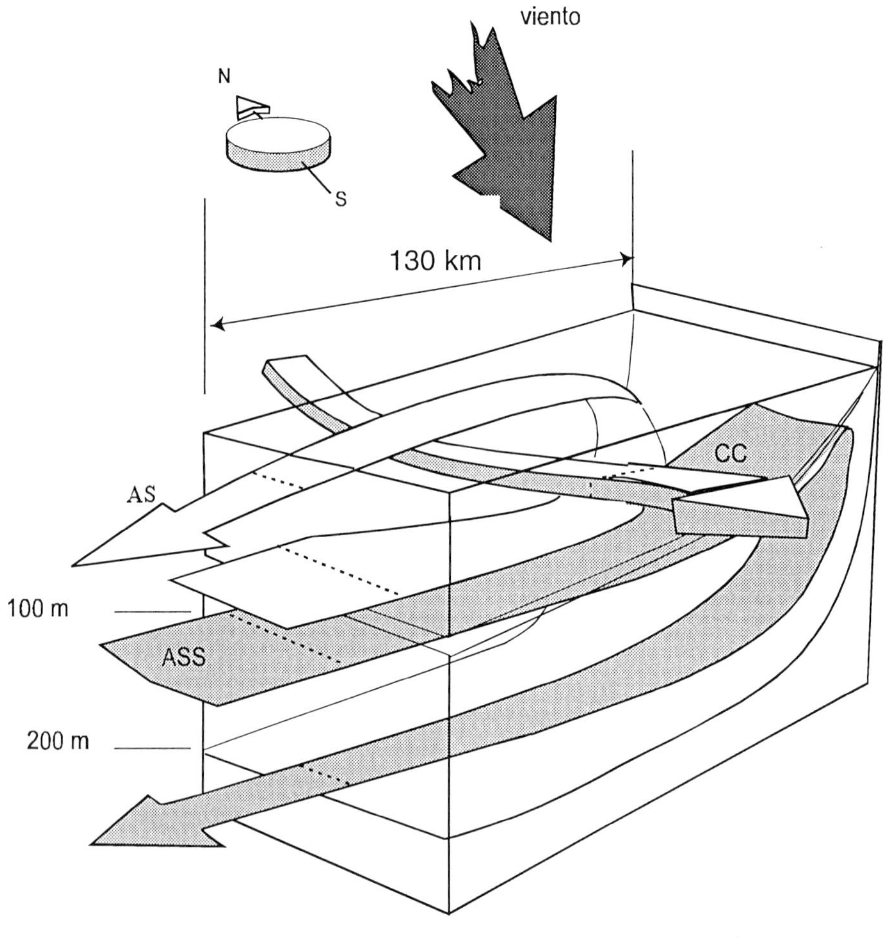

Figura 3.4.2 Afloramiento del NW de África. Segunda fase: el agua subsuperficial (ASS) aflora junto a la costa.

masa de agua subsuperficial, rica en sales nutrientes, fría y menos densa que la superficial, que, ocupando el espacio dejado por la primera, aflora en las proximidades de la costa (Fig. 3.4.2). Todo ello acontece en una zona de unos 130 km de ancho por 500-600 km de largo.

La acción del viento sobre el agua subsuperficial aflorada crea una corriente de deriva, que se desplaza en el mismo sentido que la corriente de Canarias y gira en el mismo sentido que lo hace el agua superficial, contrario al del agua subsuperficial. Como estas dos masas de agua tienen densidades diferentes, se crea una celda de circulación próxima a la costa (A) y una zona

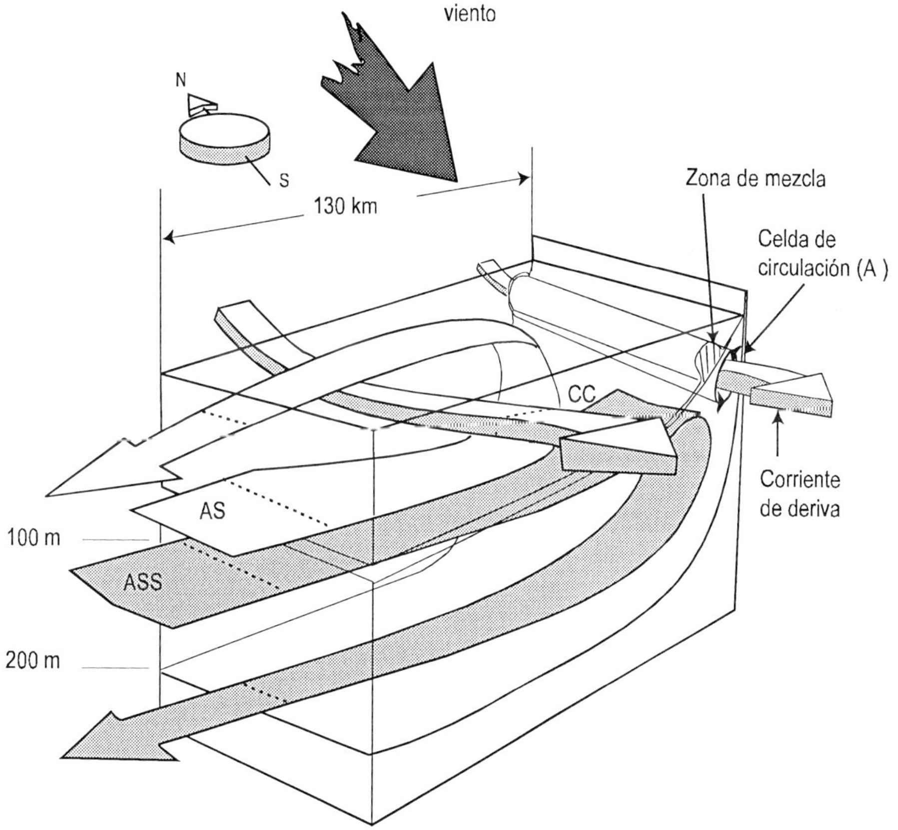

Figura 3.4.3 Afloramiento del NW de África. Tercera fase: formación de una corriente y de una celda de circulación (A).

de mezcla (Fig. 3.4.3). Esta zona se amplía más y más por acción del viento, mientras que entre la celda de circulación próxima a la costa (A) y la celda de circulación del agua superficial (B) la circulación vertical es opuesta. Como el agua superficial además de desplazarse hacia afuera se desplaza también hacia el Ecuador, en la masa de agua subsuperficial se forma la contracorriente de Canarias, que, por efecto de Coriolis, hunde parte del agua subsuperficial contra la costa, mientras que otra aflora con pujanza (Fig. 3.4.4).

En un afloramiento el ciclo de producción es semejante al de las zonas templadas, aunque la producción primaria es muy superior. El cociente entre la profundidad de compensación y la profundidad de mezcla tiende hacia 1

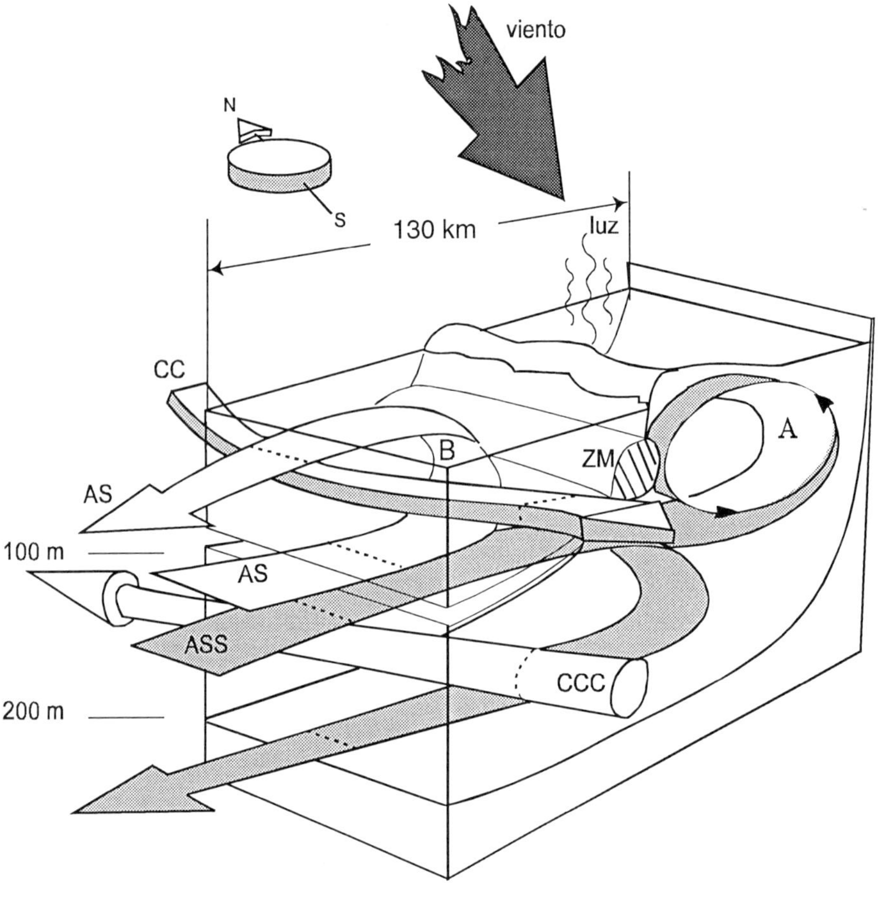

Figura 3.4.4 Afloramiento del NW de África. Cuarta fase. ZM: zona de mezcla. CCC: contracorriente de Canarias.

durante más tiempo que allí. La producción persiste gracias a la profundidad de mezcla que es función del viento, siendo la biomasa de fitoplancton muy importante. Los fitófagos aparecen tempranamente, y el periodo de retardo es relativamente amplio. El ciclo es discontinuo y de gran amplitud, tratándose de un sistema inestable y estacional (generalmente se produce en verano), en el que la producción promedio bruta anual varía entre 400 y 1.500 g C/m^2.

Existen además zonas de alta producción primaria en otras regiones del globo, en las que no hay afloramientos sino un choque de masas de agua de distinta naturaleza. Estas áreas de divergencia son todavía más importantes si la plataforma continental es extensa. Ejemplos de áreas de divergencia los podemos encontrar frente a las costas de Canadá y los Estados Unidos de Norteamérica, donde se enfrentan la corriente del Golfo y la del Labrador; en el mar del Japón donde lo hacen la corriente Ártica y la de Kurosivo; o en la plataforma argentina-uruguaya donde la corriente Subantártica choca con la Subecuatorial.

Ecosistemas marinos y artes de pesca 4

4.1 AMBIENTES MARINOS Y TIPOS DE PESQUERÍAS

Atendiendo a la profundidad, a la distancia de la costa y al grado de penetración de la luz, el medio marino puede dividirse primariamente en ambiente *pelágico* y *bentónico*. El primero corresponde a la columna de agua y el segundo al fondo.

En el medio pelágico suelen distinguirse varias regiones: *nerítica* o próxima a la costa, comprendiendo las aguas situadas sobre la plataforma continental, y *oceánica* o alta mar, que, de acuerdo con la profundidad, comprendería las subregiones: *epipelágica,* hasta 200 m de profundidad; *mesopelágica,* entre 200 y unos 1.200 m de profundidad, *batipelágica,* entre 1.200 y 3.000 m de profundidad aproximadamente, y *abisopelágica,* por debajo de esta profundidad (Fig. 4.1.1). El límite entre la zona iluminada y la afótica es muy variable y depende, entre otros factores, de la productividad y de los sedimentos disueltos en el agua. La zona iluminada se divide a su vez en *zona eufótica,* por encima de la profundidad de compensación, y en *zona disfótica,* en la que existe luz que puede servir, por ejemplo, para que los organismos se orienten, pero no es suficiente para que exista producción primaria.

El medio bentónico puede subdividirse en los siguientes ambientes o pisos: *supralitoral,* por encima de la marea alta y que, en mares sin mareas como el Mediterráneo, corresponde a la zona de salpicaduras de las olas; *meso* o *mediolitoral (intermareal)* situado en la zona periódicamente mojada por las mareas o el oleaje; *sublitoral,* desde el nivel más bajo de marea hasta el comienzo del talud continental, que en el Mediterráneo se divide en *infralitoral* y *circalitoral*; *batial,* que comprende el talud y los fondos hasta unos 3.000 metros de profundidad; *abisal* entre 3.000 y 6.000 m y *hadal,* que

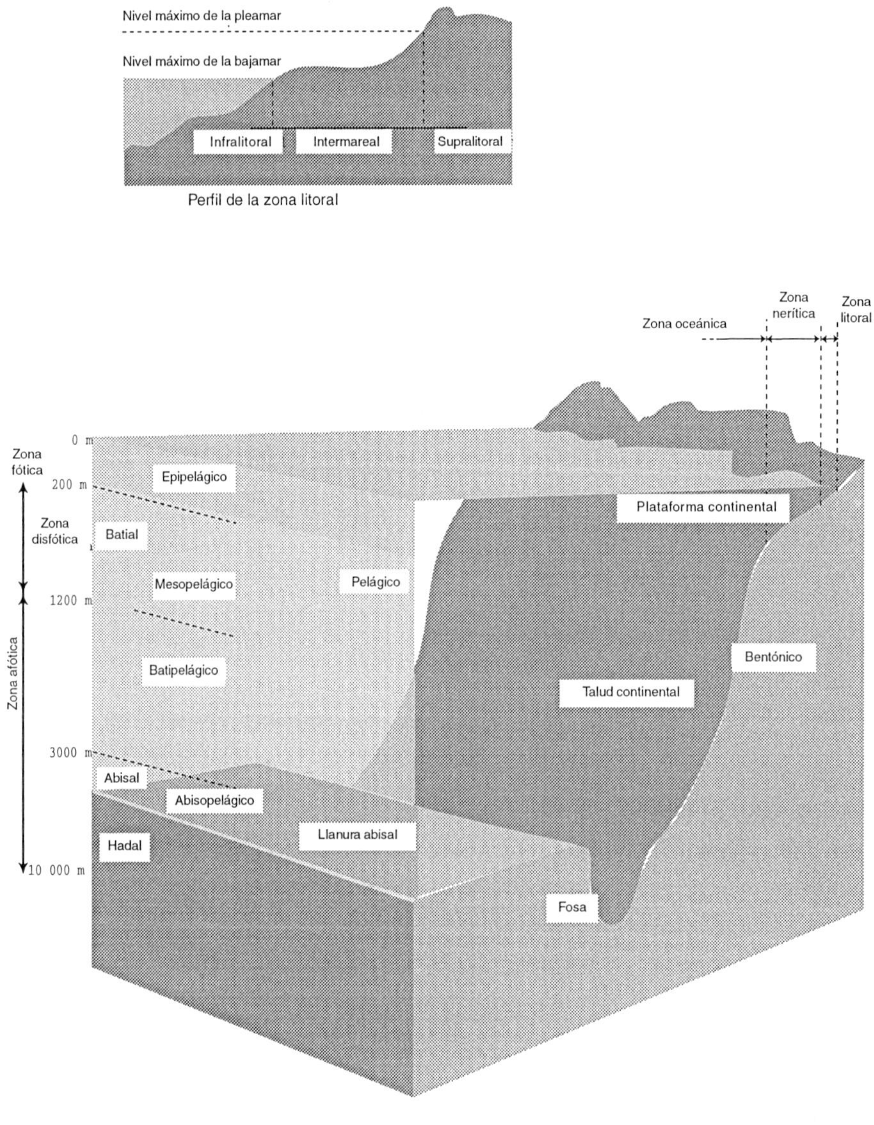

Figura 4.1.1 Divisiones del medio marino.

corresponde a las grandes fosas submarinas por debajo de los 6.000 m (Fig. 4.1.1).

Las zonas de la plataforma continental son especialmente productivas en comparación con otras zonas oceánicas. La plataforma raramente se extiende más allá de 200 a 300 km, y sólo en casos excepcionales (algunas zonas de Canadá, plataforma sur Argentina, etc.) sobrepasa los 600 km. La plataforma española alcanza por término medio unos 40 km de amplitud, y como máximo 65 km en algunas zonas del Mediterráneo. La pesca de fondo (bentónica) se efectúa principalmente sobre la plataforma y la parte superior del talud continental, aunque actualmente se han desarrollado algunas pesquerías más profundas como la de gamba roja en el Mediterráneo o el fletán negro en el Atlántico Norte. Casos excepcionales son las pesquerías de atunes, pez espada y otros peces pelágicos oceánicos que se llevan a cabo en superficie en alta mar.

Las especies se designan comúnmente por el ecosistema del que forman parte: pelágicas, neríticas, bentónicas, abisales, etc.

Especies pelágicas son aquellas que no mantienen relación alguna con el fondo, morando entre aguas a diferentes profundidades. Suelen formar grandes bancos o cardúmenes y efectuar importantes desplazamientos horizontales, generalmente de origen reproductor, así como migraciones verticales diurnas, habitualmente de origen trófico. Normalmente originan pesquerías uniespecíficas. Ejemplos de especies pelágicas son la sardina, el jurel, la caballa, los atunes, la anchoa y algunas especies de cefalópodos omastréfidos. Para pescar estas especies se emplean fundamentalmente el cerco, grandes redes de enmalle de deriva, el palangre de superficie, la potera automática y el arrastre pelágico.

Especies bentónicas son aquellas que moran en estrecho contacto con el fondo durante toda su vida. Así, todos los peces planos, los rapes, los pulpos, la mayoría de los crustáceos decápodos (cigalas, centollos, bogavantes, langostas y nécoras por ejemplo). La mayor parte de las pesquerías bentónicas son multiespecíficas y se realizan con artes de arrastre de fondo. También se utilizan trampas o nasas, con o sin cebo, dirigidas a especies concretas, palangres de fondo o artes de enmalle de fondo.

En Biología Pesquera se suele hablar de especies *demersales* o *nectobentónicas*. Son aquellas que viven en cierta relación con el fondo, aunque pueden separarse de él, llegando incluso cerca de la superficie. Generalmente se suelen alimentar en el fondo, aunque pueden capturar también especies pelágicas. Son especies demersales: el bacalao, la merluza, la bacaladilla, los besugos y pargos, los chocos o sepias, etc. La mayor parte de las especies demersales se pescan con arrastre de fondo, pero también se pueden capturar con palangre o enmalle de fondo o trampas.

La morfología, y muchas veces la coloración, de las especies son buenos indicadores de sus hábitats, como consecuencia de procesos de adaptación al medio. Las especies epipelágicas suelen ser comprimidas lateralmente, con sección ahusada, compensación cromática, es decir, dorso azul y vientre plateado y aletas caudales ahorquilladas o en forma de media luna. Las especies demersales suelen presentar formas ahusadas o más o menos comprimidas lateralmente, coloración disruptiva y aletas caudales redondeadas. Las bentónicas suelen ser deprimidas dorso-ventralmente, con los ojos dispuestos en la misma cara y el vientre o el lado sin ojos despigmentado. En la zona batipelágica y en los fondos abisales hay formas muy peculiares, coloración roja o negra y, con frecuencia, sus moradores poseen órganos fotogénicos o fotóforos.

4.2 TÉCNICAS DE CAPTURA

Los artes de pesca, y también los barcos, se adaptan a las diferentes condiciones de vida de las especies objeto de captura. Existe una gran variedad de artes de pesca, siendo su diversidad muy grande en las pesquerías artesanales o de bajura: arpones, medio-mundos, rañas, poteras manuales, femieiros, etc. La clasificación más común de las técnicas de captura es la siguiente:

Recolección directa: básicamente manual, empleada principalmente para gasterópodos y bivalvos en la zona intermareal o con la ayuda de escafandra autónoma, semiautónoma o buceo con tubo en la submareal. El uso de escafandra autónoma y semiautónoma para el marisqueo está prohibido en España, exceptuando la pesca del coral, pero es importante en muchos países, principalmente del Pacífico.

Recolección indirecta: en la que se emplean aparejos o artes de pesca. Los *aparejos* usan anzuelos. Son aparejos: la línea, el curricán, los palangres de fondo y de superficie y las poteras. Normalmente los anzuelos necesitan cebos, exceptuando las poteras y la pesca al saltillo. Los *artes* usan paños de red. Se suelen clasificar en pasivos y activos. Los artes pasivos, es decir, en los que para que el pez sea atrapado, éste debe nadar hasta la red o entrar en la trampa, se dividen a su vez en artes de trampa y de enmalle.

Dentro de los de trampa los más habituales son las nasas, cajas más o menos grandes de malla con una o varias entradas en forma de embudo y en las que los peces, cefalópodos o crustáceos son atraídos mediante cebos. También existen trampas que no necesitan cebo, las más conocidas son las almadrabas, enormes laberintos de redes que se calan en el estrecho de Gibraltar y Sicilia para interceptar a los atunes en su entrada y salida del Mediterráneo cuando van a desovar. Un sistema parecido son las morunas, artes costeros que interceptan los movimientos de especies pelágicas (túnidos menores, carángidos, aterínidos). Ya en desuso se encuentran las nasas mareales, embudos situados en la zona intermareal en la que los peces eran atrapados al retirarse la marea.

Los artes de enmalle pueden estar formados por uno (volantas) o tres paños de red (trasmallos en sentido amplio) y, según las especies a que vaya dirigido, calarse en el fondo, fijo o quedar en superficie a la deriva.

Los artes activos más importantes son el arrastre y el cerco, aunque existen también artes mixtos. Los artes de cerco son redes rectangulares con las que se envuelven bancos de especies epipelágicas y que se cierran por la parte inferior mediante un cabo que se llama jareta, aunque algunos artes empleaban sistemas de cierre diferentes. Para mantener concentrados los peces cerca de la superficie se emplean, a veces, luces muy potentes colocadas en pequeños barcos en el centro del cerco.

Los artes de arrastre son, básicamente un saco o copo que es desplazado por una o varias embarcaciones y en el que se retienen las capturas. Inicialmente, la abertura de la boca del copo se realizaba con un listón de madera; este arrastre de vara o gánguil apenas se emplea actualmente en la pesca comercial, aunque se sigue utilizando en la investigación. Posteriormente, se introdujo la pareja en donde la separación entre dos barcos mantenía abierta la boca del arte. Todavía existen parejas trabajando en algunas pesquerías en la actualidad (bacaladeros españoles, por ejemplo). Sin embargo, el sistema más extendido para mantener abierto el copo son las puertas, que son unas piezas de madera o metal de peso y forma variable en función del tamaño y tipo de la red y de la potencia del barco. Las puertas permiten que un solo barco realice las operaciones de arrastre. El arrastre se clasifica en:

(a) *arrastre de fondo,* para capturar especies bentónicas y demersales;

(b) *arrastre semipelágico,* que en realidad es una red de arrastre de fondo con gran abertura vertical para incrementar las capturas de especies pelágicas, y

(c) *arrastre pelágico* para la captura exclusiva de especies pelágicas. En los arrastreros más antiguos o clásicos se subía la red a bordo por el costado, lo que era una maniobra más lenta y peligrosa, mientras que en los más modernos el arte se iza por popa.

Los artes mixtos o de costa, como el boliche y las jábegas o rapetas, combinan una operación de cerco con un arrastre sobre distancias cortas. Habitualmente se utilizan desde la costa, aunque también es posible realizar toda la operación desde una pequeña embarcación.

En las Figuras 4.2.1 a 4.2.6 se ilustran algunos ejemplos de los tipos de aparejos y artes expuestos.

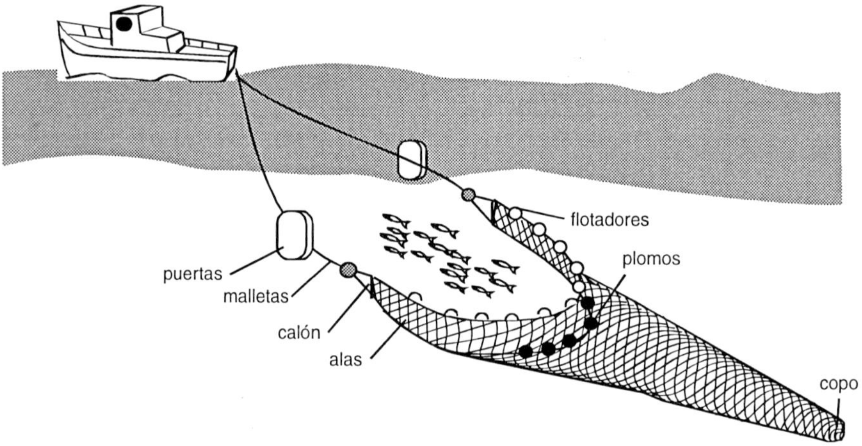

Figura 4.2.1 Arte de arrastre con puertas.

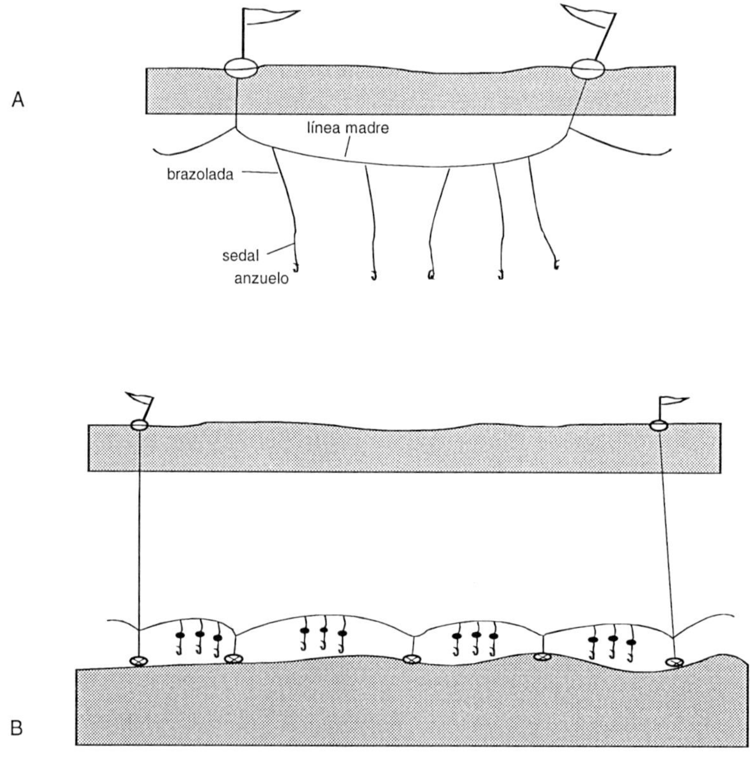

Figura 4.2.2 A: Palangre de superficie. B: Palangre de fondo.

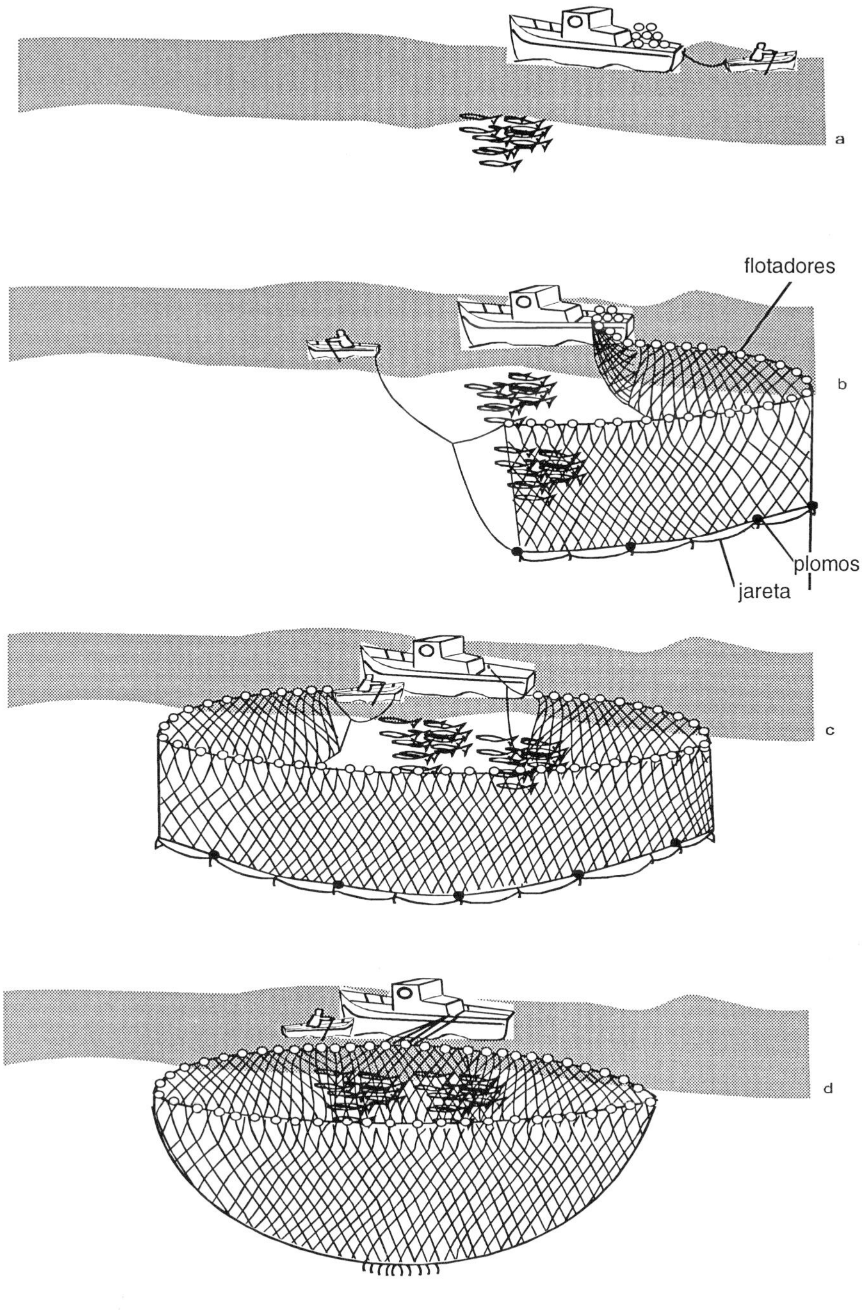

Figura 4.2.3 Arte de cerco de bajura: a) localización del cardumen, b) comienzo del cerco, c) cierre del cerco, d) embolsamiento.

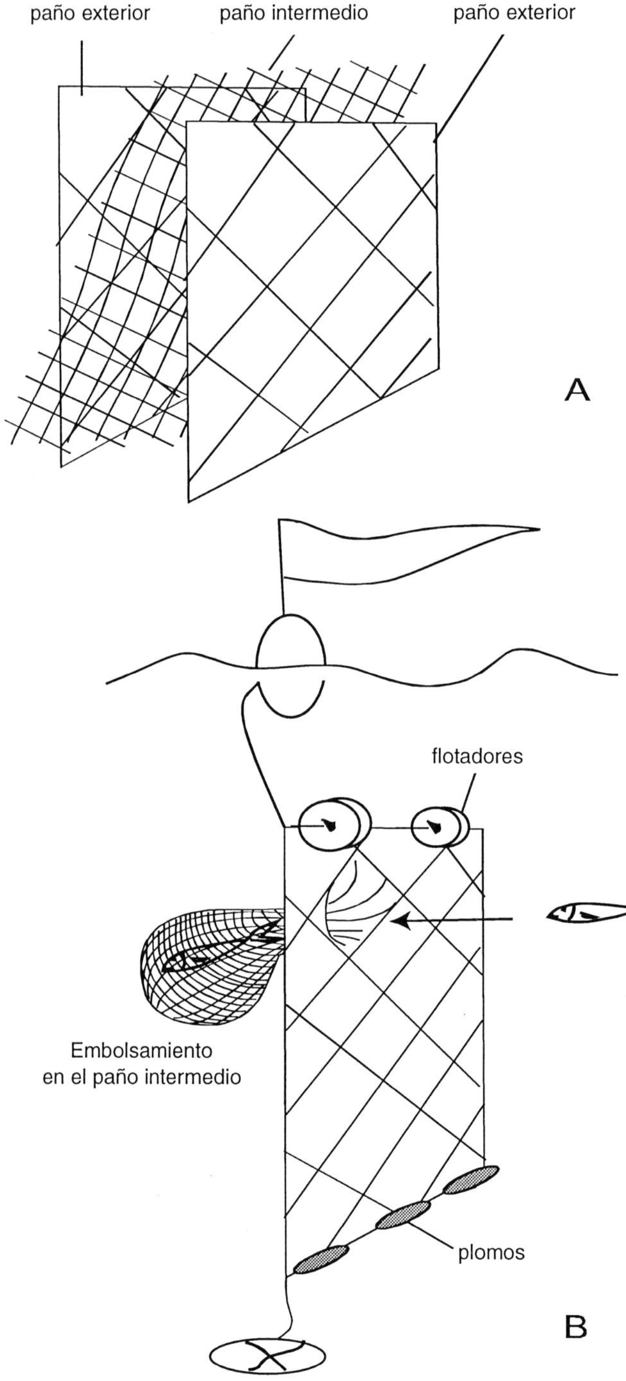

Figura 4.2.4 Arte de enmalle de tres paños o trasmallo (A) y su funcionamiento (B).

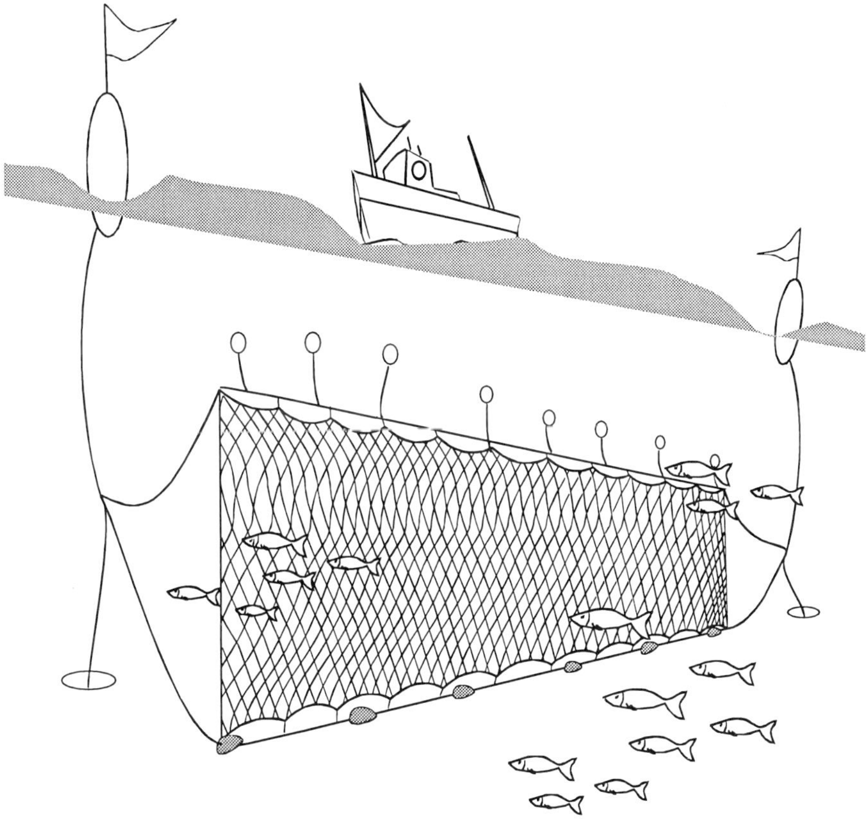

Figura 4.2.5 Arte de enmalle de un solo paño (volanta).

UNIDAD DE POBLACIÓN O STOCK 5

Una pesquería puede actuar sobre una o varias unidades de población o stocks. Este concepto es propio de la Biología Pesquera, y tiene su aplicación práctica en el tratamiento de los datos de la pesquería, suponiéndose que toda la pesca obtenida en una unidad o stock no afecta a otras.

Un stock puede definirse como el conjunto de individuos de la misma especie cuyas ganancias por inmigración o pérdidas por emigración, si las hay, son insignificantes respecto a las ganancias por crecimiento y a las pérdidas por mortalidad. De otra manera, puede decirse que una unidad de población o stock es un conjunto de individuos de una determinada especie que posee los mismos parámetros de crecimiento y mortalidad, que habita en un área geográfica particular. Es conveniente realizar las pruebas de homogeneidad de esos parámetros sobre los frezantes. Si entre dos grupos de frezantes se comprueba la existencia de diferencias significativas en esos parámetros ambos constituyen, con toda probabilidad, stocks o unidades de población diferentes.

Un criterio bastante definitivo para distinguir unidades de población dentro de una especie es analizar sus áreas de puesta. Si las zonas de reproducción están claramente separadas, cada una de ellas corresponderá a una unidad o stock. Las áreas de puesta se reconocen porque son lugares en que la densidad de huevos, larvas y juveniles es muy elevada, también porque son las zonas de concentración de adultos en freza. Una unidad de población tiene generalmente un área de puesta única fija y circuitos migratorios estables. Además, constituye un conjunto de individuos entre los cuales la probabilidad de apareamiento es aleatoria. En rigor, entre dos unidades de población perfectamente diferenciadas no existe flujo génico, lo que no significa que sus componentes pertenezcan a especies diferentes, aunque sí quizá que puede haber un inicio de subespeciación.

Quizá no exista una definición de unidad de población o stock que sea aceptable para todos aquellos que se interesan por las agrupaciones intraespecíficas. Probablemente, la definición más operativa en el contexto de evaluación de poblaciones explotadas sea la propuesta por Gulland en 1983, quien estableció que, para efectos de la ordenación pesquera, la definición de una unidad de población o stock debe tomarse como un grupo de organismos en el que puede prescindirse de las diferencias dentro de él e ignorarse los intercambios con otros grupos, sin que ello invalide las conclusiones que se alcancen.

En una especie con la misma zona de puesta, se pueden dar dos unidades de población, bastaría simplemente con que la época de reproducción de dos grupos aconteciese en diferentes periodos del año. Sin embargo, la inexistencia de intercambio significativo de material genético es difícil de demostrar en la naturaleza.

Una especie suele dar lugar a varias unidades de población algunas veces fácilmente reconocibles, como ocurre con el bacalao *(Gadus morhua)* ártico-noruego y el bacalao de Islandia. En otras ocasiones, las unidades de población son muy díficiles de diferenciar. Así acontece con el arenque *(Clupea arengus)* que se explota en el mar del Norte, que está constituido por tres unidades de población distintas, las cuales se mezclan en una misma área de alimentación, separándose claramente para el desove en las zonas de Downs, Dogger y Buchan. Los frezantes difieren entre sí en caracteres morfométricos y merísticos y en parámetros vitales. A efectos de ordenación pesquera estos tres stocks se consideran como uno solo, porque el arenque se captura cuando están mezclados y entonces la mortalidad por pesca es común.

Para diferenciar unidades de población, además del criterio del área de puesta mencionado, se utilizan otros:

(a) Diferencias en caracteres morfométricos o merísticos. Para calcularlas se utilizan técnicas estadísticas tales como análisis canónico, de discriminantes y funciones de distancias. Estas diferencias se producen por efecto de factores ambientales; son rasgos fenotípicos adaptativos que, no obstante, a menudo tienen una base genética.

(b) Diferencias bioquímicas. Se evidencian mediante métodos de genética de poblaciones desarrollados principalmente para el estudio de variaciones geográficas y filogenia, como por ejemplo análisis electroforéticos e inmuno-electroforéticos alozímicos de proteínas de tejidos, sangre u otros líquidos humorales, pruebas serológicas y análisis del ADN.

(c) Diferencias en las tasas de crecimiento, época de desove, fecundidad, etc.

(d) Las técnicas de marcado y recaptura son muy útiles para establecer la importancia del intercambio de individuos entre distintas zonas de distribución de la especie.

(e) Seguimiento de clases anuales excepcionales.

(f) Tipo de parásitos específicos. El nematodo *Terranova decipiens* es propio y exclusivo del bacalao islandés. El cestodo *Triaenonphonus crassu* lo es del músculo del salmón de Alaska, y el nematodo *Dacunitus trutae* es exclusivo del salmón asiático.

(g) Distribución de frecuencias de tallas en diferentes áreas: en el centro de la unidad de población predominarán los peces jóvenes, mientras que en la periferia los de mayor edad y tamaño.

(h) En las especies costeras, y sobre todo en aquellas que se pescan al día (por ejemplo los clupeidos), se pueden usar las abundancias relativas o capturas por unidad de esfuerzo, calculadas en base a las descargas y al esfuerzo realizado por los barcos en sectores regulares de la costa.

Los peces que forman una unidad de población raramente son sedentarios. De ahí que el estudio de sus migraciones sea fundamental, porque el circuito migratorio delimita el área del stock. Las migraciones suelen tener origen reproductor o trófico. Se suele hablar de un triángulo migratorio para especies nectónicas entre la zona trófica, la de reproducción y la de cría. Las migraciones son siempre activas exceptuando la migración entre el área de reproducción y la de cría, que se realiza pasivamente mediante la deriva larvaria. En ciertos casos este triángulo puede estar simplificado porque falte alguno de los lados como ocurre en los cetáceos donde las crías siguen a sus madres entre la zona de reproducción y la de alimentación. Algunas especies migran entre las aguas continentales y el mar como es el caso de los peces anadromos (el salmón) y catadromos (la anguila).

MUESTREO Y ESTUDIO DE MUESTRAS 6

6.1 INTRODUCCIÓN

Muestrear es seleccionar una parte representativa de un conjunto o población con objeto de obtener una comprensión adecuada de su naturaleza. Así, por ejemplo, la proporción entre machos y hembras de la población de peces de un lago se puede calcular tomando una muestra representativa de los peces del mismo, utilizando la proporción observada en la muestra como una estimación de la real.

El procedimiento alternativo al muestreo es el censo completo. No obstante, si la población es muy grande, efectuar un censo completo puede ser prácticamente imposible por razones de tiempo y costo, por lo que es imprescindible utilizar el muestreo. Sin embargo, esto no puede conducir a pensar que el muestreo sea un método de peor calidad que el censo completo para definir las caracterísicas de una población. El muestreo tiene algunas ventajas sobre el censo completo; en primer lugar, se reducen los gastos y el tiempo; además, se puede obtener información más detallada y precisa, ya que el empleo de observadores bien entrenados es más practicable que en el censo total y se obtienen menos datos que se pueden analizar con mayor finura. No obstante estas ventajas, si lo que se desea es una información detallada de numerosas subdivisiones de la población, la solución más correcta será, quizá, emplear el método de censo completo, que, cuando se puede realizar, puede simplificarse tomando muestras de todos los datos recolectados.

Aunque con muestreos únicamente se obtienen estimas de las características de las muestras, si el método se planteó adecuadamente, las estimaciones serán bastante precisas y podrán extrapolarse a toda la población.

En cualquier estrategia de muestreo lo primordial es extraer una fracción representativa de la población. Si ésta es heterogénea, tal empeño resultará prácticamente imposible cualquiera que sea la estrategia de muestreo empleada. Sin embargo, suele ser posible obtener una muestra que sea verdaderamente representativa de la población. Para ello no es recomendable realizar una selección deliberada de las muestras, porque si se procede así se introduce con frecuencia un sesgo importante.

El sesgo es un error sistemático de magnitud constante que, en una población grande, no disminuye con el tamaño de la muestra. Otro tipo de error que puede encontrarse en el muestreo es el error aleatorio de muestreo, que se debe a la diferente probabilidad de presencia de distintas unidades de la población en las muestras y es inversamente proporcional al tamaño de la muestra. El sesgo más el error aleatorio constituye el error total del muestreo. La utilización de estimas sesgadas rara vez es recomendable, ya que los resultados que se obtengan se desviarán de forma no despreciable de los valores reales. Por otra parte, la presencia de sesgo afecta al cálculo de los límites de confianza, porque el error típico de la media no incluye la contribución del sesgo. En algunos casos, una estimación sesgada puede ser más manejable que la correspondiente insesgada. En esos casos, especialmente si el sesgo es pequeño y conocido, puede ser preferible usar la estimación sesgada frente a la insesgada.

Un sesgo que afecte de igual modo a todas las unidades de una población no se puede detectar mediante un muestreo y representa una fuente de error considerable. Sin embargo, en determinados tipos de investigaciones se puede aceptar la existencia de cierto sesgo, siempre que sea razonablemente constante. Por ejemplo, si lo que interesa es conocer los cambios que experimenta un parámetro de la población en el tiempo, la existencia de un sesgo pequeño apenas tiene consecuencia en las estimaciones, porque su efecto se eliminará siempre que sea constante en el tiempo.

Otra fuente de error es la que procede de las mediciones o error de medición. Cuando en el muestreo hay errores de medición, el valor asignado a una unidad cualquiera es la suma de su valor real o verdadero más el error de medición. Repitiendo las mediciones de la misma unidad se obtendrán varios errores de medida, que se distribuirán alrededor del valor promedio verdadero. Si la diferencia entre las desviaciones positivas y negativas con el valor promedio de todas las mediciones realizadas es cero, se dice entonces que el método de medida es insesgado si no, el método está sesgado positiva o negativamente.

6.2 ORIGEN DE LOS DATOS (Larrañeta, 1980)

La mayoría de los datos que se utilizan en Biología Pesquera se suelen tomar a bordo de barcos o en las lonjas de los puertos, adoleciendo del defecto de adquirirse de forma muy indirecta. Por otra parte, el campo de observaciones de esta ciencia es vastísimo. Esto hace que la toma de datos sea muy costosa en tiempo, esfuerzo y dinero. A eso se añade que los fenómenos marinos y pesqueros suelen tener ciclos multianuales, con lo que las observaciones y la adquisición de datos deben extenderse, la mayoría de las veces, durante periodos largos, normalmente no inferiores a dos años, pero en muchas ocasiones a más de diez y muy frecuentemente a 20 ó 30 años. Únicamente en poblaciones explotadas de ciclo anual, como son la mayoría de los cefalópodos, su regulación puede basarse en observaciones de más corto periodo.

La solución verdadera de los grandes problemas pesqueros precisa de series de datos recopiladas durante décadas, tanto como 50 y 100 años. Se comprende que mantener una recogida científica de datos en áreas extensas durante tanto tiempo rebase la capacidad y vida de un investigador. Esto sólo puede abordarse desde instituciones idóneas, que conciban y mantengan programas científicos al abrigo de los frecuentes cambios organizativos que sufre la administración.

Otras dificultades humanas se relacionan con la exactitud y la precisión del trabajo del personal de apoyo científico y colaborador. La anotación diaria y prolongada de datos por parte de patrones de pesca, de observadores a bordo y en los muelles de desembarco, incluso del personal auxiliar en los centros de investigación, es una tarea repetitiva y poco atractiva, sobre todo si se desconoce su sentido e importancia. Por otra parte, aparentemente no sucede nada malo si se hace de forma descuidada o errónea. Nada más lejos de la realidad; la introducción de inexactitudes, y no digamos nada de datos inventados, tiene una tremenda repercusión al cabo de los años, cuando ya es imposible su rectificación.

Todo ello supone que las tareas de muestreo deben ser primero diseñadas y después dirigidas y desarrolladas por personal bien documentado, consciente de su responsabilidad y conocedor de la importancia de su tarea. Aún dándose estas condiciones, la fiabilidad de los datos recogidos debe controlarse periódicamente. Sin este bagaje es ilusoria la solución de los grandes problemas de la producción pesquera.

6.3 TIPOS DE MUESTREOS

6.3.1 MUESTREO ALEATORIO SIMPLE

Todo método de muestreo requiere la subdivisión de la población en unidades de muestreo, que pueden ser naturales (como los peces de un lago), o artificiales (como las cajas de pescado en una descarga). La elección de las unidades de muestreo es un tema de extrema importancia. La forma más sencilla de seleccionar objetivamente una muestra es el *muestreo aleatorio,* o aquel en que las unidades se eligen enteramente al azar, lo que asegura que todas las unidades tienen idéntica probabilidad de aparecer en la muestra. En la práctica se usan tablas de números aleatorios. La selección al azar de las unidades garantiza la obtención de estimas insesgadas de los parámetros, y permite calcular el error del muestreo.

En el muestreo aleatorio, la media aritmética $\bar{x}$ que toma la característica que se está estudiando en cada unidad muestreada es siempre una estimación insesgada de la media real de la población. La exactitud de una estimación viene definida por su varianza (s^2). La exactitud relativa de dos estimaciones diferentes de un mismo parámetro se define por la recíproca de la razón de las varianzas de las dos estimaciones. La raíz cuadrada de la varianza es la desviación típica (s). La varianza de la media de una muestra de «n» unidades es inversamente proporcional al número de unidades de la muestra. Se denomina error típico de la media ($s_{\bar{x}}$) a la varianza dividida por la raíz cuadrada del número de unidades muestreadas menos uno (n-1), que es una medida de la magnitud del error aleatorio de muestreo que hay en la estimación. Algunas veces es conveniente expresar la desviación típica como porcentaje de la media, haciéndose así independiente de las unidades de medida. A esta cantidad se denomina coeficiente de variación ($CV = s/\bar{x}$). Un ejemplo puede ayudar a la comprensión de algunos de los conceptos expuestos.

Ejemplo 6.3.1

Un muestreo aleatorio de 50 arenques realizado a partir de descargas efectuadas en un puerto, midiéndose de cada ejemplar su longitud total al cm más próximo, dio como resultado que la suma y la suma de cuadrados de las mediciones fueron 1.372 y 3.731,44 respectivamente. Calcular la longitud media real de la población y sus límites de confianza al 95%.

$n = 50$; $n\text{-}1 = 49$; $\Sigma x = 1.372$; $\Sigma x^2 = 3.731{,}44$;

$\bar{x} = 1.372 / 50 = 27{,}44$ cm; $1/n\, \Sigma x^2 = 37.647{,}68$; $\Sigma(x_i - \bar{x})^2 = 83{,}76$;

$s^2 = 83{,}76 / 49 = 1{,}709$ $s = 1{,}3073$

$s_{\bar{x}} = 1{,}307 / \sqrt{49} = \pm\ 0{,}18$

$\bar{x} = 27{,}44 \pm 1{,}96\ (0{,}18) = 27{,}1$ y $27{,}8$ con un 95% de probabilidad (límites de confianza).

Muchas veces un conjunto de datos, como las frecuencias de tallas que se han obtenido en un muestreo en lonjas, se ajustan a la llamada distribución normal. Una distribución normal tiene forma de campana simétrica alrededor de la media $\bar{x}$. Cerca del 95% de las observaciones que se ajustan a una distribución normal se hallan en el intervalo $\bar{x} \pm 2s$. La expresión matemática de una distribución normal es:

$$F(x) = \frac{ndI}{s\sqrt{2\pi}} e^{\left[-(x-\bar{x})^2/(2s^2)\right]}$$

donde $F(x)$ es la frecuencia teórica o calculada,
n es el número de observaciones,
dI corresponde al tamaño del intervalo de las observaciones,
s es la desviación típica,
$\bar{x}$ es la media.

Hay otros tipos de distribuciones de probabilidad que también se usan en la Biología Pesquera. Entre ellas están la distribución log-normal, la binomial negativa y la distribución delta, todas ellas asimétricas.

Para describir la variación de una cantidad, por ejemplo la longitud del sepión de una sepia (y) como función lineal de otra cantidad, por ejemplo su talla o longitud dorsal del manto (x), se utiliza el análisis de regresión lineal simple. Esta relación se puede describir por la ecuación:

$$y_i = a + bx_i$$

donde y_i son todas las medidas del sepión en i animales,
x_i: las de sus tallas,
a: la ordenada en el origen o punto donde la recta corta al eje de ordenadas y,
b: la pendiente de la recta, que indica el grado de inclinación de la recta de regresión.

Cuando $a = 0$ y $b = 1$, la recta es la bisectriz entre y_i y x_i que es la recta cuya inclinación es de 45° y pasa por el origen. La variable del eje horizontal o de abcisas (x_i) se denomina variable independiente, y la del vertical o de ordenadas (y_i), variable dependiente.

La línea de regresión se determina por el método de mínimos cuadrados, o buscándose aquellos valores de a y b que reduzcan al mínimo

$$\sum_{i=1}^{n} \left[y_i - a - bx_i\right]^2$$

donde n es el número de pares de observaciones.

Se denomina coeficiente de correlación (r) a la medida de la asociación lineal entre dos cantidades que están sujetas a una variación aleatoria. El coeficiente de correlación se define como:

$$r = \frac{s_{xy}}{s_x s_y} \qquad \text{ó} \qquad r = b\left(s_x / s_y\right)$$

donde s_{xy} es la covarianza

$$s_{xy} = \frac{1}{n-1}\left[\sum x_i y_i - \frac{1}{n}\sum x_i \sum y_i\right]$$

El rango o recorrido de r es: $-1 \leq r \leq 1$. Se denomina coeficiente de determinación a r^2 y representa la proporción de la varianza de la variable dependiente que es explicada por la variable independiente en tanto por uno o en porcentaje si se multiplica por 100.

Si se tomase como variable independiente y_i en lugar de x_i, se obtendría la regresión inversa. Sólo en el caso de que r fuese igual a 1 ó −1 la regresión lineal inversa sería idéntica a la regresión lineal simple, pero no siempre ocurre así. Para soslayar el problema de elegir la variable independiente cuando ambas variables son aleatorias, Ricker (1973) (véase Ricker, 1975), propuso calcular la regresión funcional.

Cuando dos variables están altamente correlacionadas, positiva o negativamente, significa que ambas varían del mismo modo, o de modo inverso, pero no que una sea la causa de la otra.

La mayoría de las funciones no lineales pueden transformarse en funciones lineales, que son matemáticamente fáciles de manejar y además pueden interpretarse gráficamente sin ningún problema. Ejemplos de linealización se verán al calcular la relación entre la talla y el peso de un organismo ($W = aL^b$) o en el método de Bhattacharya para descomponer una distribución polimodal en sus componentes normales.

La cantidad y calidad de bibliografía existente sobre métodos estadísticos es grande, por ello, quienes deseen aprender más sobre bioestadística no tendrán muchos problemas en encontrar libros específicos. Aquí se indican dos referencias: Sokal y Rohlf (1979) y Zar (1984), aunque existen otros textos igualmente útiles.

Volvamos de nuevo al muestreo. Cuando se realiza una selección intencionada es incorrecto aplicar a los cálculos las técnicas del análisis estadístico. El muestreo puede ser no aleatorio únicamente cuando no exista relación entre la probabilidad de que un miembro del conjunto aparezca en la muestra y el valor del atributo que se esté midiendo. Por ejemplo, los primeros peces que descarga un arrastero suelen ser los últimos capturados, quedando las cajas que los contienen más accesibles que los pescados antes. Si lo que interesa es determinar el tamaño de los peces capturados, este hecho puede no tener importancia si el tamaño de los peces y el momento de su captura no están relacionados. Sin embargo, si lo que interesa es conocer el grado de frescura de la pesca, entonces este hecho sí que tiene importancia, y si se escogiesen peces únicamente de las cajas más accesibles se estaría introduciendo un sesgo en el muestreo por tener demasiados peces frescos.

En definitiva, lo que interesa al tomar una muestra es asegurarse de que no existe ninguna forma de selección que pueda originar sesgo. En la práctica, y cuando la población a muestrear es muy grande y heterogénea, esto puede resultar bastante difícil. Estas dificultades pueden superarse dividiendo la población en partes más pequeñas y homogéneas, en las que se puedan tomar con mayor facilidad muestras aleatorias. Los dos métodos más usados para hacerlo son el *muestreo en dos etapas* y *el muestreo estratificado.*

6.3.2 MUESTREO EN DOS ETAPAS Y MUESTREO ESTRATIFICADO

Cuando se lleva a cabo el muestreo de una población con una gran cantidad de unidades primarias, cada una de las cuales contiene diversas unidades más pequeñas o elementos, se puede tomar una muestra de las unidades primarias y después submuestrear cada una de ellas. Este método se denomina *muestreo en dos etapas.*

Ya de por sí la pesca es una muestra de la población o comunidad explotada y, frecuentemente, una muestra no aleatoria sino sesgada. Pero así, y con todo, en Biología Pesquera se suele considerar como el material básico a muestrear. Si el objetivo es conocer las descargas por especies, sus frecuencias de tallas, algún otro parámetro biológico de las especies comercialmente más importantes y el esfuerzo pesquero en un área de pesca extensa, la primera muestra la constituyen, por ejemplo, una serie de puertos. Como lo más probable es que el número de éstos exceda la capacidad de muestreo, lo primero que procede hacer es seleccionar los puertos que se van a visitar, bien aleatoriamente o bien ponderando la probabilidad de selección de acuerdo a su importancia pesquera. Para ello se precisa un buen conocimiento previo de todos los puertos. Posteriormente, se seleccionan los días de muestreo, si es que no se puede muestrear todos los días cada puerto seleccionado, procurando que todos los días de la semana o del mes tengan la misma probabilidad. Una vez en el puerto puede ocurrir que los barcos que descargan excedan de nuevo la capacidad de muestreo, entonces debe escogerse una muestra de los mismos, aleatoria o ponderadamente.

La segunda etapa puede ser por ejemplo el muestreo de las capturas de cada barco y la medición o toma de material que se haga de ellas. Si el muestreo se realiza a bordo (muestreo de cubierta) y no se puede analizar toda la captura es conveniente tener en cuenta las siguientes consideraciones:

(a) La descarga de los copos de los artes de arrastre originan normalmente un montón sobre cubierta, en el que los pescados grandes ruedan con más facilidad hacia los costados. Por otra parte, éstos son más atractivos que los pequeños y, fácilmente, pueden introducirse sesgos involuntarios de muestreo por esa predilección hacia los grandes. Lo más conveniente es esperar a que la captura haya sido puesta en cajas y realizar entonces el muestreo.
(b) Si se tiene la convicción de que no hay diferencias apreciables de tamaño entre los pescados colocados en las cajas, se seleccionan una o varias para realizar el muestreo. Sin embargo, si se sospecha que hay heterogeneidad entre las cajas, entonces debe hacerse una mezcla de varias de ellas vaciando su contenido en otras y seleccionando éstas aleatoriamente.
(c) Cuando el contenido de las cajas era homogéneo (primer caso) y no se puede analizar todo él, el muestreo no debe realizarse horizontalmente, tomando por ejemplo los pescados de las primeras capas, sino desde arriba hasta el fondo. Normalmente, los pescadores tienden a colocar los pescados más grandes y vistosos encima.

Si el muestreo se realiza en tierra, puede suceder que el pescado se desembarque sin una previa clasificación de cada especie en categorías comerciales. Entonces se procede a la selección de las cajas como se realizaba a bordo en el caso de cajas homogéneas, aunque aquí, generalmente, no suele ser posible la técnica de mezclado previo del contenido de las cajas. Cuando el pescado se descarga previamente clasificado en categorías comerciales se debe realizar un *muestreo estratificado*. Para ello se procede como sigue: supongamos que el pescado se ha clasificado en tres categorías: grande, mediano y pequeño. Se procede a contar primero el número de cajas de cada categoría. Se toma entonces como muestra una caja de cada categoría, que se muestrea anotando los datos en estadillos separados. Los datos obtenidos para cada caja seleccionada se relacionan con el número de cajas de cada categoría, y luego se confecciona un estadillo común en el que el número de cajas de cada categoría actúa como factor de ponderación.

Mediante cálculos sencillos se puede estimar la captura total descargada en un determinado puerto por todos los barcos, así como extrapolar las frecuencias de tallas u otros datos tomados (sexos, estados de madurez, etc.), para toda esa captura. Fácilmente se deduce cómo se puede obtener la captura total (u otros datos) descargada en un periodo de tiempo en una zona de pesca determinada.

Se ha expuesto aquí el muestreo para el caso de pesca de arrastre. Con otro tipo de artes de pesca se procede básicamente de la misma forma, aunque cada uno presenta particularidades.

6.3.3 MUESTREO DE PROPORCIONES

Lo que generalmente se desea calcular en un muestreo es el número total o la proporción de unidades de la población que poseen un atributo concreto, o que caen dentro de una clase definida. Así, por ejemplo, se puede desear conocer el número de peces de tres años que hay en una captura comercial, o la proporción de machos y hembras de pulpo en una población particular. Si cada una de las unidades de la población cae sin ambigüedad en una u otra clase, según posea o no un determinado atributo, se puede realizar un muestreo de proporciones.

Sea una población real de N unidades, entre las cuales un número A posee la característica c. Entonces, la proporción real o verdadera de unidades de la población con el atributo c será

$$P = \frac{A}{N}$$

Si en lugar de hacer un censo completo se realiza un muestreo aleatorio de tamaño n en la población, resultando que a unidades son de la clase c. Entonces

$$p = \frac{a}{n}$$

siendo p una estimación insesgada de P.

La varianza de p se puede calcular por

$$s_p^2 = \frac{pq}{n-1}$$

donde $q = 1 - p$.

Para valores altos de n ($n > 30$) y cuando p varía entre 0,3 y 0,7, a la hora de poner límites de confianza a P, se puede asumir que p se distribuye normalmente alrededor de P con una varianza de PQ / n. Para valores bajos de n ($n < 30$) y cuando p cae fuera del intervalo anterior, los límites de confianza de P se pueden calcular utilizando tablas adecuadas (véase Fisher y Yates, 1954).

Ejemplo 6.3.2

En el arenque del Ejemplo 6.3.1 resultó que de los 50 ejemplares muestreados 20 eran machos. ¿Cuál es la proporción de machos y hembras en la captura total?

$$p = 20 / 50 = 0,40 \text{ ó } 40\% \text{ de machos}$$

$$s_{p}^{2} = (0,4)\,(0,6) / 49 = 0,0049$$

$$\text{como } n > 30 \text{ y } p = 0,40$$

los límites de confianza al 95% serán $0,40 \pm 1,96\,\sqrt{(0,0049)} = 0,26$ y 0,54.

Lo que puede interesar con frecuencia es calcular el número de unidades que posee una característica determinada, más que la proporción de unidades, es decir, puede interesar sobre todo calcular A más que P. Una estimación insesgada de A viene dada por N_p. La varianza de N_p es

$$\frac{N^2 PQ}{n}$$

donde N es conocida y la varianza se puede calcular insesgadamente por

$$\frac{N^2 pq}{n-1}$$

Ejemplo 6.3.3

Calcular el número de machos de arenque que hay en la captura a partir de los datos del ejemplo 6.3.2, y sabiendo que se descargaron 20 cajas, cada una de las cuales contenía 1.150 ejemplares.

$$N_p = (20 \times 1.150)\; 0,40 = 9.200 \text{ machos}$$

6.4 TAMAÑO DE LA MUESTRA (Pope, 1956)

Probablemente la primera pregunta que debe hacerse todo investigador a la hora de encarar la resolución de un problema sea el tamaño de la muestra que debe tomar. Se gastan mucho tiempo y muchos fondos por no dar una cumplida respuesta a esta pregunta. Con mucha frecuencia el investigador derrocha tiempo y dinero, o bien porque extrae una muestra demasiado grande con el fin de «asegurarse bien», o porque ésta es demasiado pequeña para obtener de ella una información del todo válida.

El tamaño de la muestra que debe tomarse depende del grado de precisión que uno quiera en las estimaciones, lo que depende a su vez del uso que se quiera hacer de los resultados. Es esencial que el investigador tenga alguna idea previa sobre la cantidad de error que está dispuesto a tolerar, así como de las consecuencias que los errores derivados de tomar diferentes tamaños de muestra puedan tener sobre los resultados del muestreo.

Con dos ejemplos se verá que la determinación del tamaño de muestra que proporciona una precisión determinada en un muetreo aleatorio es un asunto relativamente sencillo.

Ejemplo 6.4.1

¿Qué tamaño de muestra se debería tomar para calcular con un 5% de precisión la proporción de hembras en las descargas de una especie en un puerto determinado durante un cierto periodo?

Obviamente sería imposible garantizar una precisión del 5% en cualquier estimación a menos que todas las descargas fuesen muestreadas. Por ello se supone que el investigador está dispuesto a aceptar gustosamente el 1/20 de probabilidad de sacar una muestra que no cumpla las condiciones requeridas. Si P es la verdadera proporción de hembras en las descargas y p su estima, entonces p variará dentro del rango $P \pm 2\ s$, excepto para una probabilidad de 1/20, y por lo tanto:

$$2\ s_{\mathrm{p}} = 2\sqrt{\frac{PQ}{n}}\ ; \qquad \frac{1}{20} = 2\sqrt{\frac{PQ}{n}} \qquad \text{ó} \qquad n = \frac{4PQ}{e^2}\ ; \qquad n = \frac{4PQ}{0{,}00025}$$

donde e es el error que se está dispuesto a admitir, y
P, Q las frecuencias de hembras y machos.

Esta fórmula proporciona el tamaño de muestra (n) en función de P y Q, que son cantidades desconocidas. No obstante, se tienen razones para sospechar que P varía entre 0,30 y 0,50. Para estos valores de P, los de n son 336 y 400. Por ello, bastará con una muestra de 400 individuos.

El tamaño de una muestra para lograr una precisión determinada de la media de unos datos continuos, como mediciones de talla, se calcula de forma análoga. Si s^2 es la verdadera varianza de la población, supuestamente grande, entonces en el caso de que n sea lo bastante grande (mayor que 20 por ejemplo), el rango $y = \pm\ 1{,}96\ s / \sqrt{n}$ incluirá la media real con una probabilidad del 0,95. Si e es el error máximo permisible, el valor de n que se necesita puede ser tal que:

$$e = \frac{2\,s}{\sqrt{n}}; \text{ de donde } n = \frac{4\,s^2}{e^2}$$

En este caso, la fórmula proporciona el tamaño de la muestra en función de la varianza real de la población, que puede desconocerse. Sin embargo, muchas veces es posible contar con datos de muestras previas, que pueden ayudar a hacer conjeturas adecuadas sobre los valores posibles de la varianza.

Ejemplo 6.4.2

Se desea tomar una muestra de arenques de una captura concreta con objeto de determinar la talla media del arenque en la captura. Calcular el número de peces que hacen falta para garantizar un error menor del 2% de la media.

Se sabe que la media varía entre 25 y 30 cm, y a partir de muestreos previos que la varianza es de unos 2 cm. Para estos valores de la media tenemos que $e = 0{,}50$ y 0,60, respectivamente. Tomando el valor de *e,* que dé el valor más alto de n ($e = 0{,}50$), entonces,

$$n = \frac{4 \times 2}{0{,}50^2} = 32$$

6.5 MUESTREOS DE CAMPO

Al estudiar una comunidad o unidad de población natural puede observarse, o suponerse, que presenta heterogeneidad cualitativa permanente, de modo que en ciertas zonas predominan unas especie sobre otras, o bien que los ejemplares grandes y los pequeños de una misma especie no se distribuyen uniformemente. Para realizar un estudio insesgado de una comunidad o población (explotada o virgen) es preciso entonces dividir el área ocupada por la comunidad o población en subáreas, y éstas en nuevas divisiones, si es preciso. Cada unidad en que se ha dividido el área constituye una división estadística o un estrato de muestreo.

Si lo que se desea es evaluar la composición, abundancia y tamaño de las especies que componen una comunidad explotada o virgen, y se dispone de un barco de prospección y de un determinado tiempo, el muestreo puede diseñarse de dos maneras:

(a) Mediante un *muestreo no aleatorio,* que consiste en realizar las pescas exploratorias en una red regular de puntos, generalmente situando las estaciones regularmente espaciadas en transectos perpendiculares a la costa, o

(b) Mediante *un muestreo aleatorio estratificado.*

Cuando se trata de una zona virgen o poco conocida el primer método puede adoptarse sin serios inconvenientes, porque las pescas no se sitúan subjetivamente en ninguna zona particular. No obstante, a poco conocimiento que se tenga de la zona, el segundo es preferible al primero. Si hay un conocimiento previo de la heterogeneidad (física o biológica) de la zona, ésta debe dividirse en estratos. La elección de los estratos puede hacerse de muchas maneras, siendo la más común por profundidades. Cada estrato tendrá una superficie determinada. Entonces la elección de las estaciones de muestreo debe hacerse aleatoriamente, como sigue: cada estrato se divide en cuadrículas de igual dimensión, generalmente alargadas siguiendo la dirección de las isóbatas, que se numeran. Luego, utilizando un sistema de azar, se seleccionan tantos números como pescas se haya dedicido hacer en cada estrato, que dependerá de su extensión o de alguna otra propiedad no subjetiva. Los números seleccionados deciden las cuadrículas en las que se deben realizar las pescas; con esta regla, toda cuadrícula elegida anula a sus contiguas de lados y verticales (cada una anulará ocho en total), de modo que si sale elegida alguna de ellas se selecciona otro número al azar. Si resultase que la cuadrícula elegida es un lugar inapropiado para la pesca se deben tener seleccionadas cuadrículas alternativas para sustituirla.

En el estudio biológico de las poblaciones una cuestión fundamental es conocer su composición en tallas. Todas las demás características biológicas, tales como sexo, edad, fecundidad, alimentación, biometría, parásitos, etc., se ponen en relación con la talla. Para obtener la composición por tamaños de una población, se muestrea ésta como antes vimos. Pero no es necesario estudiar todos los pescados de la muestra para obtener otras informaciones, lo que no sólo sería, probablemente imposible por limitación de tiempo, sino incluso innecesario y hasta perjudicial, si eso lleva a realizar el estudio en malas condiciones. Para ello se toman submuestras, seleccionadas aleatoriamente, de un número determinado de pescados de cada clase de talla, extrapolando después las observaciones a la muestra total ponderando por el número de peces dentro de cada clase de talla.

6.6 ANÁLISIS DE LAS SUBMUESTRAS PARA ESTUDIOS BIOLÓGICOS

Generalmente las submuestras obtenidas se analizan en un laboratorio. Estas submuestras deben estar en las mejores condiciones posibles. Para su estudio se recomienda escoger un número de ejemplares abarcable de acuerdo con el tiempo de que se dispone y colocarlos sobre la mesa de trabajo, manteniendo los demás conservados en una nevera, congelador o en líquidos fijadores. El orden más práctico es disponerlos por tamaños. Luego se numeran de manera que cada ejemplar sea siempre identificable. Es importante tener estadillos adecuados para la anotación rápida, clara y ordenada de los datos que se van adquiriendo durante el análisis de la muestra.

Dos de los datos que no suelen faltar en estos análisis son la talla y el peso. La talla puede ser total, o longitud máxima, que en los peces empieza en la punta del hocico con la boca cerrada, pero cuyo final varía según los autores (hasta el lóbulo más largo de la aleta caudal en posición natural o estirándolo hasta el punto medio de los lóbulos). También puede ser talla de horquilla desde el hocico al radio más corto de la caudal o talla precaudal desde el hocico hasta donde acaba el pedúnculo carnoso o finaliza la columna vertebral. En los cefalópodos se suele tomar la longitud dorsal del manto. En los moluscos bivalvos se toman las dimensiones máxima y mínima de la concha. En los crustáceos la longitud del caparazón (cefalotórax) o la total. Cada tipo de organismo tiene su dimensión más adecuada. Existe una cierta confusión con el término longitud estándar que para unos autores es la talla a la horquilla y para otros la longitud precaudal.

Los instrumentos más usuales para obtener el tamaño son una tabla graduada (ictiómetro) más o menos sofisticada, o un calibrador de registro final deslizante. Las clases de tallas pueden ser en milímetros o en centímetros. En los peces grandes pueden ser de 2 y 3 centímetros. También es necesario adoptar un acuerdo sobre cómo efectuar la lectura. Tradicionalmente era la longitud más próxima, pero en los países del ICES (International Council for the Exploration of the Sea) se recomienda leer la longitud inmediata inferior. En cualquier caso, conviene definir muy bien el tipo de medida y la forma de efectuarla.

El peso total corresponde al del pescado entero y referido al gramo. Debe evitarse exceso de agua en las pesadas.

En los estudios biométricos se toman otras muchas medidas del animal. Igualmente, se puede tomar el peso eviscerado. Los caracteres morfométricos medidos pueden utilizarse tal como se tomaron o transformados en índices:

$$\text{cefálico} = \frac{\text{longitud cabeza} \times 100}{\text{talla}}$$

$$\text{altura} = \frac{\text{distancia máxima entre el dorso y el vientre} \times 100}{\text{talla}}$$

Un índice bastante utilizado es el de condición de Fulton:

$$IC = \frac{\text{peso total}}{\text{talla al cubo}}$$

En biometría también se suelen tomar caracteres merísticos: número de branquiespinas, número de vértebras, número de radios en una aleta determinada, etc.

Es imprescindible anotar el sexo del animal. Los adultos de muchas especies se pueden sexar a veces por caracteres sexuales externos, pero en peces lo más seguro es observar las gónadas. En ocasiones los órganos sexuales son invisibles y hay que anotar el animal como indeterminado. También conviene registrar el estadio de madurez, para ello se pueden utilizar escalas subjetivas de maduración con diferentes estadios, que deben ser claros y estar bien definidos. Para determinar la época de puesta de una especie resulta práctico usar el índice gonadosomático,

$$IGS = \frac{\text{peso gónada} \times 100}{\text{peso eviscerado}}$$

Pero también pueden ser útiles índices gonadales, en los que sólo intervienen pesos de determinadas partes de las gónadas, o incluso la longitud de una de esas partes, como por ejemplo la de las glándulas nidamentarias de las hembras de los calamares. Otro aspecto muy interesante es el estudio de la fecundidad de una especie. Para calcular la fecundidad es preciso contar los ovocitos en las hembras maduras, generalmente a partir de un determinado tamaño. También es útil medir los ovocitos. En el capítulo dedicado a la reproducción se exponen estas cuestiones con mayor detalle.

Para el estudio de la alimentación se disecciona el tracto digestivo, se recoge el contenido estomacal, se pesa y se conserva en alcohol al 70%. También conviene pesar el estómago y, quizá, algunas otras secciones del digestivo como el hígado.

La determinación de la edad en peces y cefalópodos se realiza principalmente mediante el estudio de bandas periódicas en partes duras como los otolitos, las escamas, los radios de la aleta dorsal, las vértebras y los estatolitos; para bivalvos pueden emplearse las conchas. Estas partes deben extraerse y conservarse adecuadamente. Estas técnicas se detallan en el capítulo correspondiente a la edad.

Además de lo expuesto, que suelen ser las operaciones más habituales, puede haber necesidades especiales que requieren metodologías particulares. Por ejemplo, extraer determinados órganos para el estudio de parásitos o la recolección de muestras de tejidos para estudios electroforéticos o de ADN.

Finalmente, es conveniente anotar cualquier tipo de anomalías que puedan observarse en el ejemplar que se está analizando y, a veces, conservar determinados órganos o estructuras para su posterior análisis.

REPRODUCCIÓN 7

7.1 DESARROLLO GONADAL

En Biología Pesquera el desarrollo del aparato reproductor en los individuos de una especie interesa, sobre todo, para la determinación del sexo, de la talla o edad de primera maduración, de la(s) época(s) de desove o freza, del lugar de puesta y de la fecundidad potencial y real de la especie.

En la mayoría de los teleósteos no existen caracteres sexuales externos. Salvo que una cierta presión sobre el vientre de los individuos maduros haga salir los productos sexuales, es preciso diseccionarlos para conocer el sexo. En otros organismos de interés pesquero, como los condrictios, los cefalópodos y los crustáceos, existen caracteres sexuales externos, que permiten sexar a los individuos adultos sin necesidad de abrirlos. Sin embargo, la determinación del estado de madurez siempre precisa de la observación directa de los órganos genitales.

En los peces maduros, los testículos son dos estructuras separadas, cada una en forma de machete, con una red de vasos sanguíneos en forma de peine. Su color es rojo-vinoso cuando están inmaduros y blanco-marfil cuando están maduros. Los ovarios son dos estructuras saceliformes, de color rojo-acerezado, con vasos en abanico y granulación visible en la madurez. Los espermatozoides se forman a partir de las espermatogonias, y los ovocitos de las ovogonias a los que se incorpora vitelo generado en los folículos. La mayor parte de las especies de peces de interés comercial son iteróparas, es decir, desovan varias veces a lo largo de su vida siguiendo un proceso cíclico de inmadurez–madurez–reposo–nueva madurez. En la inmadurez y el reposo, los ovarios y los testículos son muy pequeños y transparentes, generalmente globosos los primeros y filiformes los segundos. Un individuo inmaduro se puede diferenciar de otro en reposo, además de por su tamaño, porque en las gónadas vírgenes del primero apenas se distinguen los vasos sanguíneos, mientras que en las del segundo éstos son aparentes. En la maduración pueden diferenciarse varios estadios; durante este periodo tanto los testículos como los ovarios son más reconocibles, más opacos y con vasos sanguíneos destacados. En los individuos maduros, las gónadas, sobre todo en las hembras, ocupan casi toda la longitud de la cavidad abdominal; los testículos son blancos y lechosos y los ovarios están enrojecidos y claramente granulados por la presencia de ovocitos maduros. Los individuos en regresión presentan las gónadas flácidas, los testículos con restos de esperma y los ovarios con óvulos maduros, con zonas con hematomas, a menudo totalmente sanguinolentas.

En los crustáceos decápodos es posible una distinción externa de los sexos ya que el gonoporo de los machos suele estar en la base del quinto par de patas, mientras que el gonoporo de las hembras se localiza en la base del tercer par. Luego, cada familia presenta signos característicos; así, en las langostas, por ejemplo, los pleópodos (apéndices abdominales) suelen ser más anchos y foliáceos en las hembras que en los machos. En estos organismos los espermatozoides se encuentran encerrados en estuches o espermatóforos que el macho pega a la hembra para fecundarla. Cuando las hembras llevan los huevos fecundados entre los pleópodos, se pueden establecer varios estadios:

Inmaduro = hembra sin espermatóforo ni huevos entre los pleópodos.
Madurando I = con espermatóforo pero sin huevos.
Madurando II = con huevos recientes.
Maduras = huevos con embriones en los que se aprecian los ojos.
En regresión = con restos de huevos.

En los cefalópodos también el sexo es reconocible por caracteres externos. El más evidente es el hectocotilo, que consiste en uno o dos brazos modificados en el macho, que sirve(n) para la introducción (o colocación) de los espermatóforos en las hembras. El hectocotilo puede llegar a ser una estructura muy compleja. La colocación de los espermatóforos puede realizarse en diferentes lugares: receptáculos seminales alrededor de los labios, hendiduras en el manto, interior del ovario (que es único), en las glándulas oviductales, etc. Tanto en machos como en hembras se distinguen varios estadios de madurez. Estos invertebrados tienen la propiedad de realizar una sola puesta durante su breve vida (1-5 años), pero ésta puede adoptar diferentes modalidades según las especies: simultánea o sincrónica, por etapas o fraccionada y continua. Por otra parte, en la mayoría de cefalópodos, exceptuando a *Nautilus,* no se puede hablar en rigor de iteroparidad si se entiende que para que haya iteroparidad deben existir siempre fases de degeneración, de reposo y de reconstrucción de los tejidos gonadales.

Para realizar un análisis a fondo del desarrollo de las gónadas son siempre necesarios estudios histológicos de individuos en diferentes estadios. En Biología Pesquera no interesa tanto conocer el grado de madurez de un individuo como el estado general de la población. Por esta razón, se relaciona siempre la madurez con el tamaño o la edad de los individuos. Un concepto básico en esta disciplina científica es el de *talla* o *edad de primera maduración sexual masiva* (L_m50%; t_m 50%) o cuando el cincuenta por ciento de las hembras de un stock están maduras por primera vez. Las medidas de ordenación pesquera que se basan en la imposición de una talla mínima legal de captura tienen muy en cuenta la talla de primera madurez, porque siempre es necesario dejar sin capturar un número mínimo de frezantes para asegurar la regeneración del stock, aunque las relaciones stock parental-reclutamiento no sean siempre proporcionales. De todos modos, la talla de primera madurez no debe ser el único criterio para establecer tallas mínimas sino que se deben considerar los resultados de aplicar los modelos de rendimiento por recluta.

Por otra parte, el conocimiento de la época de desove o puesta y de los lugares de freza son imprescindibles muchas veces para la imposición de medidas de regulación pesquera, como vedas temporales o espaciales en aquellos organismos en los que estos procesos están ligados a cambios en la capturabilidad.

El tema «reproducción versus crecimiento somático» es también de interés en Biología Pesquera. La energía y nutrientes que se incorporan por la alimentación se gasta casi por completo en crecimiento somático en las primeras etapas de la vida de un organismo. Con el transcurso del tiempo, cuando se llega a la etapa de maduración sexual, parte de estos nutrientes se utilizan en el desarrollo del material reproductor, en detrimento del crecimiento somático. Generalmente, a las etapas de desove preceden periodos de almacenamiento de materiales, sobre todo grasas, en los músculos (pescados grasos o azules) o en el hígado (pescados blancos), que se utilizan en los movimientos migratorios hasta los lugares de puesta y en la formación del vitelo de los ovocitos. Estos cambios metabólicos influyen en el estado de condición de los animales, de forma que puede incluso variar su valor comercial. Los pescadores conocen muy bien estas variaciones y hasta existen dichos populares que lo evidencian. Así, en Galicia, el de «por San Juan la sardina pringa el pan».

7.2 FECUNDIDAD

La fecundidad real es el número de huevos producidos por hembra al año. La fecundidad que generalmente se calcula es la potencial. Esto se hace contando el número de ovocitos que tiene una hembra antes de la freza. La metodología procede por los siguientes pasos:

1 Obtención de una muestra representativa de la población.

2 Obtención de la talla, peso total, peso eviscerado y peso del ovario.

3 Atribución del estadio de madurez y de la edad; para lo primero se pueden utilizar escalas empíricas o índices gonadosomáticos o gonadales.

4 Recuento, manual o mecánico, de los ovocitos a partir de un determinado diámetro mediante contadores de diferentes tipos. Este conteo se puede hacer con los ovocitos en fresco o fijados. Para la fijación se suelen utilizar líquidos como Gilson, Bouin, formol al 4%, o bien se cuecen las gónadas; todos ellos varían el tamaño de los ovocitos. Se pueden contar todos los ovocitos o una fracción obtenida de submuestras insesgadas del total de los ovocitos de un ovario extraída por volumetría, gravimetría o superficie.

5 Medida del diámetro de los ovocitos, generalmente en fresco, o por estereometría en cortes histológicos.

El estudio de la fecundidad debe hacerse por clases de tallas, que pueden ser más amplias que las usadas para el análisis de la composición demográfica de la población; y, también, la fecundidad se debe relacionar con la variación del peso total o eviscerado.

La relación entre la talla del organismo y su fecundidad es de tipo potencial:

$$F = aL^{b}$$

La tasa de incremento de la fecundidad con respecto a la longitud (b) generalmente tiene un valor promedio igual a 3 en los peces. No obstante, puede variar entre 1 y 7. Como regla general, el exponente b es más alto en especies de vida corta y de mortalidad larvaria elevada que en especies longevas y con altas tasas de supervivencia larvaria. La relación entre la fecundidad y el peso del organismo es prácticamente lineal, siendo los individuos más pesados generalmente los más fecundos.

Un determinado peso de ovario puede producir muchos ovocitos pequeños o pocos grandes. Es decir, variaciones en la fecundidad pueden reflejarse en el tamaño de los huevos. Los límites de esta variación vienen impuestos por los factores que determinan cual es el tamaño óptimo de la larva, que depende del tamaño de su alimento, del tamaño y abundancia de sus depredadores y de la abundancia de los competidores.

En todas las especies existen variaciones de la fecundidad interindividuales, interanuales y geográficas.

Dentro de ciertos límites, que están definidos por factores genéticos, la fecundidad puede variar por influencia de factores ambientales. La carencia de alimento suele producir degeneración de los ovocitos. Los individuos mejor alimentados de una población suelen ser más fecundos que los peor alimentados. El efecto de la disminución de alimento es distinto según el periodo del ciclo ovárico en que se produzca. En el lenguado *(Solea vulgaris)*, una dieta alimentaria carente de caseína, aunque suficiente desde el punto de vista energético, suele producir un bloqueo total de la producción de ovocitos.

Cada especie tiene un rango de temperatura óptimo y un aumento o disminución relativamente importante de este factor que hace disminuir la fecundidad. El fotoperiodo suele tener efectos en la maduración de las gónadas, pero no hay evidencia de que afecte a la fecundidad. El aumento de la intensidad de la luz suele ser un factor importante para el desencadenamiento del desove, de ahí que la mayoría de las especies suelen frezar en zonas costeras y en épocas de intensa iluminación (pocas especies desovan durante el invierno). Aunque esto puede relacionarse también con la presencia de alimento abundante cuando las larvas eclosionen (primavera-verano).

Otros factores que afectan negativamente a la fecundidad son la infestación parasítica, altas densidades de población y la presencia de contaminantes.

Se ha sugerido que existe un esfuerzo reproductor óptimo para una población de peces, que derivaría de un compromiso entre los actuales y los futuros frezantes. La presión de selección se realiza sobre todo en las primeras fases del ciclo vital, y los factores de selección son los ya apuntados: alimento y depredadores. Las opciones posibles para asegurar la descendencia son dos: incrementar el número de huevos o aumentar su tamaño. En la primera estrategia la mortalidad larvaria es grande, mientras que en la segunda es pequeña. La primera opción es propia de especies de ambientes inestables, a cuyas fluctuaciones se adaptan; en tanto que la segunda suele encontrarse en especies que moran en ambientes estables. Las primeras especies suelen tener mayores capacidades dispersivas y áreas de distribución amplias, ocurriendo lo contrario en las segundas. Existe relación entre ambas opciones reproductoras y los conceptos de especies estrategas de la *r* y de la *k* de Mac Arthur (véase Margalef, 1974).

El conjunto de individuos que procede de un mismo periodo de puesta de la población, que tiene la misma edad y, generalmente, un tamaño parecido se denomina *cohorte*. Si el desove ocurre en un corto periodo y una sola vez al año, la cohorte es única y se llama entonces *clase anual*. Si, por el contrario, la época de freza es dilatada y el desove es fraccionado, existirán varias cohortes o subcohortes, más o menos numerosas, y entonces el *reclutamiento* no es simultáneo sino fraccionado y hasta continuo a lo largo del año.

7.3 HUEVOS Y LARVAS

El rango de la fecundidad de las especies marinas de interés comercial es amplísimo, desde varios millones de huevos hasta unas pocas decenas se pueden encontrar todas las situaciones. Muchos organismos marinos entre los que se encuentran la mayor parte de los teleósteos y los bivalvos presentan fecundación externa. Cuando la fecundación es interna, como en condrictios, cefalópodos y muchos crustáceos, es variadísimo el tipo de puestas que se pueden hallar en la naturaleza; hay organismos que dejan los huevos sueltos y flotando entre aguas, otros que los colocan dentro de grandes bolsas de flotabilidad neutra, otros que los fijan a diferentes materiales del fondo, otros que los incuban en cavidades especiales, y también se dan casos de ovoviviparismo e incluso de viviparismo. En todos los casos, después de una etapa de desarrollo embrionario más o menos prolongada, en cuya amplitud influye sobre todo la temperatura, el resultado final es la eclosión de los recién nacidos.

Los recién nacidos de los teleósteos, crustáceos y la mayoría de los moluscos no cefalópodos apenas se parecen a los adultos, ni en su morfología, ni en su anatomía, ni en su biología. Son auténticos estadios larvarios que deben experimentar profundos cambios (metamorfosis) hasta llegar a ser juveniles. En estos casos se dice que el desarrollo es indirecto. En los cefalópodos, sin embargo, el desarrollo es directo, no existiendo verdaderos estadios larvarios; los recién nacidos, sobre todo si nacen de huevos grandes, son adultos en miniatura, y su conversión en juveniles no conlleva metamorfosis. Pueden experimentar, sin embargo, algunos cambios morfológicos y de hábitat, por ello para estos organismos se ha acuñado el término de «paralarvas» (véase Guerra, 1992).

Durante el desarrollo post-embrionario hay varias fases críticas para la supervivencia. Es una etapa en la que la mortalidad suele ser muy elevada, debido fundamentalmente a la presión de los depredadores y a la disponibilidad de alimento. La pujanza de una cohorte o clase anual depende de la supervivencia larvaria, mucho más que del tamaño del stock de frezantes. Muchas de las variaciones anuales o multianuales que se observan en las pesquerías se deben a fluctuaciones naturales de la sobrevivencia larvaria, que influye directamente en la pujanza del reclutamiento. Esto es sobre todo evidente en especies de vida corta, clupeiformes en el caso de los peces, y sobre todo en especies anuales como la mayoría de los cefalópodos.

La mayor parte de las veces, tanto los huevos como los recién nacidos forman parte del plancton. Se pueden realizar entonces evaluaciones de huevos y larvas presentes en un área determinada mediante campañas específicas, utilizando redes para su captura y medidores del flujo del agua filtrada. Esto permite evaluar el número de huevos o larvas presentes por volumen de agua filtrada y, por extrapolación, en toda una zona de puesta. Otras veces lo que se evalúa son los huevos adheridos en un área determinada. De cualquiera de estas evaluaciones puede deducirse la población de adultos, teniendo en cuenta la fecundidad y multiplicando por dos, si la proporción de sexos es igual. Es más difícil a partir de estos datos evaluar la pujanza de una cohorte, pero si se obtienen datos hidrográficos y existe alguna información previa sobre la variación de la mortalidad natural durante esas fases, ya sea por experiencias realizadas en confinamiento o por series de datos recopilados durante largos periodos, se pueden obtener aproximaciones.

Sorprende muchas veces la excelente sincronización existente entre la reproducción y las condiciones ambientales. Las especies suelen desovar siempre de manera que la eclosión de las larvas coincida con los máximos de producción de fito y zooplancton, que constituyen su alimento. Incluso cuando existen dos picos de freza, el tamaño de los huevos y, por consiguiente, el de las larvas puede ser diferente, de forma que éstas estén perfectamente adaptadas al tamaño de las partículas alimentarias, que varía según las especies predominantes en cada época.

ALIMENTACIÓN 8

La subsistencia y las principales funciones de los organismos heterótrofos dependen de compuestos endergónicos (alimentos), que proporcionan energía química, principios inmediatos (lípidos, carbohidratos y proteínas), además de vitaminas y oligoelementos minerales cuya falta produce carencias a veces fatales.

El valor energético de los alimentos depende de su composición química, siendo los lípidos los que mayor energía producen. Además de la oxidación (catabolismo) que produce energía (ATP), los principios inmediatos, después de digeridos, se incorporan al cuerpo de los seres vivos (anabolismo) siguiendo ciclos complejos y permitiendo su desarrollo y crecimiento.

El contenido energético no basta para caracterizar un alimento como tal, sino que hace falta que éste sea digerible. La digestibilidad depende de la capacidad metabólica del animal para provocar la cesión de la energía contenida en los enlaces químicos de las moléculas alimentarias; en definitiva, de la gama de enzimas digestivas que posee un organismo. Cuando se estudia la dieta de una especie aparecen a menudo restos que no se pueden contabilizar como alimentos porque el depredador es incapaz de digerirlos. También hay alimentos que poseen partes no digeribles, como por ejemplo los otolitos de los peces, el exoesqueleto de los crustáceos o las mandíbulas (picos) de los cefalópodos. Cuando esto ocurre, estos restos se suelen utilizar para estudiar la dieta de una especie. Algunos animales pueden desprenderse de estos restos inútiles mediante regurgitaciones.

La evolución trófica ha conducido a una adaptación doble: de una parte mecánica, en lo concerniente a la obtención, manejo e ingestión del alimento; y de otra, bioquímica o adquisición de las enzimas digestivas necesarias. Por ello, la morfología, anatomía, distribución y hábitat de una especie están íntimamente relacionadas con su tipo de alimentación, que puede variar a lo largo de su vida.

Los estudios precisos de alimentación y, esencialmente, de nutrición requieren experimentos cuidadosamente diseñados. Sin embargo, en Biología Pesquera lo que interesa sobre todo es conocer la dieta de una especie, sus variaciones con diferentes factores (sexo, crecimiento y estaciones del año por ejemplo), cuándo y cuánto come un organismo, su velocidad de digestión en condiciones naturales, y aspectos similares. Pero no interesa tanto analizar los procesos digestivos o las vías metabólicas que siguen los alimentos después de ser asimilados, o qué tipo de sustancias se movilizan en situaciones de ayuno. En esta ciencia se trabaja fundamentalmente partiendo de los contenidos estomacales procedentes de muestras tomadas en la naturaleza. Estos estudios ayudan a conocer la biología de la especie, las causas de su distribución, de sus desplazamientos y de su abundancia. Por otra parte, sirven para conocer las relaciones depredador-presa y la competencia por una misma fuente de alimento de los organismos que conviven en un mismo ecosistema. Este tipo de estudios sitúan a la Biología Pesquera, una vez más, dentro de la Ecología. Por otra parte, proporcionan bastante información sobre el crecimiento, fecundidad y mortalidad natural, que son parámetros básicos en los modelos de dinámica de poblaciones. También hay que tener en cuenta el canibalismo, relativamente frecuente en poblaciones naturales, que puede ser lo suficientemente intenso como para influir en la dinámica de la población (Sánchez Lizaso, 1996).

La intensidad de alimentación no sólo depende de la abundancia del alimento disponible, sino además del tamaño de la presa. La depredación puede ser selectiva, existiendo un tamaño óptimo de presa para cada tipo de depredador, aunque muchas especies son oportunistas y comen todo aquello que encuentran.

La dieta de una especie no es constante a lo largo de su vida, existiendo variaciones con el crecimiento, el estadio de madurez, la estación del año, etc.

La mayoría de los depredadores activos basan sus estrategias alimentarias en la detección del alimento por percepción visual, pero también existe quimio y mecanorrecepción. Las propiedades visuales de un objeto-presa son el tamaño, la forma, el contraste, el movimiento y el color. Hay especies que pueden alimentarse de organismos muertos (carroñeras), pero otras necesitan que el alimento esté en movimiento, es decir, presas vivas. En las especies hay comportamientos alimentarios innatos que se completan mediante aprendizaje.

Generalmente entre los depredadores y sus presas hay un conjunto de adaptaciones evolutivas, de aquéllos para capturarlas y de éstas para escapar. Por otra parte, de los ciclos de abundancia de las presas dependen los ciclos de sus depredadores, que se producen con un cierto retraso.

La metodología que normalmente se sigue en los estudios de alimentación en Biología Pesquera atiende a los siguientes pasos:

1 *Obtención de muestras representativas*. En los estudios de alimentación el número de estómagos a estudiar es muy variable, pudiendo oscilar des-

de unas decenas hasta miles. También se puede combinar un estudio detallado de un número reducido de estómagos con un estudio superficial de una cantidad mayor. Mauchline y Gordon (1985) se plantearon determinar de modo experimental el tamaño de la muestra representando una curva de la diversidad acumulada frente al número de estómagos. Pero este caso es una excepción y lo más usual es que el número de estómagos dependa del criterio del investigador o de las posibilidades de recolección. Lo necesario es asegurarse de que el número de estómagos sea suficiente, puesto que números reducidos pueden conducir a importantes errores (Hyslop, 1980).

2 *Registro de los datos básicos del ejemplar* (talla, pesos, sexo, estadio de madurez, etc.) *y registro de los datos de las muestras* (fecha, hora, localidad, etc.). En general, los ejemplares pueden obtenerse de muestreos de pesquerías comerciales o bien de campañas de pesca experimental. Los métodos de captura de los animales a analizar pueden ser muy variados, siendo conveniente considerar que son inadecuados para estos estudios aquellos métodos en los que exista un intervalo grande entre el momento de la muerte del organismo y el análisis o conservación de su contenido estomacal. Esto puede ocurrir si la captura se realiza con artes que permanezcan muchas horas en el agua, o si se muestrea la captura en puerto después de un periodo largo de permanencia del barco en la zona de pesca. En esos casos, los sesgos producidos por la digestión diferencial de las distintas presas se pueden agravar. También hay que considerar el método de pesca; el caso más evidente es cuando se emplean cebos en la captura. Del mismo modo, en las redes de arrastre puede haber una ingestión accidental de presas dentro del copo por depredadores muy voraces. En todos estos casos, se debe ser muy prudente en la interpretación de aquellas presas con escasos síntomas de digestión cuando se trata de definir la dieta de una especie.

3 *Disección del tracto digestivo y conservación.* La conservación está condicionada, en gran medida, por las posibilidades que se tengan. Lo más adecuado es estudiar los tractos digestivos en fresco, sin embargo esto no es siempre posible. Entre los métodos de conservación se encuentran la congelación y el uso de líquidos conservantes como formaldehído al 4% en agua de mar o etanol al 70% en agua de mar o dulce. La conservación en formol, si no se neutraliza convenientemente, puede provocar la disolución parcial o total de estructuras calcáreas, muchas veces imprescindibles para la identificación de las presas. Después de la conservación, se realiza el examen del contenido de cada una de las partes del tracto digestivo. Lo primero que hay que hacer es designar el estadio de repleción estomacal. La escala más normalmente utilizada es:

0 = estómago vacío,
1 = ¼ de llenado,
2 = ½ de llenado,
3 = ⅔ de llenado y
4 = completamente lleno o distendido.

Luego se suele obtener el peso húmedo del contenido y el peso del estómago, conservándose aquél, preferentemente en alcohol al 70%, convenientemente etiquetado.

4 *Examen de los contenidos.* Consiste en la identificación de las presas hasta el nivel taxonómico más bajo posible. Para ello, se utilizan colecciones de referencia y manuales de identificación. Además, se debe anotar el número y tamaño de las presas, así como el estado de digestión de las mismas, usando una escala empírica.

5 *Obtención,* si procede, *del peso seco del contenido.* Para ello se debe mantener éste en una estufa a 105 °C durante 24 horas.

Los resultados se suelen expresar como un listado de presas e índices. Los índices más usados son los siguientes:

- *Índice de vacuidad* = nº de estómagos vacíos / número de estómagos totales.
- *Índice de ocurrencia de una presa* = nº de estómagos con un tipo de presa / nº de estómagos con presas o bien nº de estómagos totales.
- *Índice de importancia numérica de una presa* = nº de casos en que una presa está presente en todos los estómagos o en los de un tipo / nº de presas de todos los estómagos o en los de un tipo.

Estos dos últimos índices proporcionan una idea relativamente falsa porque dan igual importancia a las presas pequeñas que a las grandes, y además enfatizan las presas con una digestión más larga. Comparando uno con otro se obtiene una idea sobre la disponibilidad y distribución de las presas.

- *Índice de volumen* se define como el volumen de cada tipo de presa en los estómagos / volumen total de todos los tipos de presas. En los métodos volumétricos, el volumen de cada presa o grupo de presas se calcula normalmente por deplazamiento del agua contenida en una probeta graduada. El agua que queda atrapada en cada presa se puede intentar sacar envolviéndola en papel de filtro, pero, particularmente en presas pequeñas, este agua es difícil de extraer y puede causar importantes errores en la estimación. El principal problema con este índice es poder calcular el volumen de la presa en los organismos que las trocean para ingerirlas.

- *Índice gravimétrico* = peso húmedo o seco de una presa / peso húmedo o seco de todas las presas × 100. Conviene usar estómagos en el mismo estado de digestión.
- *Índice de predominio de una presa* = nº de estómagos en que predomina un tipo de presa (en número, volumen o peso) / nº total de estómagos en que predomina algún tipo de presa × 100. Conviene usar presas en estado fresco o poco digeridas. Si el índice es superior al 50% la presa es preferencial, si varía entre 10-50% la presa es secundaria, y si es inferior al 10% ésta es ocasional en la dieta del depredador. Se suele emplear poco porque supone una pérdida de información.
- *Índice de solapamiento de dietas* entre dos especies (S_{ij}):

$$S_{ij} = \frac{1 - \sum\left(f_{ia} - f_{ja}\right)}{\sum f_{ia} + \sum f_{ja}}$$

donde a es el tipo de presas (1,2,... n);
f_{ia} y f_{ja} son las frecuencias de aparición de la especie a (presa) en las especies i y j (depredadores) en tantos por uno;
i y j pueden también ser tallas o sexos de una misma especie.

Este índice da una idea aproximada de la competencia entre dos especies, pero la competencia real depende de muchos factores, que son difíciles de estimar a partir de muestras de la naturaleza.

- *Índice de amplitud de nicho alimentario* (A_i)

$$A_i = \frac{1}{\sum\left(p_i h\right)^2}$$

donde i es la especie depredadora,
h los tipos de presa, y
$p_i h$ es la proporción de cada tipo de presa en la dieta de i.
Este índice se puede calcular con clases de edad, sexos, estaciones, etc.

- *Índice de diversidad de dieta* (D):

$$D = -\sum p_i \log_2 p_i$$

donde p_i es la probabilidad de encontrar la especie i en el total de estómagos.

Estos dos últimos índices dan idea del grado de estenofagia o eurifagia de una especie.

Si lo que se desea es obtener una visión de cómo contribuye cada categoría alimentaria a la dieta de un organismo determinado, la mejor percepción puede obtenerse midiendo el contenido energético de cada una de las presas presentes. Este método tiene la ventaja de evitar los sesgos introducidos por la presencia de partes duras y sin valor alimenticio. Sin embargo, incluso con este método no existe la seguridad de que toda la materia orgánica presente en el estómago se pueda asimilar, ni tampoco se valora suficientemente la presencia de vitaminas u oligoelementos imprescindibles para el crecimiento. Tampoco evita los sesgos introducidos por la digestión diferencial de las presas entre el momento de la ingestión y la captura del depredador.

Como conclusión, indicar que no existe ningún método que pueda considerarse óptimo para el estudio de la alimentación de un organismo. Antes de decantarse por alguno de ellos, es conveniente, por lo tanto, valorar las ventajas e inconvenientes de cada uno de los métodos y considerar las condiciones en que se va a realizar el estudio. Siempre se puede conseguir una mejor descripción de la dieta si se combinan al menos dos métodos (Hyslop, 1980).

También conviene enfatizar que el tamaño de la muestra debe ser el adecuado; los errores pueden ser más graves si se emplea un método muy preciso con un escaso número de estómagos que utilizándose un método menos preciso pero con un número grande de individuos, particularmente cuando la dieta es diversa o variable.

CRECIMIENTO 9

9.1 ALGUNAS CARACTERÍSTICAS DEL CRECIMIENTO

El crecimiento es el aumento de las dimensiones, habitualmente medidas en talla o peso, de un organismo con el tiempo. Considerando toda la vida de un animal, su crecimiento puede dividirse en varias etapas. El paso de una a otra sucesiva se caracteriza por algún tipo de crisis o discontinuidad más o menos importante. En orden decreciente de importancia pueden distinguirse los siguientes tipos de modificaciones durante el desarrollo:

(a) Metamorfosis.
(b) Variaciones bruscas en la forma del cuerpo.
(c) Importantes cambios fisiológicos.
(d) Variaciones en la tasa de crecimiento.

Otra característica del crecimiento de muchos organismos marinos es su gran variabilidad estacional, sobre todo en zonas templadas del globo, donde el crecimiento suele ser más lento en invierno que en verano. La temperatura acelera los procesos metabólicos aumentando las tasas de crecimiento, con lo que también se anticipa la talla o la edad de primera madurez y puede disminuir la longevidad. Sin embargo, no siempre es la temperatura el factor que regula la velocidad del crecimiento, pueden también afectar el fotoperiodo, un régimen de lluvias, la disponibilidad de alimento o la densidad de la población. La disponibilidad de alimento no sólo influye en las tasas de crecimiento sino además en el crecimiento límite de una especie. También la densidad de la población es un factor importante que modifica las tasas de crecimiento.

Un ser vivo para crecer necesita alimentarse. Las propiedades digestivas y de absorción determinan el tipo de dieta, las tasas de ingestión y digestión, la ración diaria y otras características de su alimentación. De tal manera influye la nutrición, que muchas de las diferencias de crecimiento existentes entre organismos de distintas especies de un mismo grupo (moluscos, crustáceos, peces, etc.) son atribuibles a diferencias interespecíficas en las propiedades de su aparato digestivo, es decir, a la eficacia con que la comida es digerida y asimilada.

Por otra parte, cada especie tiene unos requerimientos nutritivos específicos para crecer adecuadamente, necesitando aportes diferenciales de proteínas, lípidos, hidratos de carbono, vitaminas y minerales, que se incorporan a su metabolismo proporcionando materiales y energía. Un método particularmente útil de representar el crecimiento es expresándolo como un componente anabólico del metabolismo total del animal. Así,

$$I = M + C + E$$

donde I es la energía total ingerida
M el metabolismo
C el crecimiento y
E la excreción.

Cada uno de los términos de esta ecuación general puede descomponerse, dando lugar a expresiones más complejas. El término C generalmente suele descomponerse en dos: C_s o crecimiento somático y C_g o producción de gametos.

El balance energético de un organismo heterótrofo puede esquematizarse como se indica en la Figura 9.1.1 (Rogers, 1982).

Una de las más conocidas teorías sobre el crecimiento es la de von Bertalanffy (1937, 1938) en la que este fenómeno general se pone en relación con los procesos anabólicos y catabólicos, considerando que éstos son función de las superficies de absorción y del volumen del animal, respectivamente. Un tema interesante de estudio es la relación entre la superficie de absorción de las branquias y del digestivo, y su conexión con el crecimiento y el tamaño potencial máximo que puede alcanzar un animal marino. Asimismo, se han realizado numerosos experimentos para comprobar el efecto de la temperatura, salinidad y concentración de oxígeno sobre el crecimiento.

A partir de las marcas de crecimiento en estructuras duras parece observarse que los animales de una población crecen poco en el primer año de vida, acelerando su ritmo de crecimiento posteriormente. Este fenómeno se ha denominado *crecimiento compensatorio*. Es muy dudoso que esto ocurra en la realidad. Lo que sí parece acontecer es que en los individuos nacidos en los últimos momentos de la época de freza disponen de menos tiempo antes del invierno y tienen tallas más pequeñas al formarse el primer anillo invernal en escamas u otolitos que los nacidos al comienzo del desove. Estos individuos presentarían luego un crecimiento mayor entre el primero y el segundo anillo invernal. Este fenómeno no es otra cosa que la manifestación

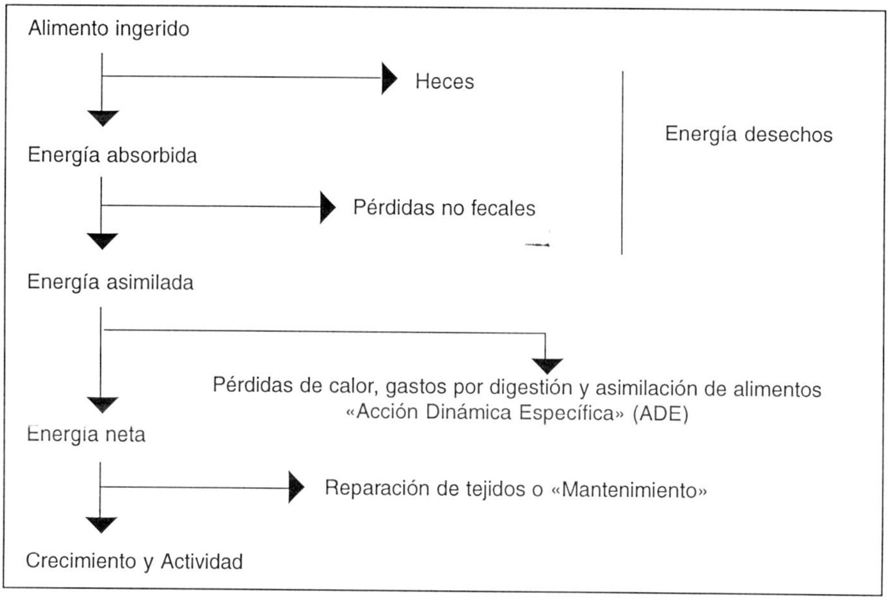

Figura 9.1.1 Balance energético de un organismo heterótrofo.

de que la tasa de crecimiento es variable. Por ello, resulta muy difícil colegir sobre la edad de un pez, crustáceo o cefalópodo por su tamaño. Otra posible explicación del crecimiento compensatorio puede ser la diferente relación entre la talla y la edad de primera maduración sexual de los individuos pertenecientes a una misma cohorte.

Algo que afecta al cálculo de las tasas de crecimiento es el *fenómeno de Lea:* dentro de una misma edad, los organismos con una tasa de crecimiento mayor pueden tener una mortalidad natural más alta que los de crecimiento más lento.

9.2 TASAS DE CRECIMIENTO

El crecimiento puede describirse en términos de cambios de longitud o peso (W) en el tiempo. Se pueden distinguir diferentes tasas de crecimiento:

(a) Tasa de crecimiento absoluto

$$W_a = \frac{W_2 - W_1}{t_2 - t_1}$$

(b) Tasa diaria de crecimiento relativo

$$TDCR(W) = \frac{100\,(W_2 - W_1)}{0{,}5\,(t_2 - t_1)\,(W_1 + W_2)}$$

(c) Tasa instantánea de crecimiento

$$G = \frac{(LnW_2) - (LnW_1)}{(t_2 - t_1)} \times 100$$

Como la tasa de crecimiento no suele ser constante a lo largo de la vida, la forma más adecuada para conocer cómo es realmente el crecimiento de un organismo, y también poder ajustar un modelo, es calcular la tasa de crecimiento instantánea a intervalos de tiempo sucesivos más o menos distanciados.

Por otra parte, durante el crecimiento, sobre todo en las primeras etapas, suelen existir tasas de crecimiento diferencial para distintas partes del cuerpo de un organismo, a lo cual se denominan alometrías del crecimiento o *crecimiento alométrico.*

9.3 DETERMINACIÓN DE LA EDAD

Después de la talla, la edad de los individuos es el dato más importante en la Dinámica de Poblaciones. Los datos de edad y talla (o peso) se utilizan en el estudio del crecimiento, así que los estudios sobre la edad y el crecimiento están muy relacionados.

La forma más exacta y directa de conocer la edad, el crecimiento y la longevidad de un organismo es fecundar el huevo artificialmente y luego criar el recién nacido hasta su muerte bajo condiciones controladas. Pero esto raramente es posible y, desde luego, inviable tratándose de poblaciones naturales. Por otra parte, las condiciones de cría en cautividad difieren de las del medio natural y las tasas de crecimiento pueden verse afectadas. Por ello, para la determinación de la edad se recurre a métodos indirectos.

9.3.1 ANÁLISIS DE LA PROGRESIÓN MODAL

Si el desove de una población ocurre de tal manera que exista un flujo regular de reclutas en un periodo de tiempo relativamente corto y si esa población está bien muestreada, los individuos de la población producen distribuciones de frecuencias de tallas con varias modas. Cada moda refleja el influjo anual de reclutas y, si se muestrea regularmente hasta más allá del siguiente periodo reproductor, estas distribuciones de frecuencias de tallas aumentan gradualmente su valor modal con el paso del tiempo. Esta progresión modal puede ayudar a conocer la edad relativa y el crecimiento de los individuos de varios tamaños. En este método se presupone que cada valor modal de las distribuciones de frecuencias de tallas de la muestra representa un grupo de edad o cohorte distinto.

Una de las condiciones básicas que debe cumplir el análisis de la progresión modal (APM) es que las frecuencias de tallas den estimaciones insesgadas de la composición real de la población. Este requisito puede alcanzarse si el muestreo cumple todas las reglas de los muestreos aleatorios. Sin embargo, es casi imposible muestrear insesgadamente las clases de tallas más pequeñas debido a la selectividad de los artes, o bien, porque los individuos más pequeños no estén enteramente reclutados al área de muestreo. Por lo tanto, siempre hay que contar con ese factor en las interpretaciones estadísticas, ya que pueden producir el sesgo de dar a los individuos más jóvenes tallas más altas que las que realmente les corresponde. Es más grave todavía que en las distribuciones de frecuencia no aparezcan los primeros grupos de edad. Para compensar este sesgo deben usarse artes especiales que capturen los individuos de menor talla.

Las distribuciones de frecuencias de tallas son particularmente útiles si se hacen mensualmente y se colocan de modo que las clases de edad se correspondan verticalmente de forma cronológica. Suele entonces observarse cómo una moda va trasladándose progresivamente a lo largo de los meses hacia las clases de tallas mayores, mostrando el crecimiento de un grupo de edad a lo largo del tiempo y dando seguridad con ello a la interpretación de las modas como grupos de edad. Se recomienda no juntar muestreos tomados con intervalos superiores a un mes cuando el crecimiento es más intenso, mientras que cuando éste es menor podrán juntarse muestras tomadas con varios meses de diferencia, pero nunca más de tres.

Cada distribución polimodal de frecuencias de tallas debe descomponerse en sus correspondientes distribuciones normales, calculándose, al menos, su media, desviación típica y el porcentaje que representa del total de la muestra. Existen varios métodos para descomponer una distribución polimodal en sus componentes gausianos. Harding (1949) y Cassie (1954) desarrollaron el método del papel de probabilidades, Tanaka (1956) el ajuste de parábolas a las frecuencias y Bhattacharya (1967) el ajuste de regresiones a los logaritmos naturales de frecuencias sucesivas. Recientemente se han desarrollado programas para ordenador que facilitan el análisis de los datos: por ejemplo Mix (Macdonald y Green, 1979); Elefan (Gayanilo *et al.,* 1989); Lfsa (Sparre, 1987) y Multifan (Fournier *et al.,* 1990).

Sin embargo, existen bastantes dudas sobre si el análisis de la progesión modal es, por sí solo, suficiente y apropiado para estudios de crecimiento, sobre todo en aquellas especies donde:

(a) Las tasas de crecimiento son muy variables.

(b) Hay una dilatada época de puesta, que da lugar a un reclutamiento prácticamente constante durante un largo periodo, o a lo largo de todo el año.

(c) Existen subcohortes o microcohortes como consecuencia de varios desoves, cada una con su tasa de crecimiento y de supervivencia particular, y

(d) Hay migraciones que pueden introducir error si dos grupos separados se mezclan en la población.

Por estos motivos, se recomienda utilizar este método con precaución y, siempre que sea posible, complementarlo con determinaciones de la edad en estructuras duras donde haya bandas periódicas de crecimiento (Caddy, 1991).

Ejercicio 9.3.1

Descomposición de una distribución polimodal de frecuencias de tallas en sus componentes normales

Las frecuencias de talla del pagel *(Pagellus erytrinus)* pescado al arrastre en las costas de Castellón (Mediterráneo occidental) según Larrañeta (1964) son las que se exponen en la columna B de la Tabla 9.3.1. Representar la distribución de frecuencias de tallas en un histograma usando papel milimetrado. Descomponer esta distribución en sus componentes normales mediante el papel de probabilidades (método de Harding-Cassie y el de Bhattacharya). Calcular las tallas medias, el intervalo talla media ± dos veces la desviación típica (*s*).

Para el método del papel de probabilidades hay que realizar los siguientes pasos:

1 Calcular el porcentaje de cada talla (columna C).

2 Calcular el porcentaje acumulado (columna D).

3 Graficar los porcentajes acumulados en el papel de probabilidades.

4 En la curva de los porcentajes acumulados (Fig. 9.3.1) se observa que el valor del primer punto de inflexión (Pi_1) se sitúa en la talla 140 mm (Σ (%)= 76,36 en la columna D).

5 Calcular todos los valores A_i = Porcentaje acumulado de la talla $X_i \left(\frac{100}{76{,}36}\right)$ Columna E de la Tabla 9.3.1.

6 Calcular la recta $\text{Talla}_i = a + b\,A_i$ por mínimos cuadrados, donde a es la ordenada en el origen y b la pendiente, $a = 64{,}5895$; $b = 0{,}6510$. La moda

Tabla 9.3.1 Frecuencias de talla de *Pagellus erytrinus* de Castellón (Mediterráneo).

A	*B*	*C*	*D*	*E*	*F*	*G*	*H*
Tallas (mm)	*Nº*	*%*	Σ *(%)*	A_i	B_i	*ln (B)*	Δ *lnB*
60	8	1,00	1,00	1,31		2,08	+1,18
70	26	3,25	4,25	5,56		3,26	+0,76
80	56	7,00	11,25	14,73		4,02	+0,75
90	118	14,75	26,00	34,03		4,77	+0,34
100	165	20,62	46,62	61,02		5,11	−0,13
110	145	18,12	64,74	84,74		4,98	−1,22
120	43	5,37	70,11	91,77		3,76	−0,43
130	28	3,50	73,61	96,35		3,33	−0,24
140	22	2,75	76,36	100,00		3,09	+0,88
150	53	6,62	82,98		28,49	3,97	−0,19
160	44	5,50	88,48		52,17	3,78	−0,09
170	40	5,00	93,48		73,69	3,69	−0,74
180	19	2,37	95,85		83,90	2,94	−0,38
190	13	1,62	97,47		90,87	2,56	−0,16
200	11	1,37	98,84		96,77	2,40	−1,01
210	4	0,50	99,34		98,92	1,39	−0,70
220	2	0,25	99,59		100,00	0,70	−0,00
230	2	0,25	99,84			0,70	
240	1	0,12	99,96			0	
TOTAL	800						

de la primera distribución normal es el punto donde esta recta corta a la línea de 50% del eje de ordenadas (porcentajes acumulados) del papel de probabilidades o la bisectriz, cuya ecuación es $y = x$.
Talla media = 64,5895 + 0,6510 (50) = 97,14 mm.

7 El intervalo $\bar{t} \pm 2\, s^2$ viene dado por los puntos donde la recta corta a

$$A_i = 15{,}87\% \text{ y } A_i = 84{,}13\% \text{ ó } 74{,}92 \text{ y } 119{,}36 \text{ mm}$$

Por lo tanto, s^2 (varianza) será 11,11 y la desviación típica (s) será 3,33.

8 En la curva representada en el papel de probabilidades se observa que existe un segundo punto de inflexión (P_{i_2}) en 220 mm de talla (Σ (%) = 99,59 en la columna D).

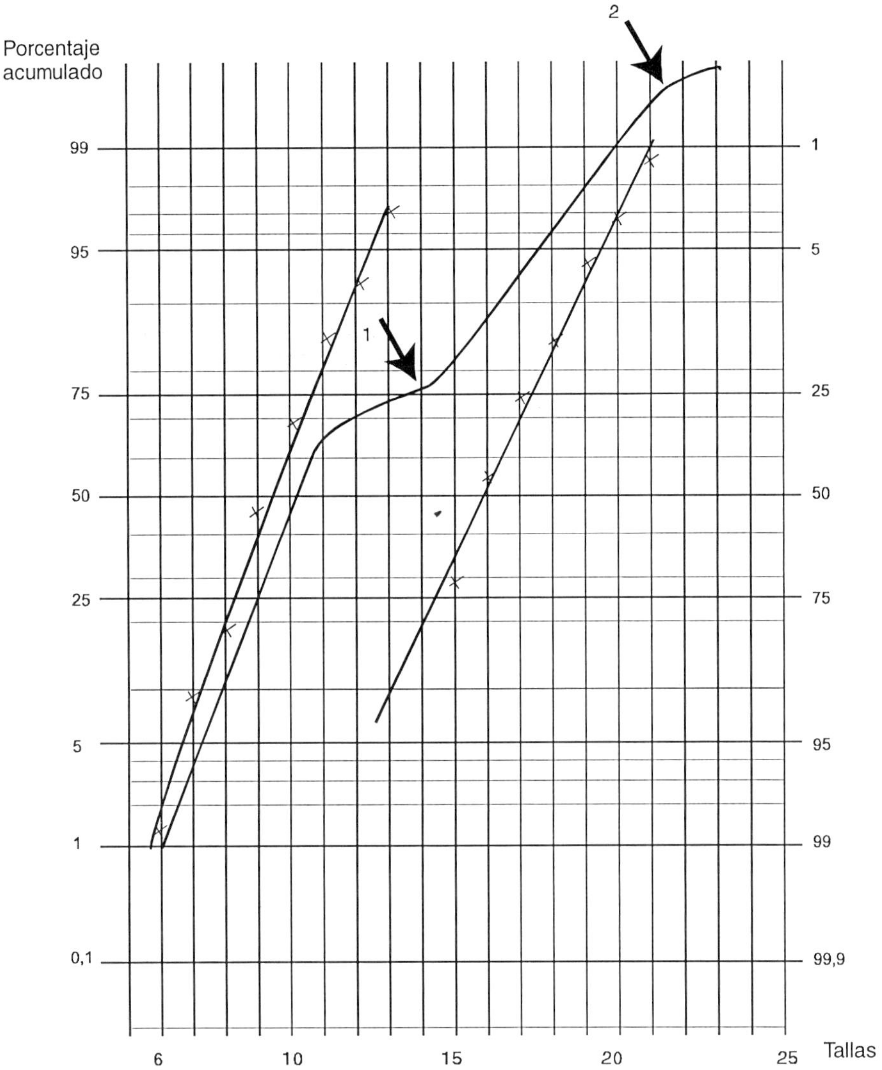

Figura 9.3.1 Descomposición de la distribución de frecuencias de tallas de *Pagellus erytrinus* mediante papel de probabilidades. Véase explicación en el texto.

9 Calcular todos los valores B_i = (Porcentaje acumulado de la talla $X_i P_{i_1}$).

$$\left(\frac{100}{P_{i_2} - P_{i_1}}\right)$$

Los resultados se exponen en la columna F de la Tabla 9.3.1.

10 Calcular la recta $talla_i = a + bB_i$ por mínimos cuadrados:

$$a = 117{,}2346; \qquad b = 0{,}8547$$

11 Operando como en 6 y 7, entonces,

la talla media = 117,2346 + 0,8547(50) = 159,97 mm
(media de la segunda distribución)

Rango talla media ± $2s^2$; 130,79 mm y 192,52 mm. Por lo tanto, s = 3,82.

Para Bhattacharya se procede de la siguiente forma:

1 Se calculan los logaritmos naturales de todas las frecuencias de tallas (columna B). Los resultados se exponen en la columna G de la Tabla 9.3.1.

2 Se calcula la diferencia entre el ln de una talla menos el de la precedente (ΣlnB), estos resultados se exponen en la columna H.

3 Los valores de la columna H se representan gráficamente, considerando en el eje de abscisas las tallas (columna A) y en el eje de ordenadas los valores de las diferencias de los logaritmos naturales de las frecuencias (columna H) con su signo correspondiente. Cada valor de H se representa en el punto medio entre tallas. Por ejemplo: +1,18 en 65, +0,76 en 75 y así sucesivamente.

4 Tres o más puntos consecutivos y descendentes en el gráfico (Fig. 9.3.2) representan los valores a considerar para obtener una línea recta, que será

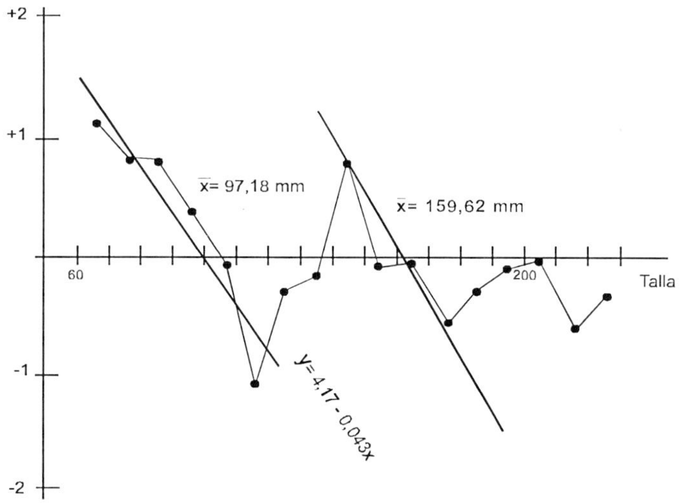

Figura 9.3.2 Descomposición de la distribución de frecuencias de tallas de *Pagellus erytrinus* mediante el método de Bhattacharya. Véase explicación en el texto.

la linearización de la primera distribución normal. En el ejemplo, la primera distribución está definida por los seis primeros puntos (tallas 65, 75, 85, 95, 105 y 115 mm). La ecuación de esta recta es:

$$y = 4{,}169 - 0{,}0429x$$

Cuando esa recta corta al eje de ordenadas ($y = 0$) se obtiene la talla media de la primera distribución normal:

$$\bar{t}_1 = \frac{4{,}169}{0{,}0429} = 97{,}18 \text{ mm}$$

La desviación típica se calcula por

$$s = \sqrt{\left(-\frac{1}{b}\right) - \left(\frac{h^2}{12}\right)}$$

siendo h el intervalo de las clases de talla:

$$s = \sqrt{\left(\frac{-1}{-0{,}0429}\right) - \left(\frac{10^2}{12}\right)} = \sqrt{23{,}31 - 8{,}33} = 3{,}87$$

5 Volviendo a la gráfica, los siguientes puntos que se sitúan en línea recta descendente son los correspondientes a los valores de talla 145, 155, 165 y 175, aunque aquí hay que introducir cierta subjetividad, que será mayor a medida que nos alejemos de la distribución normal predominante en la polimodal, para considerar como válido el punto 155 mm. De nuevo

$$y = 7{,}63 - 0{,}0478\,x$$

$$\bar{t}_2 = \frac{7{,}63}{0{,}0478} = 159{,}62 \text{ mm}$$

$$s = \sqrt{\left(\frac{-1}{-0{,}0478}\right) - \left(\frac{10^2}{12}\right)} = 3{,}54$$

Ejercicio 9.3.2

Análisis de la progresión modal y estimación de las tasas de crecimiento

En la Tabla 9.3.2 se expone el número, las proporciones (p), las tallas medias (L en cm), las desviaciones típicas (s) y sus errores típicos $s(es)$ para diferentes cohortes estimadas por el método de Bhattacharya, usando el programa MIX, a partir del análisis de las frecuencias de tallas mensuales de hembras del calamar *Loligo forbesi* de las costas de Irlanda. También se muestran los valores de una prueba de Chi cuadrado (X^2) y los grados de libertad (gl). Representar las cohortes y calcular las tasas de crecimiento.

Tabla 9.3.2 Datos poblacionales del calamar *Loligo forbesi* de las costas de Irlanda.

Año	*Mes*	*Nº*	*(%)*	*L(cm)(s)*	*s(es)*	X^2	*gl*
1991	agosto	60	100	16,62(0,38)	2,92(0,28)	10,45	9
	septiembre	151	100	15,72(0,24)	2,87(0,16)	8,00	11
	octubre	62	36	15,75(0,39)	1,32(0,41)	5,11	7
			64	21,34(0,45)	2,17(0,35)		
	noviembre	83	11	17,27(0,30)	0,35(0,32)	4,82	8
			89	24,01(0,30)	2,35(0,24)		
	diciembre	94	18	16,46(0,89)	1,28(0,50)	10,43	14
			82	22,08(0,60)	4,69(0,45)		
1992	junio	145	100	8,76(0,17)	1,98(0,13)	10,94	7
	julio	124	100	8,97(0,24)	2,63(0,19)	11,18	8
	agosto	98	100	13,84(0,21)	2,07(0,16)	3,82	6
	septiembre	346	100	14,71(0,16)	3,05(0,12)	12,72	15
	octubre	119	100	17,17(0,25)	2,67(0,18)	13,85	11
	noviembre	192	100	19,73(0,24)	2,81(0,15)	4,71	13
	diciembre	97	100	23,57(0,30)	2,94(0,22)	9,70	11
1993	enero	55	18	18,55(0,44)	1,08(0,38)	8,13	8
			82	26,62(0,40)	2,25(0,34)		
	febrero	55	15	19,37(1,43)	2,20(1,25)	5,28	12
			85	26,20(0,59)	3,23(0,48)		
	marzo	51	100	26,54(0,70)	3,20(0,50)	12,20	15
	julio	90	100	8,05(0,20)	1,85(0,14)	7,69	8
	septiembre	87	100	16,54(0,25)	2,33(0,19)	5,73	8
	octubre	516	100	19,34(0,13)	2,96(0,09)	25,00	14

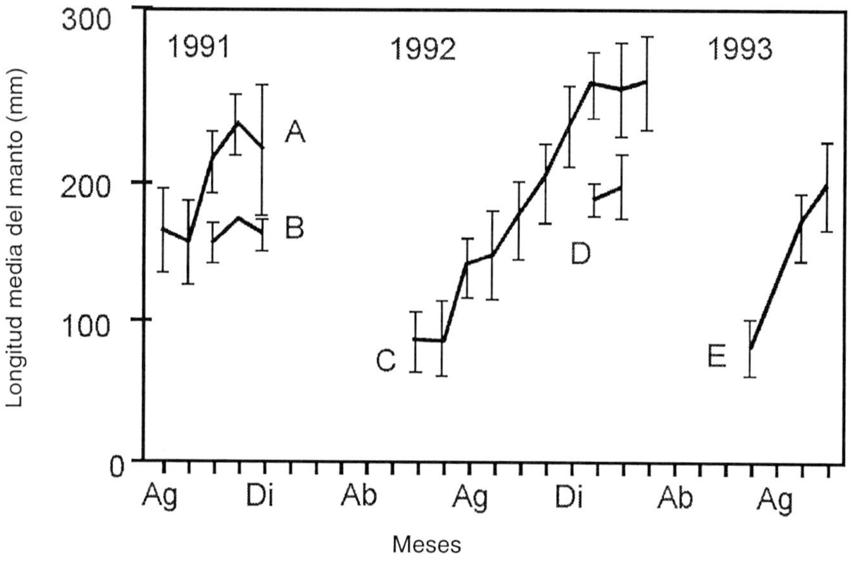

Figura 9.3.3 Representación de las tallas medias (longitud media del manto) de las cohortes (A-E) identificadas en las muestras mensuales de *Loligo forbesi* entre años consecutivos en las costas de Irlanda.

En la Figura 9.3.3 se representan las tallas medias (mm ± s) de las cohortes (A-E) identificadas en las muestras mensuales de las hembras de *Loligo forbesi* en tres años consecutivos.

Tasas de crecimiento:

– Tasa de crecimiento instantáneo en talla.

$$G = \left(\frac{\ln L_2 - \ln L_1}{t_2 - t_1} \right) \times 100$$

– Tasa diaria de crecimiento relativo en talla.

$$TDCR(L) = 100 \left[\frac{(L_2 - L_1)}{0{,}5(t_2 - t_1)(L_2 + L_1)} \right]$$

Cohorte A

$L_2 = 24{,}01$ cm $L_1 = 15{,}72$ cm $t_2 =$ noviembre
$t_1 =$ septiembre ($t_2 - t_1 = 90$ días)

$$G = \left[\frac{(3{,}18 - 2{,}75)}{90}\right] \times 100 = 0{,}47 \text{ cm/día}$$

$$TDCR = 100\left[\frac{24{,}01 - 15{,}72}{0{,}5(90)(24{,}01 + 15{,}72)}\right] = 0{,}46 \text{ cm/día}$$

Cohorte C

$L_2 = 26{,}62$ cm $L_1 = 8{,}76$ cm $t_2 =$ enero $t_1 =$ junio ($t_2 - t_1 = 240$ días)

$$G = \left[\frac{(3{,}28 - 2{,}17)}{240}\right] \times 100 = 0{,}46 \text{ cm/día}$$

$$TDCR = 100\left[\frac{(26{,}61 - 8{,}76)}{0{,}5(240)(26{,}62 + 8{,}76)}\right] = 0{,}42 \text{ cm/día}$$

Cohorte E

$L_2 = 19{,}34$ cm $L_1 = 8{,}05$ cm $t_2 =$ julio $t_1 =$ octubre ($t_2 - t_1 = 120$ días)

$$G = \left[\frac{(2{,}96 - 2{,}08)}{120}\right] \times 100 = 0{,}73 \text{ cm/día}$$

$$TDCR = 100\left[\frac{(19{,}34 - 8{,}05)}{0{,}5(120)(19{,}34 + 8{,}05)}\right] = 0{,}69 \text{ cm/día}$$

9.3.2 USO DE ESCAMAS PARA LA DETERMINACIÓN DE LA EDAD

Las escamas se extraen de uno de los flancos del pez, habitualmente de la zona intermedia debajo de la línea lateral, bajo la primera aleta dorsal. Se limpian y se guardan en seco y en nevera. Se montan sobre portaobjetos, pudiéndose pegar con sustancias que no dificulten su observación. Se observan proyectando la imagen por transparencia contra una pantalla o con analizadores de imagen.

Las escamas presentan líneas a modo de anillos, que pueden deberse a migraciones, traumas de freza, etc., pero que, sobre todo, se forman por detenciones estacionales del crecimiento, típicamente en el invierno en las zonas templadas y boreales. Para determinar la edad se pueden contar los anillos invernales o bien los de freza. En los mares tropicales la lectura de las escamas se hace más confusa. Esta técnica exige una amplia experiencia. En las escamas ctenoides además de los anillos ayuda la observación de los radios, que presentan inflexiones. Estas inflexiones pueden interpretarse del modo siguiente: cuando forman ángulos abiertos hacia afuera es que la escama tiende a crecer en anchura porque la cintura del pez aumenta y cuando forman ángulos hacia adentro es porque la escama tiene mayor crecimiento en longitud, al compás del crecimiento del pez. Los anillos pasan por estas inflexiones y cuando el ángulo entre anillo y radio es abierto hacia afuera, el anillo será invernal (w), mientras que cuando el ángulo es hacia adentro será de freza o de condición (c). En todo caso, cada dos de esas inflexiones indican un año en la vida del pez. Es frecuente que antes del primer anillo se observen dos, ocurridos el primer ciclo anual del pez. Muy probablemente esos anillos estén en relación o con un cambio de hábitat, de pelágico a bentónico por ejemplo, o con una migración desde el área de cría a otras áreas.

9.3.3 USO DE OTRAS ESTRUCTURAS DURAS

Muchos organismos marinos, aún no vertebrados, poseen estructuras que crecen por deposición periódica de carbonato cálcico, normalmente cristalizado en forma de aragonito. Estas estructuras internas o externas se usan para determinar la edad y las tasas de crecimiento, una vez conocida la frecuencia de deposición y después de haberse observado que su crecimiento y el del organismo son aproximadamente proporcionales. No obstante, la relación entre la longitud del pez y la de estas estructuras no siempre es lineal.

Los otolitos de los peces son las estructuras más usadas. Se trata de concreciones calcáreas localizadas en el oído. Cada oído tiene tres otolitos, de los cuales el más grande o «sagitta» es el que se emplea para la determinación de la edad. Están formados por bandas o anillos concéntricos de carbonato cálcico solo o acompañado de materia orgánica, estos últimos durante las épocas de mayor crecimiento del pez. Cuando se observan a la lupa con luz incidente, las bandas con materia orgánica son opacas y se ven blancas, mientras que las de carbonato cálcico se ven oscuras. Por el contrario, por transparencia, las bandas de materia orgánica (traslúcidas) se ven oscuras y las de carbonato cálcico claras. Dos anillos sucesivos, opacos o traslúcidos, delimitan un año de crecimiento del otolito, y contándolos se puede calcular la edad del pez. Los mecanismos fisiológicos específicos que originan la formación de estas bandas se conocen poco, pero parecen asociarse con fenómenos cíclicos en los que de una reducción del crecimiento somático en épocas desfavorables (baja o alta temperatura, escasez de alimento, etc.) se pasa a un aumento en épocas favorables. En los trópicos, donde las condiciones son prácticamente constantes durante todo el año, es muy difícil apreciar anillos de crecimiento en los peces, aunque pueden existir anillos asociados a otros fenómenos como el aumento de la actividad reproductora. Zonaciones del tipo descrito en los otolitos se han observado y usado para determinar la edad en vértebras, espinas, huesos preoperculares, dientes, conchas, estatolitos, etc.

Los otolitos se extraen levantando el frontal y los parietales por detrás de los ojos, o bien, cortando la parte superior del cráneo a la altura del occipital hasta dejar al descubierto los huesecillos que están en las cápsulas óticas. Es una operación que exige cierta destreza, sobre todo si los otolitos son pequeños. Los otolitos pueden observarse con una lupa binocular, ya sea colocados en una cápsula de vidrio con xilol, e iluminados por debajo si son pequeños y transparentes. Si son grandes y opacos se suelen cortar por la mitad, puliéndose la superficie de corte, incrustando la punta en un poco de masilla, e iluminando la superficie de corte, previamente humedecida con xilol, con un foco lateral. Otras veces hay que realizar dos cortes paralelos para leer los anillos en la loncha obtenida después de quemar ligeramente la materia orgánica. La interpretación correcta de los anillos requiere bastante experiencia y, en muchas ocasiones, el concurso de varios lectores, así como la puesta en común de criterios interpretativos.

En los otolitos, en los estatolitos (equivalente a los otolitos de los peces en cefalópodos) y en otras estructuras duras se han observado incrementos diarios de crecimiento, además de anillos de crecimiento anual. La evidencia de esta ritmicidad se ha logrado por validaciones. En ellas se utilizan sustancias marcadoras (tetraciclina, estroncio, etc.), que se incorporan al otolito en dos momentos, que delimitan un periodo conocido de la vida del organismo, el cual se mantiene en cautividad durante el experimento. La determinación de la edad por recuento de incrementos diarios requiere la utilización de técnicas más sofisticadas (microscopio óptico o electrónico de barrido, analizadores de imagen, etc.) que por bandas anuales. No obstante, es un método más preciso y, desde luego, el único posible en especies de vida corta, como los cefalópodos. Por otra parte, el estudio detallado de la microestructura y composición química de los incrementos diarios proporciona una valiosa información sobre la biología y ecología de la especie, tales como migraciones, cambios de hábitat, variaciones en las condiciones ambientales, etc. El mayor inconveniente que tienen es que precisan de más tiempo y mayores medios que la determinación de la edad por anillos anuales, sobre todo cuando los otolitos, por ser pequeños o transparentes, pueden leerse sin necesidad de excesiva manipulación. Por ello, se cuestiona su utilización como una rutina en Biología Pesquera, que muchas veces necesita rapidez, o debe hacerse a bordo de un barco. Sin embargo, en especies de vida corta, con reclutamientos formados por varias subcohortes cada una con su propia tasa de crecimiento, es la única forma de conocer la edad real de los individuos (Jereb *et al*, 1991; Stevenson y Campana, 1992).

9.3.4 MARCACIÓN

Después de comprobarse que las marcas no alteran el crecimiento de los animales objeto de estudio, la técnica de captura, marcado y recaptura es buena para estudiar el crecimiento de una especie, sobre todo cuando no se cuenta con otra, como puede ser el caso de muchas especies de crustáceos y moluscos y, de paso, sirve para obtener criterios sobre la edad de los individuos (véase Jones, 1977a).

9.3.5 CLAVES TALLA-EDAD

Una vez determinada la edad, se pasa a relacionarla con la talla y a construir claves talla-edad. Generalmente no es posible determinar la edad de todos los peces que fueron muestreados para una determinada talla, sino de una submuestra en la que se procura que todos los tamaños estén bien representados. Con los datos de edad y talla de la submuestra se confeccionan tablas o claves de relación talla-edad, que sirven para ubicar la edad de todos los demás peces medidos. Estas claves dan la proporción de individuos de cada edad que componen una determinada clase de talla. En rigor, cada clave talla-edad sólo es válida para una unidad de población de un mes y de un año determinado, pero no siempre es posible disponer de un estudio completo mensual a lo largo de un año y entonces se utilizan las claves de meses vecinos o las del mismo mes en otros años. Lo que no puede justificarse nunca es el uso de claves hechas con datos de unidades de población diferentes o de meses opuestos del año. Por esta razón, las claves talla-edad de una especie deben revisarse frecuentemente y sólo después de estudios prolongados en la misma unidad de población se puede llegar a tener una clave talla-edad relativamente precisa y estable que, si no hay más remedio, podrá aplicarse en muestreos de varios años sucesivos.

Después que se ha atribuido a todos los peces medidos una edad, si los muestreos de tallas son representativos de la población, se puede construir una distribución representativa de su composición en edad. Así, se obtiene un conocimiento de la demografía del stock. Todos los peces de una población se distribuyen en un momento dado en grupos de edad, pero éstos no pueden confundirse con las clases anuales, que son los individuos nacidos en un determinado año; cada grupo de edad pertenecerá a una clase anual diferente.

9.4 RELACIONES TALLA-PESO

Todo crecimiento implica un cambio de magnitud en la longitud y el peso de un organismo, por ello es deseable tener alguna expresión que relacione ambas variables. A menos que haya cambios muy profundos y definidos en la forma de un ser vivo a medida que sus dimensiones lineales aumentan, las relaciones entre el peso y la longitud se manifiestan como una función potencial cuya pendiente puede diferir considerablemente entre distintas especies, entre poblaciones, entre sexos de una misma población o entre individuos del mismo sexo y de una misma población considerando estaciones anuales diferentes.

La relación puede expresarse como

$$W = a\,L^b \quad \text{o} \quad \log W = \log a + b \log L,$$

donde W es el peso,
L la longitud,
a una constante (ordenada en el origen) y
b el exponente (o la pendiente), que en los peces suele variar entre 2,5 y 4.

Para calcular esta relación, lo más correcto es usar siempre la regresión funcional GM (Ricker, 1975). Presuponiendo la densidad constante, si un pez (o cualquier organismo) mantiene una forma esencialmente constante durante el crecimiento, entonces $b = 3$, pudiéndose por tanto hablar de isometría en la relación talla-peso.

Otro de los términos derivados de la relación talla-peso (del crecimiento, en suma) de un organismo es el *índice de condición,* factor ponderal o factor K. En cualquier cuerpo material en el cual al aumentar de tamaño sus proporciones lineales permanecen constantes, si la densidad también es constante, las dimensiones lineales particulares del cuerpo se relacionan por la expresión:

$$K = \frac{W}{L^3}$$

K permanecerá constante no importa el tamaño que un animal pueda alcanzar, con tal de que sus proporciones lineales (su forma) permanezcan constantes con el crecimiento. Sin embargo, cualquier cambio de peso al que no le corresponda un cambio proporcional en longitud y viceversa alterará el valor de *K*. Así, el índice o factor de condición puede servir para expresar una situación fisiológica determinada del animal. Durante el periodo previo al desove, los peces acumulan grasas y sus gónadas aumentan de peso, cambios que no se corresponden con aumentos proporcionales en su talla, por lo que durante esas épocas el índice de condición será mayor que en otras de reposo. Los cambios que se pueden observar en los valores medios del índice de condición de poblaciones de peces a lo largo del tiempo, son, por lo tanto, reflejo de situaciones normales en la fluctuación del balance metabólico, así como en los ciclos de madurez. Además del sexo y del estado de madurez, el estado de llenado del estómago puede también influir en *K*. Por estas razones, hay que tener un cuidado especial si se pretende utilizar *K* para comparar estados de nutrición de diferentes grupos de edad de una misma población o de poblaciones diferentes.

Hay tres casos de análisis de poblaciones en los que el uso de *K* se ha mostrado particularmente útil y efectivo:

(a) Cuando se comparan dos o más poblaciones que viven en condiciones ambientales (densidad, disponibilidad de alimento, etc.) similares o diferentes.
(b) Para determinar el ritmo y la duración de la maduración gonadal.
(c) Para seguir la ritmicidad de la actividad trófica durante largos periodos de tiempo, o de cambios poblacionales posiblemente atribuibles a variaciones en el suministro de alimentos. Variaciones en el factor de condición pueden reflejar bastante fielmente cambios en la proporción de proteínas y lípidos.

Varios autores que trabajan con salmónidos han encontrado más conveniente para calcular *K* la siguiente expresión:

$$K = \frac{W}{L^3} \times 100$$

donde el peso se expresa en gramos y la longitud en centímetros.

9.5 EXPRESIONES MATEMÁTICAS DEL CRECIMIENTO

Desde los comienzos de la Biología Pesquera se trató de expresar el crecimiento de los organismos mediante ecuaciones matemáticas, habiéndose desarrollado numerosas formulaciones.

La representación del crecimiento más utilizada en estudios de producción pesquera es la de von Bertalanffy (1938), quien la obtuvo considerando que un organismo era análogo a una reacción química, que obedece a la ley de acción de masas:

$$\frac{\mathrm{d}W}{\mathrm{d}t} = HW^{\mathrm{d}} - KW^{\mathrm{m}} \qquad (1)$$

donde el primer término representa el anabolismo, fundamentalmente función de las superficies de absorción de alimento, y el segundo el catabolismo, función de su biomasa que depende de un volumen.

La función de crecimiento de von Bertalanffy (FCVB) en longitud y peso es:

$$L_t = L_\infty\left(1 - e^{-K(t-t_0)}\right)$$

$$W_t = W_\infty\left(1 - e^{-K(t-t_0)}\right)^3$$

donde L_t y W_t = longitud y peso a la edad t;
L_∞ y W_∞ = longitud y peso asintóticos;
K = coeficiente catabólico; y
t_0 = edad teórica cuando comienza el crecimiento del pez.

En la expresión, este último parámetro no tiene significado biológico y suele ser siempre negativo.

La FCVB puede dar sesgos positivos dentro del primer año de vida. Por otra parte, presupone que la relación entre la longitud y el peso es isométrica ($W = a\ L^b$; $b = 3$), y que el crecimiento es asintótico. En la Figura 9.5.1 se ilustran tres casos de especies con crecimiento asintótico diferente, la primera (A) crece lentamente y se acerca al valor asintótico tarde, la tercera (C), por el contrario, se aproxima pronto a su tamaño asintótico, correspondiendo la segunda (B) a una situación intermedia. La pendiente de estas funciones (K) será entonces diferente tal que $K_C > K_B > K_A$. El significado biológico de este parámetro no está claro, aunque se parece algo a una tasa de crecimiento global de la especie, expresada en longitud o peso por unidad de tiempo. Su valor es más alto en especies de rápido crecimiento y vida corta que en las de crecimiento lento y vida larga, por lo que también se relaciona con el coeficiente instantáneo de mortalidad natural (M). Los factores ambientales que lo afectan son principalmente la temperatura y la disponibilidad de alimento.

El cálculo de los parámetros de la FCVB se realiza mediante diferentes procedimientos gráficos y algebraicos (Gulland, 1969). En la Figura 9.5.2 se ilustra el método gráfico de Ford-Walford (1933, 1946) para calcular L_∞ y K.

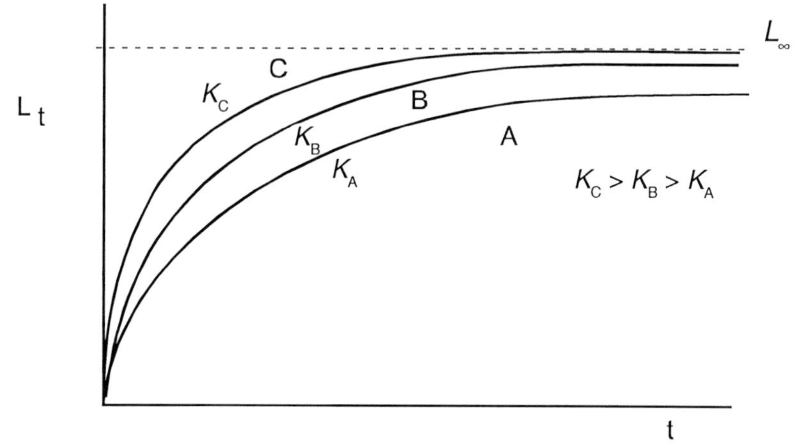

Figura 9.5.1 Tres casos de especies con crecimiento asintótico diferente. t = edad; L_t = longitud a la edad; L_∞= longitud asintótica.

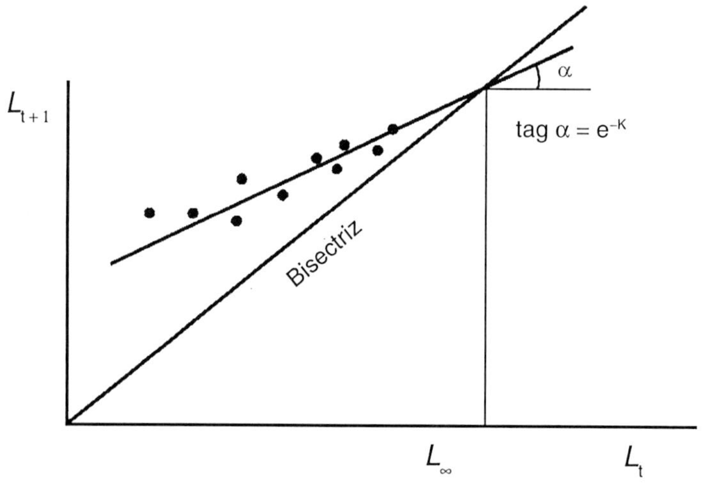

Figura 9.5.2 Método gráfico o de Ford-Waldford para el cálculo de la longitud asintótica (L_∞) y de K de la ecuación de crecimiento de von Bertalanffy.

Sin embargo, una estimación de K y t_0 más precisa se realiza por el procedimiento de von Bertalanffy (1934, véase Ejercicio 9.5.1). Los ordenadores actuales permiten el cálculo simultáneo de los tres parámetros por iteración.

Aunque el crecimiento de muchas especies de peces y crustáceos explotados comercialmente se ajusta bastante bien a la FCVB, se ha observado que hay otras especies, sobre todo de cefalópodos, cuyo crecimiento no es asintótico sino que se representa mejor mediante otro tipo de ecuaciones (Forsythe y Van Heukelen, 1987).

Entre ellas, las más usadas son,

– la lineal

$$y = a + bx$$

– la logarítmica o potencial

$$y = ab^{x}$$

– la exponencial

$$y = ae^{bx}$$

– la doble exponencial

$$y = y_0 e^{(ax)^b}$$

Otras expresiones matemáticas distintas a la FCVB que pueden representar el crecimiento son

– la logística (Verhulst, 1838)

$$w_t = \frac{w_\infty}{\left[1 + e^{\left(-g(t-t_o)\right)}\right]}$$

– y la de Gompertz (1825):

$$w_t = w_\infty e^{\left[-e^{\left(-g(t-t_o)\right)}\right]}$$

Estas dos expresiones también consideran el crecimiento como una función sigmoidal con un valor asintótico superior y, a veces, otro inferior, con un punto de inflexión. Schnute (1981) demostró que la FCVB, la logística y la de Gomperzt son variaciones de la ecuación diferencial general:

$$\frac{d^2y}{dt^2} = \frac{dy}{dt\left[-a + (1-b)\left(\frac{d(\ln y)}{dt}\right)\right]}$$

Asimismo, Richards (1959) ya indicó que dichas funciones eran casos particulares de una expresión general, no sólo válida para representar el crecimiento sino además para otros fenómenos, de la forma:

$$W_t^{1-m} = W_\infty^{1-m}\left(1 - ae^{-Kt}\right)$$

Cuando m = 2/3 se obtiene la FCVB en peso, para m = 2 la logística y cuando $m \rightarrow 1$ la de Gomperzt.

Por lo expuesto, antes de ajustar cualquier función al crecimiento de un organismo es necesario realizar un buen análisis de los datos. Schnute (1985) ha propuesto algunas técnicas predictivas para seleccionar el mejor modelo.

La FCVB tiene varias limitaciones porque no se cumplen en la realidad alguno o todos sus presupuestos, sobre todo se ha discutido (Knight, 1968; Pauly, 1979):

(a) que el crecimiento sea isométrico;
(b) la significación del valor asintótico;
(c) la necesidad de fijar una fecha real y correcta del nacimiento, esto afecta al cálculo de t_0. López-Veiga (1977) sugirió utilizar la longitud en el momento de la eclosión como la longitud a la edad 0;
(d) que L_∞ y t_0 son inexactos biológicamente hablando. Teniendo esto en cuenta, Schnute y Fournier (1980) introdujeron en la FCVB una reparametrización considerando la longitud máxima y mínima observadas en la especie, a partir de las cuales se deducen estos parámetros y K;
(e) que los métodos de cálculo de sus parámetros se hacen sin considerar las propiedades de la varianza de los datos, o por procedimientos lineales, que no son los más precisos; y
(f) que la variabilidad individual del crecimiento en un grupo no queda bien reflejada.

A partir de la ecuación que expresa la ley de acción de masas (1) de la que partió von Bertalanffy, Pauly (1979) dedujo un modelo generalizado de la FCVB:

$$\frac{dW}{dt} = HW^d - KW^m$$

Definiendo $D = 3\ (m - d)$, siendo $D = 3\ (1-(0{,}6472 + 0{,}3547 \log W_{max}))$, e integrando la ecuación anterior para $d \neq 2/3$ y $m = 1$, Pauly obtuvo las expresiones siguientes para longitudes y pesos respectivamente:

$$L_t = L_\infty\left[1 - e^{\left(-KD(t-t_o)\right)}\right]^{1/D}$$

$$W_t = W_\infty\left[1 - e^{\left(\frac{-3KD}{b(t-t_o)}\right)}\right]^{b/D}$$

En su trabajo, Pauly define y discute el significado de los parámetros de estas ecuaciones: L_∞ y W_∞ son los valores asintóticos de talla y peso, que pueden sustituirse por los valores máximos (L_x y W_x), D es un factor de superficie, k un factor de estrés y b es el valor del exponente de la relación talla-peso. Este modelo proporciona parámetros con sentido biológico, pero no tiene en cuenta las variaciones estacionales del crecimiento, que, de hecho, afectan a la función de crecimiento. La solución de este problema, que tiene auténtico sentido ecológico, ha dado lugar a los modelos de crecimiento estacional.

Una versión de la FCVB para longitudes que incluye parámetros que ajustan la función a variaciones estacionales se debe a Pauly y Gaschütz (1979). La ecuación de von Bertalanffy para crecimiento estacional es de la forma:

$$L_t = L_\infty\left[1 - e^{\left(-K(t-t_o)+A\,\mathrm{sen}\,2\pi(t-t_v)\right)}\right] \tag{2}$$

donde A es una constante empírica que, desafortunadamente, funciona sin dar una idea de la magnitud de las oscilaciones del crecimiento que modula, defecto que los autores corrigieron, llegando, después de varios cálculos, a la función de crecimiento de von Bertalanffy estacional (FCVBE) siguiente:

$$L_t = L_\infty\left[1 - e^{\left(-K(t-t_o)+CK/2\pi\,\mathrm{sen}\,2\pi(t-t_v)\right)}\right] \tag{3}$$

Esta expresión es la de von Bertalanffy pero con el término adicional ($CK/2\pi$) seno $2\pi(t - t_v)$. Este término provoca oscilaciones estacionales en la tasa de crecimiento, mediante cambios en t_0 durante el año. El parámetro t_v se denomina «punto de verano» y adopta un valor entre 0 y 1. Entre dos años consecutivos de la vida de un organismo en el invierno la tasa de crecimiento es mínima, siendo ese «punto de invierno» $t_i = 0{,}5 + t_v$. El parámetro C representa la amplitud de la oscilación, generalmente entre 0 y 1 (Fig. 9.5.3). Cuando $C = 0$ la tasa de crecimiento no varía estacionalmente y la FCVBE se transforma en la FCVB original. Mientras que cuanto mayor sea C, más pronunciadas serán las variaciones estacionales del crecimiento. Cuando $C = 1$, la tasa de crecimiento será igual a cero en el punto de invierno.

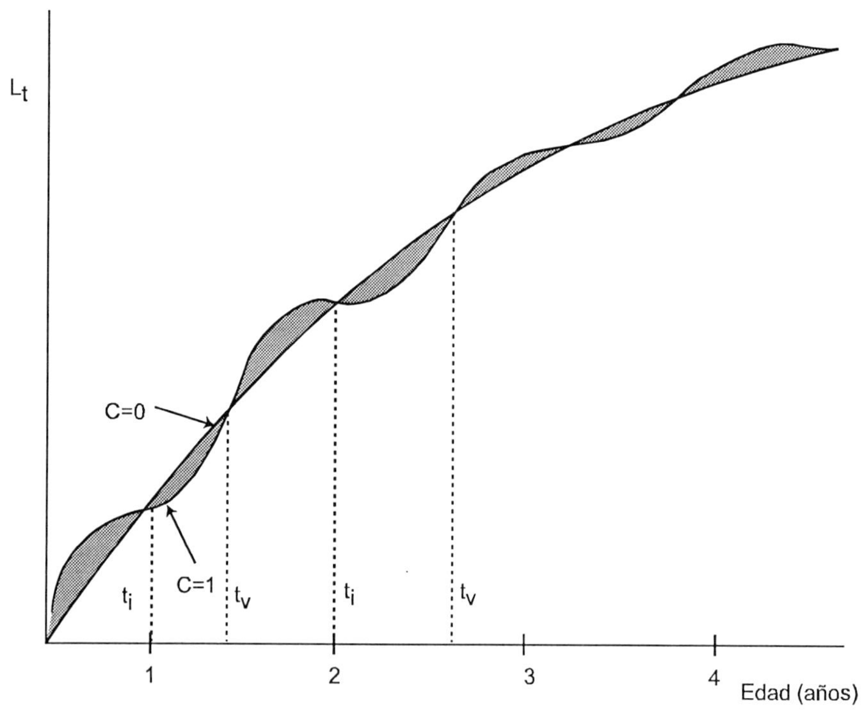

Figura 9.5.3 Función de crecimiento de von Bertalanffy estacional (FCVBE).

La expresión (3) tiene tres ventajas respecto a la (2):

(a) los parámetros son relativamente fáciles de calcular ya que se puede linealizar;

(b) *C* es un parámetro que expresa la amplitud de las variaciones del crecimiento, lo que permite una comparación de los efectos de la estación más desfavorable en especies y poblaciones que difieren notablemente en sus parámetros de crecimiento; y

(c) se definen los límites de aplicabilidad del modelo.

Se han desarrollado procedimientos para aplicar este modelo al crecimiento en peso usando valores de

$$C > 1 \text{ ó } C = C_0 + a\,(W_t \,/\, W_\infty)$$

donde a y C_0 son dos constantes dependiendo de la población que se trate.

Finalmente, varios autores han propuesto procedimientos para el cálculo rápido de varios parámetros de estas ecuaciones de crecimiento:

1 Presuponiendo $t_0 = 0$, Taylor (1962) propuso $L_\infty = L_{máxima} / 0,95$, entonces en la FCVB quedaría de la forma:

$$0,95\ L_\infty = L_\infty\ (1-e^{-K\ t_{máxima}})$$

$$y\ t_{máxima} = 3/K$$

2 Utilizando los parámetros de crecimiento calculados para varias especies de peces, Merona (1983) comprobó que entre K y L_∞ existía la relación $K = 153\ /\ L_\infty$ con un coeficiente de correlación $r = 0,446$.

También que

$$L_\infty = 1,248\ L_{máxima} \text{ siendo } r = 0,917$$

y que por lo tanto

$$L_t = 1,248\ (1-e^{-K(-101/L_{máxima})})$$

3 Munro y Pauly (1983) señalaron que

$$W_{máximo} = 0,86\ W_\infty$$

En muchos análisis del crecimiento no pueden utilizarse el tipo de funciones expuesto porque variaciones en los factores ambientales originan tipos de crecimiento que divergen más o menos ampliamente de estos modelos. Sobre todo en la descripción del crecimiento de especies cultivadas se emplean tasas de crecimiento que se calculan lo más regularmente posible a partir de la variación en peso (o talla) con el tiempo en determinadas condiciones. Las tasas se derivan de expresiones del tipo

$$ST = St\ e^{\ G\,(T-t)}$$

donde ST es el tamaño final en el tiempo T,
St es el tamaño inicial en el tiempo t, y
G es la tasa instantánea de crecimiento.

Ejercicio 9.5.1

Cálculo de la relación talla-peso y de la ecuación de crecimiento de von Bertalanffy a partir de datos de tallas por edades

Según Kitamasa y Hituschi (1955) la relación entre la edad, la talla y el peso del arenque del Pácifico *(Clupea pallasii)* en las costas de Hokkaido (Japón) es la que se expone en las columnas A, B y C de la Tabla 9.5.1. Las

Tabla 9.5.1 Datos referentes al arenque *(Clupea pallasii)* del Pacífico.

A	*B*	*C*	*D*	*E*	*F*	*G*
Edad(años)	*Talla(Lcm)*	*Peso(W,g)*	*log(L)*	*log(W)*	$-\ln\left(1-\frac{L_t}{L_\infty}\right)$	*Lesp*
3	25,70	123,40	1,409	2,091	1,102	24,62
4	28,40	178,67	1,453	2,252	1,339	27,49
5	30,15	213,77	1,479	2,330	1,529	29,77
6	31,65	247,29	1,500	2,393	1,728	
7	32,85	276,50	1,516	2,442	1,852	
8	33,65	297,20	1,527	2,473	2,073	
9	34,44	318,63	1,537	2,503	2,252	
10	34,97	333,56	1,544	2,523	2,392	
11	35,56	350,73	1,551	2,545	2,575	
12	36,03	364,83	1,557	2,562	2,750	
13	36,93	392,85	1,567	2,594	3,206	
14	37,04	396,38	1,569	2,598	3,279	
15	37,70	417,94	1,576	2,621	3,886	37,63

longitudes son promedios estimados durante 45 años y las edades fueron determinadas por lecturas de anillos en las escamas.

Calcular la relación talla-peso. Estimar los parámetros de la ecuación de von Bertalanffy L_∞ y K por el método de Ford-Walford. Calcular el valor de t_0 y K por el método de von Bertalanffy y el valor de W_∞. Mostrar las ecuaciones de crecimiento de von Bertalanffy en talla y peso.

La relación entre la talla (L) y el peso (W) es potencial o $W = aL^b$. Tomando logaritmos $\log W = \log a + b \log L$ se obtiene la ecuación de una recta. En las columnas D y E de la tabla anterior se muestran los logaritmos de la talla y del peso, respectivamente.

Calculando por mínimos cuadrados los valores de la ordenada en el origen (a) y de la pendiente (b) se obtiene a = 0,00829, b = 2,9827 o $W = 0{,}00829L^{2{,}9827}$, siendo el coeficiente de correlación r = 0,999.

El método de Ford-Walford es gráfico. Para calcular L_∞ y K se coloca en abscisas el valor de cada talla (L_t) y en ordenadas el valor de cada talla siguiente (L_{t+1}). Los puntos así obtenidos se ajustan a una recta, que se puede trazar a ojo o calcularse por mínimos cuadrados. Esta recta cortará a la bisetriz en un punto cuya proyección en el eje de abscisas será L_∞ (Fig. 9.5.2).

La pendiente (b) de una recta cuya ecuación es

$$L_{t+1} = a + bL_t \text{ es igual a } e^{-K},$$

donde K es el coeficiente catabólico de la ecuación de Bertalanffy, y
L_t $= L_\infty(1-e^{-K(t-t_0)})$.

El valor de K se puede calcular gráficamente (ver Fig. 9.5.2) ya que

$$\text{tag}\,\alpha = e^{-K}$$

Por mínimos cuadrados se obtiene que

$$a = 7{,}1552 \text{ y } b = 0{,}8141;\ r = 0{,}9955$$

Cuando la recta $L_{t+1} = 7{,}1552 + 0{,}8148\ L_t$ corta a la bisectriz $L_{t+1} = L_t$, entonces

$$L_\infty = \frac{7{,}1552}{1-0{,}8141} = 38{,}49 \text{ cm}$$

y

$$K = e^{-0{,}8141} = 0{,}4430$$

siendo la ecuación del crecimiento en longitud $L_t = 38{,}49(1-e^{-0{,}4430(t-t_0)})$.

El valor K se estima, sin embargo, con mayor precisión por el método de von Bertalanffy que por el de Ford-Walford.

Por el método de von Bertalanffy t_0 y K se calcularían resolviendo la ecuación

$$-\ln\left(1-\frac{L_t}{L_\infty}\right) = a + bt$$

donde

$$t_o = -\frac{a}{b} \text{ y } K = b$$

Los valores del primer término de la ecuación anterior se exponen en la columna F de la Tabla 9.5.1. Tomando cada valor de la columna A (edad, t) y de la columna F de dicha tabla, por mínimos cuadrados, se obtiene que:

$$a = 0{,}325$$

$$b = 0{,}232$$

$$t_o = -\frac{0{,}325}{0{,}232} = -1{,}40$$

$$K = 0{,}232$$

Por lo tanto,

$$L_t = 38{,}49\left[1 - e^{-0{,}232\,(t+1{,}40)}\right]$$

El peso asintótico (W_∞) será

$$W_\infty = 0{,}00829(38{,}49)^{2{,}9827} = 443{,}78 \text{ g}$$

y la ecuación de crecimiento en peso:

$$W_t = 443{,}78\left(1 - e^{-0{,}232(t+1{,}40)}\right)^3$$

Los valores de las tallas para cada edad calculados a partir de la ecuación de crecimiento de von Bertalanffy se exponen en la columna G (*L* esperadas).

RECLUTAMIENTO 10

10.1 DEFINICIÓN Y TIPOS

Se denomina reclutamiento al conjunto de individuos que se agregan cada cierto tiempo, normalmente cada año, al stock explotado. Desde el punto de vista pesquero se suele distinguir entre reclutamiento al área de pesca, reclutamiento al arte y reclutamiento final. El reclutamiento al área se produce cuando los juveniles ingresan en la zona de pesca. Las especies que realizan migraciones y que, periódicamente, entran y salen de la zona de pesca se consideran reclutadas al área la primera vez que entran en la misma. El reclutamiento al arte se produce cuando los juveniles crecen hasta un tamaño en el que son retenidos en su totalidad por el arte de pesca. El reclutamiento final es el producto de ambos. Existen especies en las que primero ocurre el reclutamiento al área y después son reclutadas al arte y viceversa.

Unas veces el reclutamiento está constituido por un único grupo de edad, pero otras está formado por varios grupos de edades, es decir, en ocasiones, no todos los organismos se reclutan a la misma edad.

El reclutamiento puede ser de tres tipos: simultáneo, fraccionado o continuo. El reclutamiento simultáneo suele estar formado por una sola clase anual, mientras que en el fraccionado se reclutan distintas cohortes, que según su abundancia pueden denominarse subcohortes o microcohortes. Todos los individuos nacidos en un mismo año constituyen una clase anual, los de una misma clase anual de una unidad de población constituyen una generación, y todos los de una generación nacidos en una misma época de freza una cohorte. Sin embargo, estos términos no tienen un significado muy rígido y hay autores que los utilizan indistintamente, por ello su significado debe entenderse dentro de su contexto (Larrañeta, 1997).

10.2 FACTORES QUE AFECTAN AL RECLUTAMIENTO

El reclutamiento es uno de los procesos que presenta una mayor variabilidad y afecta de un modo muy importante al éxito de la pesca. Los factores que afectan al reclutamiento son la supervivencia de los juveniles o prerreclutas, el número de hembras frezantes y su fecundidad. El stock de frezantes dará lugar a un determinado número de huevos cuya viabilidad es muy variable, dependiendo de los factores ambientales, de la abundancia y tamaño del alimento, de los depredadores y de los mecanismos de defensa de los reclutas. Durante el periodo larvario y postlarvario la mortalidad natural es elevada, además, suelen producirse momentos críticos en los que pueden ocurrir mortandades masivas. Estos periodos críticos se suelen asociar a cambios ecológicos en el régimen alimentario. Cuando se agota el saco vitelino y la larva debe obtener comida, necesita encontrarla en una cantidad y de unas propiedades (tamaño principalmente) adecuadas. Pequeños desfases entre la eclosión de los huevos y la abundancia de las presas óptimas pueden provocar mortalidades muy altas y reclutamientos muy bajos. Como ejemplo ilustrativo, el eglefino del mar del Norte *(Melanogrammus aeglefinus),* en un determinado momento pasa de ser fitoplanctófago a alimentarse de zooplancton, cambio de régimen alimentario que coincide con el momento del reclutamiento. El tamaño del stock de frezantes, sobre todo si éstos son muy fecundos, puede no ser determinante de la pujanza del reclutamiento. Así, un gran stock de frezantes puede dar un mal reclutamiento si la mortalidad larvaria es muy alta y viceversa.

10.3 SELECTIVIDAD DE LOS ARTES DE PESCA

El reclutamiento al arte va a estar condicionado por la selectividad de los artes o aparejos de pesca. La selectividad de los artes de pesca puede definirse como la manera en que éstas retienen a los peces según su tamaño. No todas las clases de talla presentes en una pesquería son igualmente capturables. Así, los peces más pequeños pueden escapar a través de las mallas o no ser capturados por un anzuelo grande. Esta propiedad relativa a una diferente capacidad de retención que tienen los artes de pesca con respecto al tamaño de los peces se denomina *selectividad.* Su estudio se realiza mediante las curvas de selectividad. Aceptando que hay unos tamaños que siempre son retenidos, el grado de retención relativo que con ellos tengan los demás tamaños se llama *selección.*

En la Figura 10.3.1 se expone la forma típica de la curva de selectividad de redes de arrastre, de cerco o de trampa. En ella, L_c es la talla de primera captura o del 50% de retención, también puede hablarse de edad de primera captura (t_c). En los modelos de producción se considera que los peces empie-

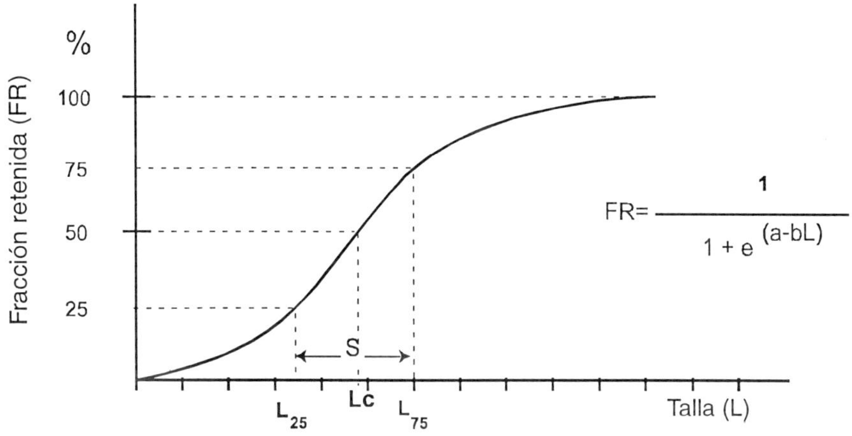

Figura 10.3.1 Curva de selectividad de una red de arrastre. L_c = talla de primera captura (50% de retención); S = rango de selección. Factor de selección $k = L_c / m$; m = tamaño de la malla del copo.

zan a ser retenidos por las artes a estas tallas y edades de selección del 50%. La abertura de la malla del copo medida entre dos nudos opuestos y con ella estirada se denomina m y k es el factor de selección de una red ($k = L_c / m$). Si $k = 3$ quiere decir que para una determinada especie una red con mallas, por ejemplo de 50 mm de abertura media, retendrá los peces a una L_c de 150 mm. Inversamente, dada una talla mínima puede conocerse cuál es la malla más apropiada. Las curvas de selectividad varían con el tipo de material del copo (polietileno, poliamida, polipropileno, etc.), y con la abertura de sus mallas.

Para calcular la selectividad de un arte de arrastre se utilizan básicamente dos técnicas: copo cubierto y caladas repetidas.

En el copo cubierto la parte final del arte o copo se recubre de un segundo copo o sobrecopo de malla mucho más tupida, de modo que los peces que escapen del primero queden retenidos por el segundo. El sobrecopo debe rodear holgadamente al copo, cuya malla es la que se somete a experimentación. Para cada talla se suman los peces hallados en el copo y en el sobrecopo. Al dividir el número de peces en el copo por la suma anterior se obtiene la selección de dicha malla. Pese a que este sistema tiene algunos inconvenientes, es el más usado.

El método de las caladas repetidas o pescas alternantes consiste en realizar dos arrastres lo más exactamente parecidos el uno al otro, uno con la malla en experimentación y otro con una malla mucho más tupida. El número de peces de una talla capturados con el copo de malla en experimentación se divide por el número peces capturados con el copo de malla más tupida y dicho cociente es la selección de la primera malla. Este método tiene la ven-

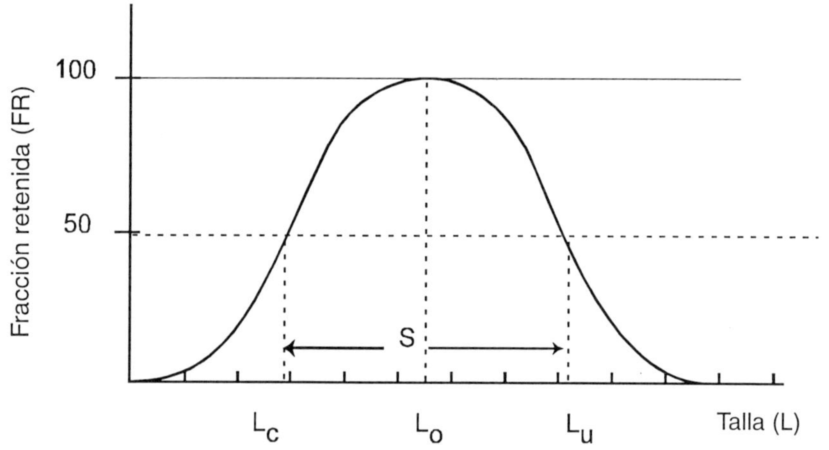

Figura 10.3.2 Curva de selección de una red de enmalle o de un anzuelo. L_c = talla de primera captura; L_o = talla de máxima retención; L_u = talla de última captura; S = rango de selección.

taja con respecto al anterior de que el copo sometido a experiencia actúa en condiciones normales, sin las posibles alteraciones que suele ocasionar un sobrecopo, pero, además de ser un método más lento y costoso, presupone que las pescas alternantes se realizan por el mismo sitio y que la abundancia y distribución de los peces es idéntica en ambos casos.

Otro método para calcular la selectividad de un arte de arrastre es el de doble copo. En él, al final del arte se colocan dos copos, al modo de un pantalón, o se arrastran dos artes lo más próximos posible. El cálculo de la selección se realiza como en el caso anterior. De los tres métodos éste es el menos utilizado.

En la Figura 10.3.2 se muestra la curva de selección de los anzuelos, o de redes de enmalle agalleras o de enredo. Su forma es la de una campana. En ella, L_c corresponde a la talla de primera captura (50% de retención); L_o representa la talla de máxima retención; L_u es la talla de última captura y S es el rango de selección; m es el tamaño del anzuelo o la abertura de la malla. El factor de selección (k) se obtiene dividiendo m entre L_o.

Ejemplo 10.3.1

Estimación de la selectividad de una red de arrastre

Las frecuencias de tallas de *Nemipterus japonicus* retenidas por el copo y el sobrecopo de una red de arrastre en una pesca experimental realizada con copo cubierto en la pesquería demersal de la región meridional del mar de la China se expone en la Tabla 10.3.1 (Jones 1976). La abertura de mallas del

Tabla 10.3.1 Datos y cálculos de la selectividad de una red de arrastre para *N. japonicus*.

A	*B*	*C*	*D*	*E*	*F*	*G*	*H*
lt.(cm)	*nº pc.*	*nº ps.*	*Total*	*FR (%)*	*L*	ln*((1/FR)–1)*	*FRE*
9-10	0	1	1	0	–	–	–
10-11	1	6	7	(1/7) 0,14	10,5	1,82	0,13
11-12	2	7	9	(2/9) 0,22	11,5	1,27	0,23
12-13	2	4	6	(2/6) 0,33	12,5	0,71	0,38
13-14	7	5	12	(7/12) 0,58	13,5	–0,32	0,56
14-15	30	13	43	(30/43) 0,70	14,5	–0,85	0,72
15-16	61	8	69	(61/69) 0,88	15,5	–1,99	0,84
16-17	27	3	30	(27/30) 0,90	16,5	–2,20	0,91
17-18	7	0	7	(7/7) 1,00	17,5	–	0,96
18-19	4	1	5	(4/5) 0,80	18,5	–	0,98

lt.: intervalo de talla; nº pc.: número de peces en el copo; nº ps.: número de peces en el sobrecopo; *FR*: fracción retenida observada; *L*: talla media; FRE: fracción retenida estimada.

copo (m) fue de 4 cm, y la del sobrecopo de 1 cm. Calcular la talla de primera captura (L_c), el rango de selección (retención al 25 y 75%) y el factor de selección (k) del copo.

La expresión matemática más sencilla que describe la curva de la relación entre la marca del grupo de talla o talla media y la fracción retenida o curva de selección del arte de pesca es una logística de la forma:

$$\frac{1}{FR} = 1 + e^{(a-bL)}$$

o

$$\left(\frac{1}{FR} - 1\right) = e^{(a-bL)}$$

y también

$$\left(\frac{1}{FR} - 1\right) = a - bL \qquad (1)$$

La ecuación (1) representa una línea recta donde a es la ordenada en el origen y b la pendiente. La ecuación de esta recta se estima por mínimos cuadrados utilizando los valores de las columnas G y F de la Tabla 10.3.1. Siendo a = 9,4875; b = 0,7193.

– La talla de primera captura (talla al 50% de retención) o

$$L_c = a / b = 13{,}2 \text{ cm}$$

– La talla de selección al 25% de retención será:

$$L(25\%) = (a - \ln(3))/b = 9{,}4875 - 1{,}0986/0{,}7193 = 11{,}7 \text{ cm}$$

y al 75% de retención será:

$$L(75\%) = (a + \ln(3))/b = 14{,}7 \text{ cm}$$

El rango de selección es, por tanto, 11,7 – 14,7 cm.

– El factor de selección del copo

$$k = L_c/m = 13{,}2/4 = 3{,}30$$

– La fracción retenida esperada

$$FRE = 1 / 1 + e^{(9{,}4875 - 0{,}7193L)}$$

cuyos resultados, sustituyendo L por los valores de la columna F, se exponen en la columna H de la Tabla 10.3.1. La representación gráfica y la

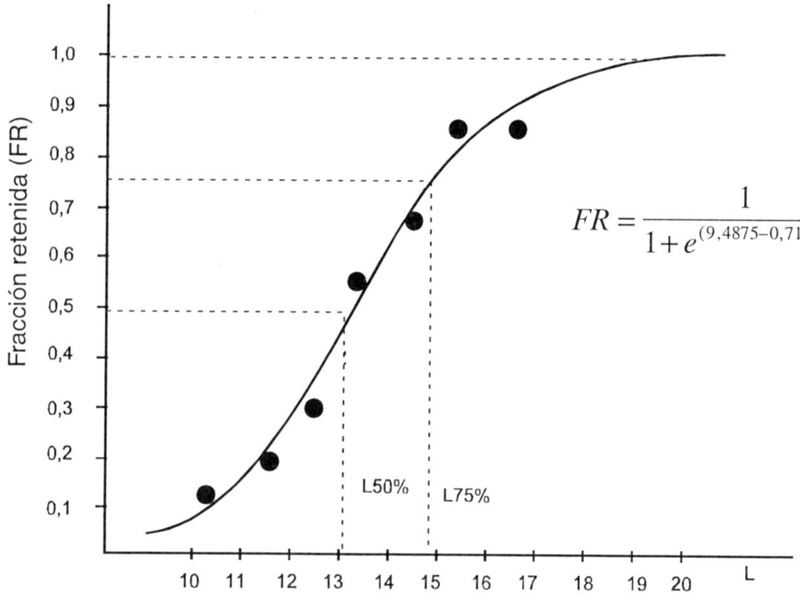

Figura 10.3.3 Ojiva de selección para *Nemipterus japonicus* capturado con red de arrastre con mallas de 4 cm (Jones, 1976).

ecuación de la curva en el origen de selección se exponen en la Figura 10.3.3.

El factor de selección (k) se utiliza para determinar L_c para diferentes aberturas de mallas. Por ejemplo, si se ampliase la malla del copo a 5 cm ¿Cuál sería la talla de primera captura?

$$L_c = k\ m = 3{,}3 \times 5 = 16{,}5 \text{ cm}$$

Ejemplo 10.3.2

Estimación de la selección en una red de enmalle

En la Tabla 10.3.2 se muestran las frecuencias de tallas de *Tilapia esculenta* del Lago Victoria empleando dos redes de enmalle del mismo material, longitud y altura. La primera con una abertura de mallas (m_1) de 8,1 cm y la segunda (m_2) de 9,1 cm (Garrod, 1961). Calcular la talla de primera captura (L_c), la talla de máxima retención (L_0), el rango de selección (S) para la red de mallas más pequeñas y más grandes y el factor de selección (k).

La expresión matemática que define la curva que relaciona las tallas y la fracción retenida es la de una distribución normal:

Tabla 10.3.2 Datos y cálculos para la estimación de la selectividad de una red de enmalle con *Tilapia esculenta*.

A	*B*	*C*	*D*	*E*	*F*	*G*	*H*
L	*NA*	*NB*	ln *(NB/NA)*	*FR(L)*	*FR'(L)*	*PA(L)*	*PB(L)*
18,5	7	0	INC	0,1333	0,0001	52	–
19,5	90	1	INC	0,5164	0,0036	174	(282)
20,5	199	9	–3,096	0,9583	0,0443	208	203
21,5	182	53	–1,234	0,8519	0,2611	214	203
22,5	119	290	0,891	0,3627	0,7373	328	393
23,5	29	357	2,510	0,0739	0,9970	392	358
24,5	17	225	INC	0,0072	0,6458	(2.492)	348
25,5	3	82	INC	0,0003	0,2003	(8.881)	409
26,5	0	19	INC	0,0000	0,0304		(638)
27,5	0	10	INC	0,0000	0,0021		(4.721)

L: tallas (cm); NA: número de peces pescados con la red de 8,1 cm; NB: número de peces pescados con la red de 9,1 cm; INC: datos que no se utilizan por insuficiente número de capturas.

$$FR = e^{\left[-\frac{(L-L_o)^2}{2s^2}\right]}$$

donde L son las tallas retenidas,
L_0 es la talla de máxima retención o talla óptima de captura, y
s^2 la varianza de la distribución normal.

Para calcular los datos que pide el problema se emplean las siguientes fórmulas:

$$\ln\left(\frac{NB}{NA}\right) = a + bL \qquad (2)$$

$$L_o = \frac{-2am_1}{b(m_1 + m_2)} \qquad (3)$$

$$k = \frac{-2a}{b(m_1 + m_2)} \qquad (4)$$

$$s^2 = \frac{2a(m_2 - m_1)}{b^2(m_1 + m_2)} = k\left(\frac{m_2 - m_1}{b}\right) \qquad (5)$$

$$FR = e^{\left[-\frac{(L-L_o)^2}{2s^2}\right]} \qquad (6)$$

$$FR' = e^{\left[-\frac{(L-L'_o)^2}{2s^2}\right]} \qquad (7)$$

Estas fórmulas proceden de largos cálculos matemáticos que no se exponen aquí.

La línea recta definida por la ecuación (1) se obtiene por mínimos cuadrados utilizando los valores de la columna *A* y *D* de la Tabla 10.3.2. La ordenada en el origen y la pendiente de esa recta son $a = -41{,}907$ y $b = 1{,}894$, respectivamente.

Mediante la ecuación (3) se calcula

$$L_o = \frac{-2(-41{,}907)(8{,}1)}{1{,}894(8{,}1 + 9{,}1)} = 20{,}8 \text{ cm para la red de malla más pequeña.}$$

Siendo

$$L'_o = 20{,}8 \times \frac{9{,}1}{8{,}1} = 23{,}4 \text{ cm} \text{ para la red de malla más grande.}$$

Aplicando la ecuación (4) se obtiene

$$k = \frac{-2(41{,}907)}{1{,}894(8{,}1+9{,}1)} = 2{,}573$$

Y haciendo lo mismo con la ecuación (5) se calcula

$$s^2 = \frac{-2(-41{,}907)(9{,}1-8{,}1)}{(1{,}894)^2(8{,}1+9{,}1)} = 1{,}36$$

A partir de las ecuaciones (6) se obtiene la fracción retenida para cada talla (columnas E y F) de la Tabla 10.3.2.

Partiendo de los valores de las capturas para cada talla *NA*(*L*) y *NB*(*L*) se calcula un índice del número de individuos de la población para cada tamaño de malla.

$$PA(L) = NA(L)/FR(L)$$

$$PB(LK) = NB(L)/FR'(L)$$

Los valores de estos índices se exponen en las columnas *G* y *H*. Únicamente son válidos los que se obtienen cuando se ha capturado un número razonable de peces. En ese rango, la curva de selectividad tiene forma acampanada simétrica o de distribución normal, pero en el resto de puntos, la curva está sesgada. Esto probablemente se deba al efecto del enredo de los peces en las redes, lo que provoca que los peces grandes estén sobrerrepresentados en ambas distribuciones. Para cubrir un rango más amplio de la estructura de tallas de la población sería necesario utilizar un mayor número de tamaños de malla en las redes de enmalle.

10.4 RELACIONES STOCK-RECLUTAMIENTO (Jones, 1977b)

Las relaciones existentes entre el tamaño del stock de frezantes o población parental y el número de individuos reclutados cada año se denominan *relaciones stock-reclutamiento*. Éste es uno de los puntos más importantes

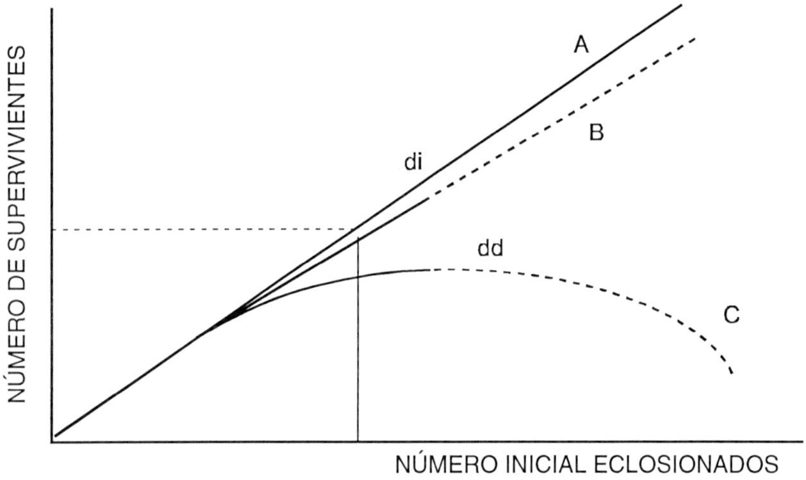

Figura 10.4.1 Relaciones de denso-dependencia (dd) y denso-independencia (di) entre el número inicial de individuos eclosionados y el número de supervivientes.

en Dinámica de Poblaciones, y también uno de los más controvertidos. Las expresiones denso-independiente y denso-dependiente se emplean corrientemente en este contexto. En la Figura 10.4.1 se ilustran tres situaciones que pueden darse entre el número inicial de individuos eclosionados (en abcisas) y el de sobrevivientes o reclutas (en ordenadas). La recta «A» indica la situación en la que el número de sobrevivientes es igual a una fracción constante del inicial, es decir, una situación en que la relación sobrevivientes-iniciales es independiente de la densidad de éstos (relación denso-independiente). La recta «B» ilustra una situación en la que el número de sobrevivientes aumenta de manera indefinida mientras que también lo hace el de iniciales, pero áquel no es una fracción constante de éste. En la curva «C» el número de sobrevivientes aumenta al principio con el aumento del número inicial, pero disminuye después de alcanzado un cierto límite. Las funciones «B» y «C» tipifican relaciones de denso-dependencia entre el número inicial y el de sobrevivientes. Cuando se trata de la regulación de poblaciones o gestión de un recurso, se suele admitir que en una u otra etapa existe una relación de denso-dependencia.

Cualquiera que sea la definición de reclutamiento que se escoja, existen dos relaciones que conviene considerar. La primera es el número de huevos puestos por el stock de frezantes y el de individuos que nacen y sobreviven hasta el reclutamiento. La segunda es aquella que da el número de huevos que los reclutas son capaces de producir a lo largo de su existencia. Estas dos relaciones se ilustran en las Figuras 10.4.2 y 10.4.3. En ambas se considera que la alimentación interviene como factor limitante. En la Figura 10.4.2 al

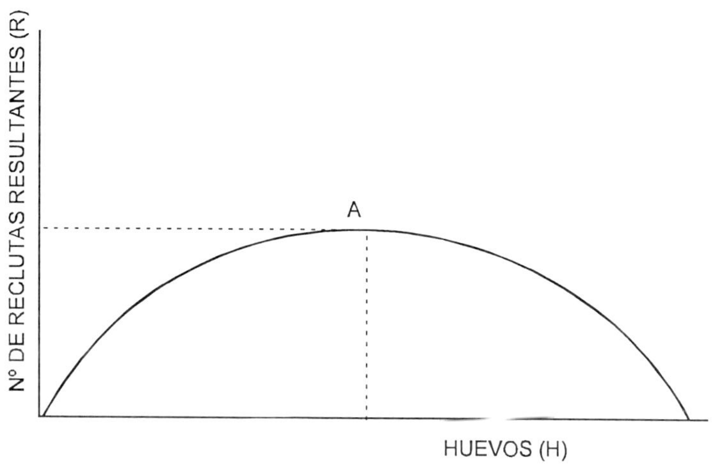

Figura 10.4.2 Relación entre el número de huevos puestos por un stock de progenitores (H) y el número de reclutas resultantes (R).

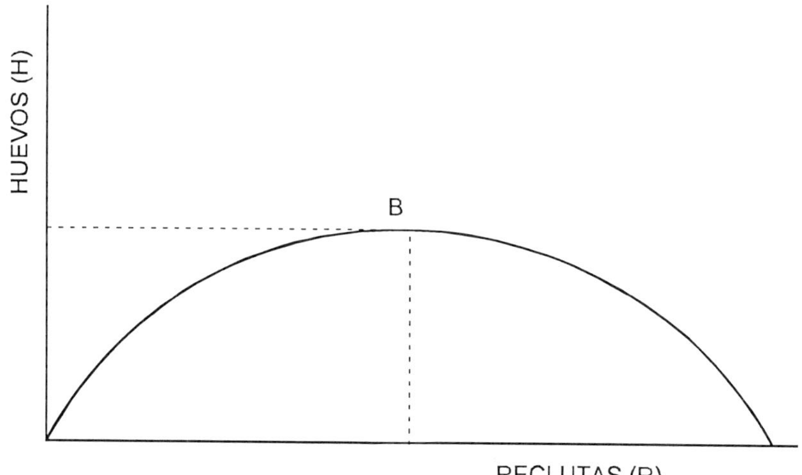

Figura 10.4.3 Relación entre el número de reclutas resultantes (R) y el número de huevos que son capaces de producir a lo largo de su existencia.

aumentar el número de huevos (H) aumenta el número de reclutas (R) hasta un valor máximo a partir del cual decrece. La carga de reclutas en un momento determinado es superior a la que el alimento presente puede soportar, y aunque aumente el número de huevos (porque haya más frezantes) el número de sobrevivientes (R) decrece. Esto da lugar a una función (A) de forma acampanada. La Figura 10.4.3 (función B) indica que aunque aumente el número de reclutas (R) que son capaces de frezar, el número de huevos no tiene por qué aumentar indefinidamente sino que alcanza un máximo, que corresponderá a la carga máxima de nuevos reclutas que puede soportar el sistema, y luego decrecerá.

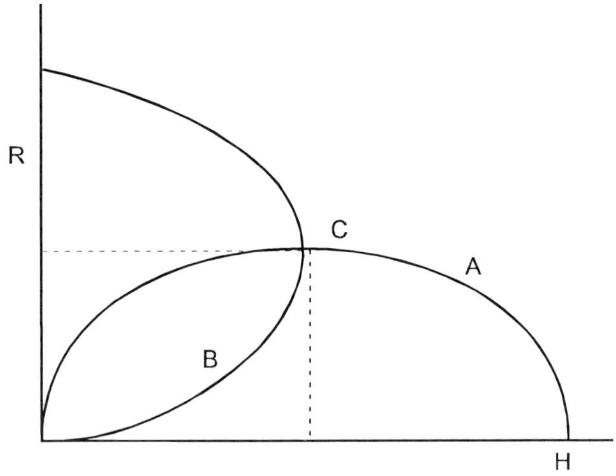

Figura 10.4.4 Relación entre huevos-recluta-huevos. C representa la situación de equilibrio que se produce cuando el número de huevos y de reclutas es máximo.

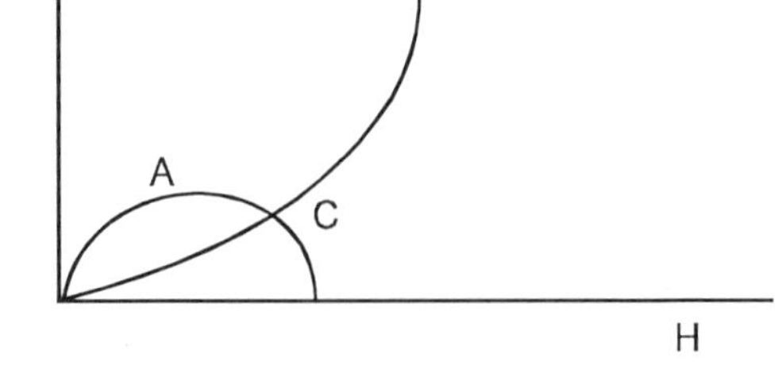

Figura 10.4.5 Relación entre huevos-recluta-huevos.

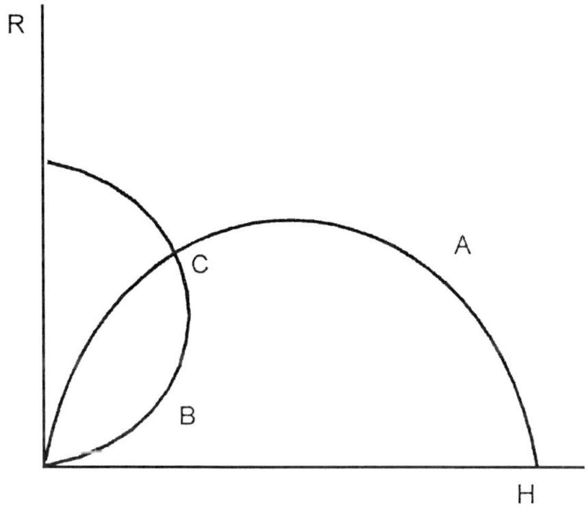

Figura 10.4.6 Relación entre huevos-recluta-huevos. Regulación en la fase recluta-huevos.

Obviamente, existirá una situación de equilibrio (C) para un valor determinado de huevos puestos y un valor determinado de reclutas, que satisfaga a la vez a las funciones A y B. En la Figura 10.4.4 se expone el caso en que C se produce cuando es máximo el número de huevos y el de reclutas. Pero esto no es siempre así, ni siquiera en las poblaciones sin explotar o vírgenes. Las Figuras 10.4.5 y 10.4.6 ilustran dos situaciones extremas posibles.

En la Figura 10.4.5 se observa que la función B es prácticamente lineal en el tramo comprendido entre el origen y C, lo que significa que el número de huevos que producen los reclutas aumenta linealmente al aumentar éstos. Pero, a la vez, C se sitúa en la porción descendente de la función A, lo que indica que un número elevado de huevos da un número inferior al máximo de reclutas y que a medida que aquél aumente éste irá disminuyendo. La situación de C, considerando ambas funciones, indica que el número de frezantes (huevos) alcanza un límite en una etapa localizada después del desove máximo y el reclutamiento máximo. En este caso se muestra implícitamente que el reclutamiento no alcanzará un nivel tal que los factores dependientes de la densidad puedan intervenir en la fase reclutamiento-huevo.

En la Figura 10.4.6, sin embargo, es la función A la que es prácticamente lineal entre el origen y C, lo que significa que el número de reclutas aumenta linealmente con el número de huevos puestos. Pero, a la vez, C se sitúa en la porción creciente de la función B, lo que indica que un número relativamente pequeño de huevos da un número de reclutas inferior al máximo, pero a medida que aquél aumente éste irá también aumentando. La situación de C, teniendo en cuenta ambas funciones, indica que el número de frezantes (hue-

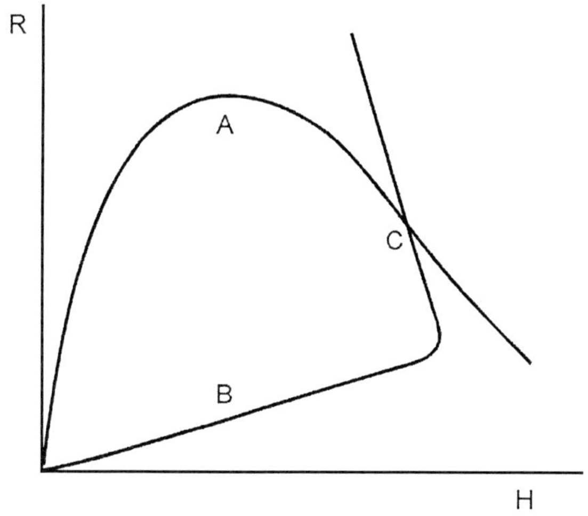

Figura 10.4.7 Relación hipotética huevos-recluta-huevos intermedia a las anteriores (Figs. 10.4.5 y 10.4.6) donde se da una gran supervivencia.

vos) alcanza un límite en una etapa localizada antes del desove máximo y del reclutamiento máximo. En este caso, el tamaño de la población vendrá determinado por la producción de huevos que ponen los reclutas a lo largo de su vida, la cual nunca será tan elevada como para que los factores dependientes de la densidad puedan intervenir en la fase desove-reclutamiento.

En la Figura 10.4.7 se ilustra una situación hipótetica intermedia entre las anteriores. Aquí C se sitúa en la fase descendente de A y de B, pasados ya ambos máximos. Un número elevado de huevos produce un número medio (inferior al máximo) de reclutas, y éstos también un número medio de huevos. En este caso los factores denso-dependientes juegan un papel importante tanto en la fase huevo-recluta como en la de recluta-huevo, regulando la abundancia numérica de ambos en relación a carga máxima que puede soportar el ecosistema, basada en la disponibilidad de alimento. Como la mayoría de las especies existentes aparecieron hace tiempo, se puede admitir intuitivamente que la relación huevos-recluta-huevos será del tipo representado en 10.4.7. Más generalmente, se puede afirmar que la supervivencia de una especie (adaptada a un ambiente determinado) dependerá de la divergencia que tengan en el origen de coordenadas las funciones A y B.

¿Cómo influye la pesca en las relaciones stock-reclutamiento? De manera diferente, según el tamaño de la población se regule en la fase huevo-recluta o, por el contrario, en la de recluta-huevo.

En la Figura 10.4.8 se muestran las relaciones entre el reclutamiento y la producción de huevos para dos niveles de explotación (esfuerzo de pesca)

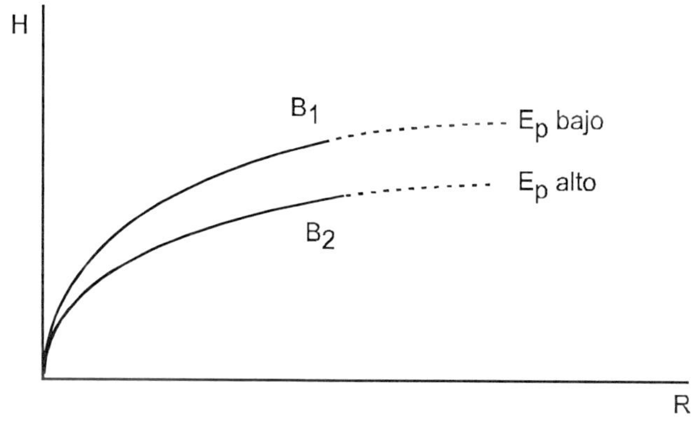

Figura 10.4.8 Influencia de la pesca en el reclutamiento (R) y en el número de huevos (H) para los niveles de explotación (E_p).

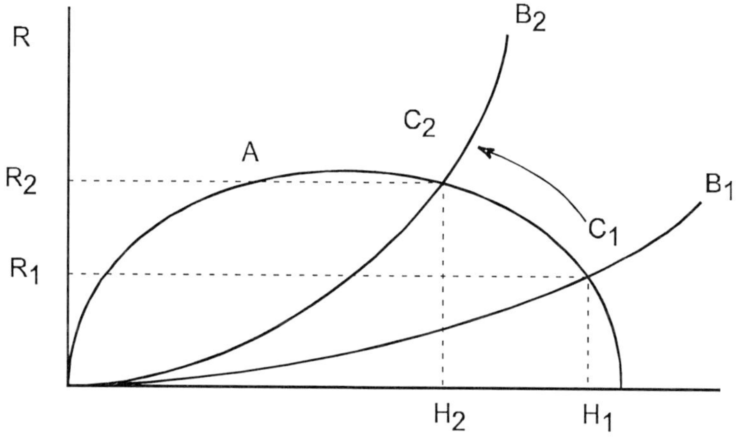

Figura 10.4.9 Influencia de la pesca en el reclutamiento (R) cuando la relación entre H y R es del tipo representado en la Figura 10.4.5. Se muestra la combinación de la curva B_1 y B_2 (Fig. 10.4.8) con la función A.
$R_2 > R_1$ y $H_2 < H_1$.

distintos, uno bajo (curva B_1) y otro alto (curva B_2). Para un valor de reclutamiento dado, a un esfuerzo de pesca bajo corresponderá mayor producción de huevos que a un esfuerzo de pesca más alto.

Las Figuras 10.4.9 y 10.4.10 representan las combinaciones de las curvas B_1 y B_2 con la función A, en el primer caso en la fase decreciente de la curva, y en la fase creciente en el segundo caso. En la primera situación, el aumento del esfuerzo de pesca ($C_1 \rightarrow C_2$) se traduce en una reducción del número de

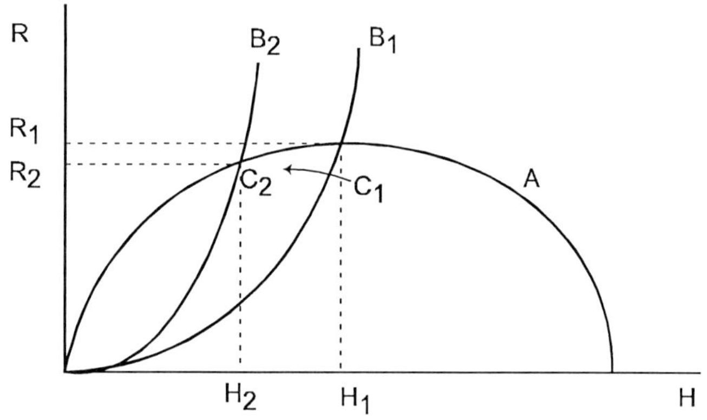

Figura 10.4.10 Influencia de la pesca en R y H cuando la relación entre los huevos y los reclutas es del tipo representado en la Figura 10.4.6. Se muestra la combinación de las curvas B_1 y B_2 (Fig. 10.4.8) con la función A.
$R_2 < R_1$ y $H_2 < H_1$

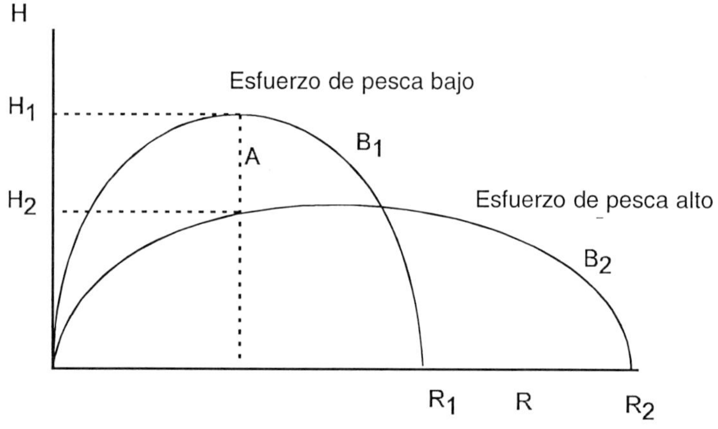

Figura 10.4.11 Efecto de la pesca (B_1 y B_2) cuando la relación entre huevos (H) y reclutas (R) es del tipo representado en la Figura 10.4.6. $H_1 > H_2$; el segmento A indica lo que disminuyó la fecundidad media.

huevos ($H_1 > H_2$), pero en un aumento del reclutamiento ($R_1 < R_2$), mientras que en la segunda, tanto el reclutamiento como el número de huevos disminuye.

En la Figura 10.4.11 se ilustra el efecto de la pesca cuando la relación entre huevos y reclutas es del tipo representado en la Figura 10.4.6, es decir,

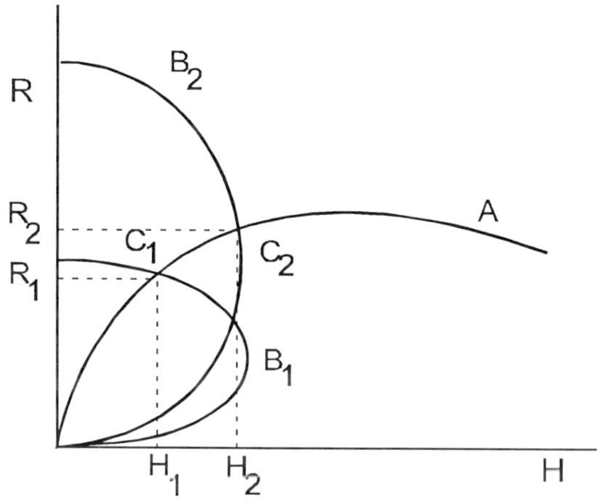

Figura 10.4.12 Efecto de la pesca cuando la relación entre huevos y reclutas es del tipo representado en la Figura 10.4.6.
$H_2 > H_1$; $R_2 > R_1$.

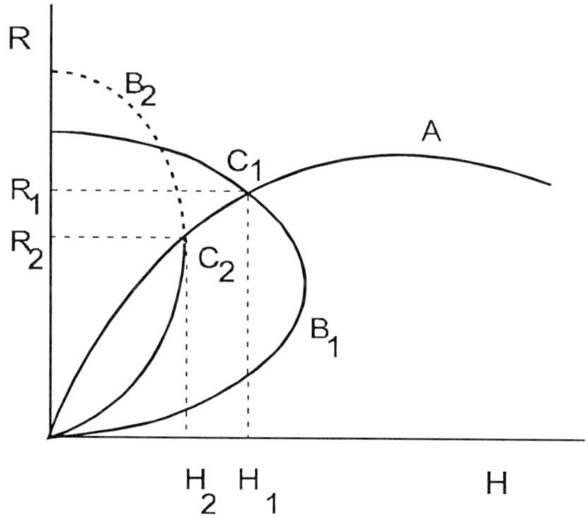

Figura 10.4.13 Efecto de la pesca cuando la relación entre huevos y reclutas es del tipo representado en la Figura 10.4.6. Stocks muy explotados.
$H_1 > H_2$; $R_1 > R_2$.

cuando el tamaño de la población está limitado en la etapa comprendida entre el reclutamiento y la puesta que resulta de él. La curva B_1 representa un esfuerzo de pesca pequeño y la B_2 grande. Considerando siempre el alimento disponible como el factor limitante, para cierto valor del esfuerzo de pesca, la producción de huevos se anula aunque haya frezantes (R_1 y R_2, que son reclutas que desovarán).

En la Figura 10.4.12 se observa que un aumento del esfuerzo de pesca provoca tanto un aumento del número de huevos como de reclutas. Esto ocurre al principio de la explotación de un stock. En la Figura 10.4.13 un aumento del esfuerzo conduce a una reducción de la producción de huevos y de reclutas. Esto acontence en stocks muy explotados.

El efecto de la pesca sobre los niveles de reclutamiento y producción de huevos tiene varias consecuencias importantes en la ordenación pesquera. Se pueden considerar tres situaciones:

1 Cuando el reclutamiento permanece casi constante para un rango de valores del esfuerzo pesquero relativamente grande, se debe intentar obtener la producción máxima por recluta.
2 Cuando el reclutamiento tiene visos de variar mucho con el esfuerzo de pesca, se debe tener en consideración a la vez el reclutamiento y la producción por recluta.
3 Cuando el esfuerzo de pesca ha alcanzado un nivel tal que la producción de huevos haya descendido por debajo de un umbral crítico, convendrá incluso impedir por completo la pesca, si es posible.

Los intentos para evidenciar las relaciones stock-reclutamiento han sido poco concluyentes. Es preciso señalar nuevamente que la relación entre el stock reproductor y el reclutamiento subsiguiente no tiene por qué ser del mismo tipo que la existente entre la producción efectiva de huevos y los reclutas a que dan lugar. El reclutamiento no tiene por qué ser necesariamente proporcional al tamaño del stock de reproductores. En la práctica, los datos que permiten relacionar el tamaño del stock de reproductores (o la producción de huevos, que aquí si hay proporcionalidad) con el reclutamiento que producen, se recogen anualmente en campañas periódicas de prospección de huevos y larvas. Normalmente hay variaciones y, en general, muy grandes sea cual sea su origen. Estas variaciones suelen ser de periodo corto, pero también las hay de periodo largo. Esto explica que muchos de los intentos para ajustar curvas teóricas a los datos observados no hayan tenido un éxito completo.

10.5 MODELOS STOCK-RECLUTAMIENTO

Los modelos más importantes en Biología Pesquera para definir las relaciones entre el stock de frezantes y el reclutamiento subsiguiente son el de Ricker (1954, 1956) y el de Beverton y Holt (1957).

Para modelar esta relación, Ricker propuso la expresión $R = AP\,e^{-BP}$, donde R es el reclutamiento y P el tamaño del stock progenitor. Dependiendo del

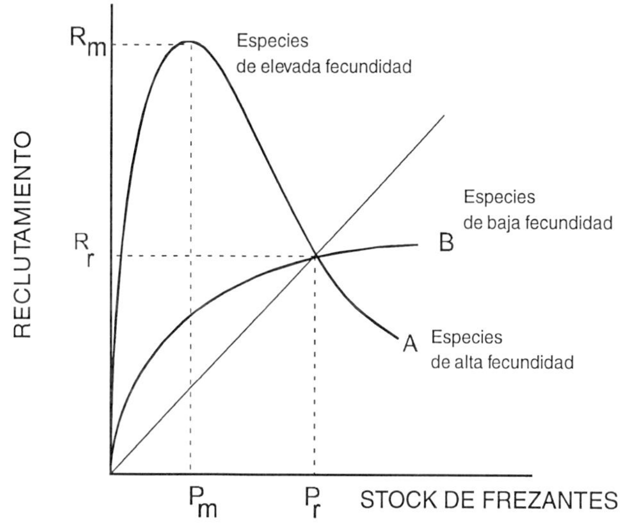

Figura 10.5.1 Relación entre el stock de frezantes y el reclutamiento según el modelo de Ricker. P_m: tamaño del stock de frezantes que produce el mayor número de reclutas (R_m); P_r: tamaño del stock de frezantes que produce el mismo número de reclutas (R_r) o tamaño del stock de reemplazo.

valor del parámetro A, esta expresión da curvas que tienen forma de domo más o menos acentuado (Fig. 10.5.1). Se ha observado que cuanto mayor es la fecundidad de un stock de frezantes mayor es el valor de A, y por lo tanto más acentuado es el domo de la curva. El parámetro A está relacionado con la mortalidad denso-dependiente. Dadas unas condiciones ambientales, A indica el número de reclutas por progenitor cuando no existe mortalidad compensatoria. Depende de las características genotípicas de los frezantes y de las condiciones abióticas del nicho ecológico que ocupe la progenie. El parámetro B, por contra, está en relación con la mortalidad compensatoria, dependiendo de la fecundidad media, del alimento disponible y de la presión que ejercen los depredadores y los competidores sobre la progenie.

– La expresión anterior se puede también escribir de la forma

$$R = Pe^{(P_r - P_m)/P_m}$$

donde P_r es el tamaño del stock de reemplazo o el tamaño del stock de frezantes que produce igual número de reclutas, y

P_m es el tamaño del stock de frezantes que produce el mayor número de reclutas (Fig. 10.5.1).

– La expresión desarrollada por Beverton y Holt es

$$R = \frac{1}{\frac{(\alpha + \beta)}{E}}$$

donde α y β son constantes, describiendo la primera la fracción de la mortalidad total denso-dependiente y la segunda la denso-independiente, y
E es la producción promedio de huevos del stock parental.

Las curvas de este modelo son asintóticas (Fig. 10.5.2). El valor de la asíntota es $1/\alpha$, representando un valor de reclutamiento constante cualquiera que sea el valor de E. La curva del tipo A (Fig. 10.5.2) representa una situación en la que el reclutamiento es constante para una amplia producción de huevos (E). En curvas del tipo C el reclutamiento es prácticamente constante a E. Los datos para el cálculo de los parámetros α y β se obtienen o bien a partir del análisis de la población virtual, que proporciona evaluaciones anuales de la población a cada edad incluido el reclutamiento, o mediante prospecciones anuales de huevos, o también por cálculo del volumen anual del desove a partir del tamaño del stock de frezantes y de su fecundidad promedio. Igualmente, a partir de la fecundidad a cada edad, conocida la composición demográfica de los frezantes, se pueden estimar α y β.

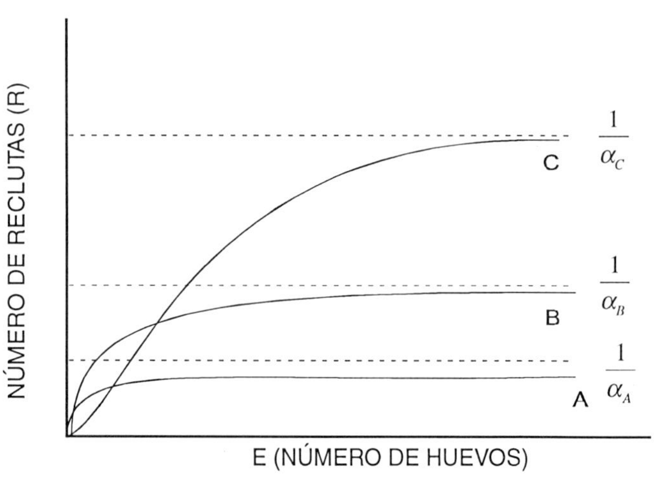

Figura 10.5.2 Relación entre el número de huevos (E) desovados por los progenitores y el número de reclutas (R) según el modelo de Beverton y Holt. $1/\alpha$ es el valor asíntota donde se produce un reclutamiento constante cualquiera que sea el valor de *E*.

MORTALIDAD 11

11.1 TASAS DE MORTALIDAD Y DE SUPERVIVENCIA

La mortalidad total existente en una población, producida por todas las causas posibles, puede expresarse matemáticamente de dos formas diferentes:

(a) La más sencilla, y quizá la más real, sea la expectación de mortalidad anual de los individuos de una cohorte individual, o la tasa de mortalidad expresada como porcentaje, es decir, la fracción de peces presentes al comienzo del año que morirá durante ese año.

(b) En un intervalo de tiempo muy pequeño, la variación en el número de individuos es proporcional al de individuos vivos (*N*):

$$\frac{\mathrm{d}N}{\mathrm{d}t} = -ZN$$

siendo $\mathrm{d}N/\mathrm{d}t$ la tasa de variación de individuos en un intervalo infinitesimal y

Z la tasa o coeficiente instantáneo de mortalidad total.

Integrando esta expresión entre t y t_0 se obtiene la ecuación:

$$N_t = N_0\, e^{-Zt} \qquad (1)$$

Cuando $t = 1$ año, entonces se puede escribir:

$$\frac{N_{t+1}}{N_t} = e^{-Z} \qquad (2)$$

La ecuación 2 se denomina modelo de extinción exponencial y es básica en la teoría de la dinámica de poblaciones explotadas.

La tasa de supervivencia

$$S = e^{-Z} = \frac{N_{t+1}}{N_t} \text{ siendo la tasa de mortalidad total } A = 1 - S$$

La tasa instantánea de mortalidad total de una población explotada (*Z*) puede descomponerse en diferentes términos según las causas que la originen, habitualmente se descompone en mortalidad por causas naturales y mortalidad por pesca. Así, el coeficiente instantáneo de mortalidad total $Z = M + F$ donde *M* es la tasa instantánea de mortalidad natural y *F* la de pesca.

Todos estos coeficientes tienen la propiedad de ser aditivos, directamente proporcionales a las causas de mortalidad y, por tanto, más manejables que la expectación de mortalidad natural

$$EM = (1 - S)\left(\frac{M}{Z}\right)$$

o que la expectación de mortalidad por pesca

$$EF = (1 - S)\left(\frac{F}{Z}\right)$$

Las muertes (*D*) que se producen se pueden dividir, por tanto, en las que son consecuencia de la pesca (*C* o capturas en número) y las que se deben a causas naturales. La muerte por pesca durante un periodo de tiempo t_t y t_{t+1} será:

$$C\left[t_t,\ t_{t+1}\right] = \frac{F}{Z}\left[N_t - N_{t-1}\right] \qquad (3)$$

que se denomina ecuación de captura o ecuación de Baranov. En el supuesto de que *F* y *M* sean constantes (y por lo tanto también Z) entre las edades t_t y t_{t+1}, de una manera más general la ecuación (3) se puede escribir como:

$$C_t = \frac{F}{Z} D_t \text{ , siendo } D_t = N_0 \left(1 - e^{-Zt}\right)$$

La fracción de muertes causadas por la pesca (F / Z) se denomina tasa de explotación, designándose con la letra E.

11.2 CÁLCULO DEL COEFICIENTE INSTANTÁNEO DE MORTALIDAD TOTAL (Z)

Conociendo que $-Z = Ln\ (N_{t+1} / N_t)$ es posible calcular el coeficiente instantáneo de mortalidad total (Z) por dos procedimientos:

(a) comparando las abundancias en número de dos grupos de edad sucesivos en una misma temporada de pesca, o

(b) comparando las abundancias en número de un mismo grupo de edad en dos años sucesivos de pesca. Colocando en abcisas la edad y en ordenadas el logaritmo natural de la abundancia en número de cada grupo de edad se obtiene una curva de pesca (Fig. 11.2.1). La pendiente (tangente) de los puntos situados en la rama descendente de la curva será $-Z$.

Normalmente se trabaja con capturas por unidad de esfuerzo, que son índices de densidad, ya sea del total de la población o por edades, y las curvas de pesca se construyen con las abundancias de cada edad perteneciente a

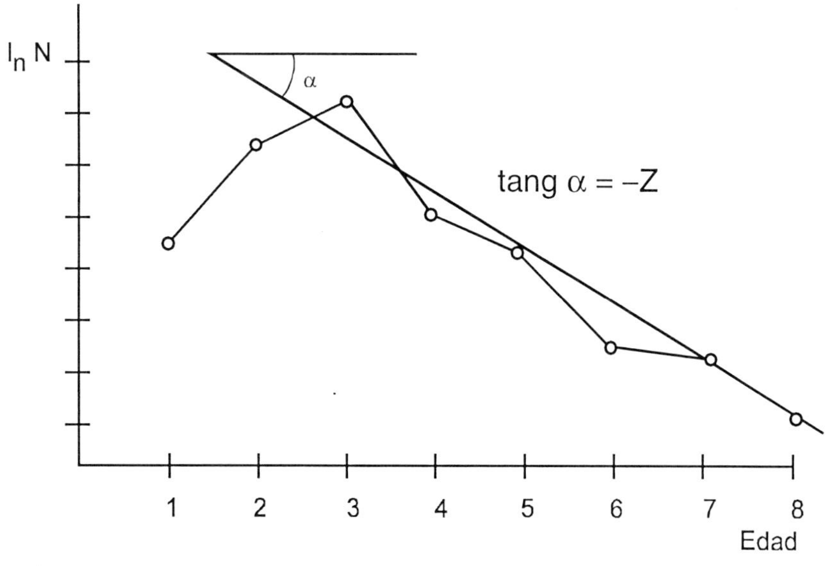

Figura 11.2.1 Curva de pesca. ln$N$ = logaritmo natural de la abundancia en número de cada grupo de edad. Z = coeficiente instantáneo de mortalidad total.

una clase anual diferente, de modo que para conseguir buenos resultados han de cumplirse los siguientes requisitos:

(a) Que la tasa de supervivencia sea uniforme con la edad para todo el rango de edades considerado;
(b) Que la mortalidad total no varíe con la edad;
(c) Que la muestra de cada grupo de edad sea representativa, evitándose sesgos por la selectividad de las artes de pesca; y
(d) Que el reclutamiento sea prácticamente constante para cada clase anual.

La mayoría de estos inconvenientes desaparecen cuando se comparan abundancias sucesivas de una misma clase anual. Dentro de un mismo año se pueden calcular los valores de *Z* de varias clases completamente reclutadas y obtener la media para calcular la *Z* general del año.

Variando el esfuerzo de pesca se puede modificar el valor de *Z*. Si se cuenta con varios valores de *Z* para diferentes valores del esfuerzo (*f*), se puede graficar *f* contra *Z* (Fig. 11.2.2) y calcular la recta que mejor se ajuste a los puntos. La pendiente de esa recta es el coeficiente de capturabilidad (*q*). En la gráfica, cuando $f = 0$ el valor de la mortalidad es *M*.

Se llama stock utilizable o población virtual de una clase anual a la suma de todas las capturas de esa clase anual a lo largo de los años. Se trata, por tanto, de una estimación del tamaño mínimo de la población. Es mínima porque únicamente se tienen en cuenta los individuos muertos por pesca, no

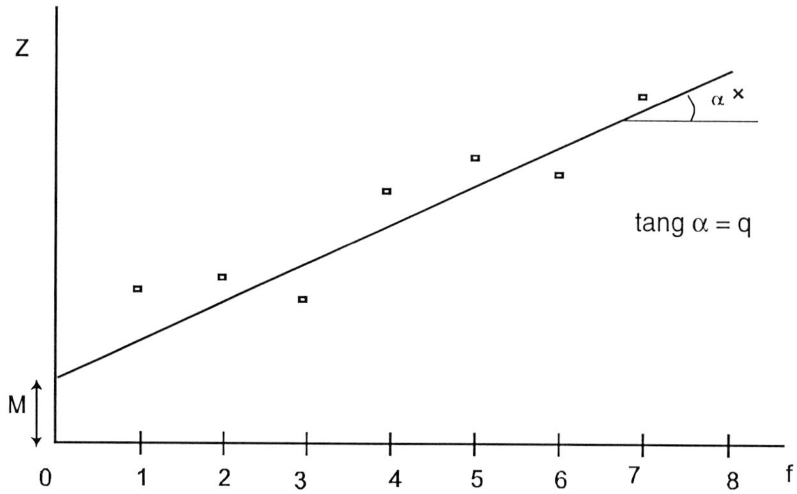

Figura 11.2.2 Cálculo del coeficiente de capturabilidad (*q*) y de la mortalidad natural (*M*) en función de esfuerzos de pesca (*f*) que generan coeficientes instantáneos de mortalidad total (*Z*).

considerándose los muertos por causas naturales. Si el esfuerzo de pesca se mantiene constante, o al menos sin tendencias acusadas, y la mortalidad natural no varía apenas, la comparación de las poblaciones virtuales de una misma clase anual en dos edades sucesivas estima bien el valor de Z entre ambas edades. Éste es el método bioestadístico de Derzhavin (1922) para calcular Z.

El coeficiente instantáneo de mortalidad total (Z) se puede calcular también mediante técnicas de marcado. La captura, marcado y recaptura permiten estimar directamente F comparando la población recapturada con la marcada. Conociendo M por otros métodos se puede, entonces, calcular Z.

Heincke (1913) observó que cuando Z es constante, la relación entre los efectivos de las clases anuales sucesivas es también constante, y que por tanto la supervivencia (S) se puede expresar como:

$$S = \frac{\sum_{i=1}^{n} N_i}{\sum_{i=0}^{n} N_i}$$

siendo N_i el número de individuos de la primera ($t = 0$), segunda ($i = 1$), ..., enésima ($i = n$) clase anual.

La relación también es válida si los efectivos son capturas por unidad de esfuerzo (CPUE), siempre que la capturabilidad sea constante. El método de Heincke permite calcular Z conociendo únicamente la cuantía de la primera clase anual y el total de las restantes.

A partir de la función de crecimiento de von Bertalanffy y considerando animales cuyo crecimiento es isométrico, Z por año se puede deducir por el método de las longitudes medias, de la forma:

$$Z = \frac{K(L_\infty - L_m)}{L_m - L_c}$$

donde L_m y L_c son las tallas media y de primera captura, respectivamente (Beverton y Holt, 1957).

El método de Powell y Wetherall (Wetherall *et al.*, 1987) permite estimar L_∞ y Z/K a partir de la expresión:

$$Z = K\frac{(L_\infty - L_m)}{L_m - L_c}$$

Como L_c puede adquirir cualquier valor igual o superior a la talla más pequeña en régimen de plena explotación, esta ecuación puede proporcionar tantos valores de Z como valores de L_c se elijan. Mediante varias operaciones algebraicas, esa ecuación es equivalente a:

$$L_m - L_c = a + bL_m$$

o la ecuación de una recta

$$a = bL_\infty$$

y

$$b = \frac{-K}{(Z+K)}$$

o

$$\frac{Z}{K} = \frac{-(1+b)}{b}$$

y

$$L_\infty = \frac{-a}{b}$$

Por lo tanto, graficando $L_m - L_c$ respecto a L_m se pueden obtener a y b mediante una regresión lineal.

Los programas COMPLETE ELEFAN (Gayanilo *et al.*, 1988) y FISAT (Gayanilo *et al.*, 1995) permiten realizar estos cálculos cómodamente. Este método es especialmente adecuado cuando se conoce poco del stock explotado.

La tasa instantánea de mortalidad total (Z) también puede calcularse mediante la ecuación:

$$Z = \ln\left[1 + \frac{1}{t_m - t_t}\right] \text{(Butterworth \textit{et al.}, 1989)}$$

donde t_t es la edad en que el reclutamiento es total y
t_m es la edad media de todos los peces muestreados totalmente reclutados.

11.3 CÁLCULO DE LA MORTALIDAD NATURAL (M) Y POR PESCA (F)

Existen varios métodos para calcular M y F, pero en la práctica ninguno de ellos es totalmente satisfactorio, recomendándose utilizar distintos métodos independientes.

Como ya se expuso, si la intensidad de pesca varía se produce un cambio en F y, por tanto, también en Z. Así, si los cambios observados en Z pueden relacionarse cuantitativamente con cambios conocidos del esfuerzo de pesca (f), se puede deducir F a cualquier nivel de esfuerzo. Esto se hace graficando (Fig. 11.2.2) los diferentes valores de Z para cada f, ajustándose una recta a los puntos tal que

$$Z = M + F = M + fq$$

donde q es la capturabilidad que es, precisamente la pendiente de dicha recta.

Cuando $f = 0$, entonces $Z = M$.

Otra aproximación es el método del área barrida. Si la población está distribuida uniformemente, el arte de arrastre capturará efectivamente todos los peces existentes en el área que recorre p del área total (A) donde vive la población, entonces F = CPUE en p/A. La mortalidad por pesca generada durante un intervalo de tiempo (Δ t) por toda una flota faenando en el área A será:

$$F \times t = \frac{h}{A}$$

donde h es la suma de todas las CPUE en las áreas barridas por todos los barcos.

Este método, además de para el arrastre, se puede utilizar cuando es posible evaluar la abundancia en un área determinada recorrida mediante prospecciones acústicas.

Cuando se conoce Z en dos momentos (t_1 y t_2) y los esfuerzos de pesca realizados en ellos (f_1 y f_2) se deduce que

$$F_2 = \frac{f_2 Z_1}{f_1} - M \text{ (Tester, 1955).}$$

La mortalidad natural se puede determinar directamente por la desaparición de los individuos de una clase anual a lo largo del tiempo en una población virgen. También se puede calcular por la desaparición de los individuos de una clase anual con el tiempo en una población explotada habitualmente, pero en la que, por alguna razón como por ejemplo una guerra, ha dejado de estarlo durante un periodo de tiempo determinado.

M se puede deducir también por varias relaciones empíricas:

(a) Rikther & Efanov (1976) propusieron la ecuación:

$$M = \left[\frac{1{,}521}{x^{0{,}72}}\right] - 0{,}155 \text{ por año}$$

donde x es la edad de maduración masiva o cuando el 50% de la población está madura.

(b) Taylor (1960) introdujo el concepto $A_{0,95}$ o edad a la que una especie alcanza un 95% de la L_∞. De la FCVB se deduce que:

$$A_{0,95} = \frac{2{,}996}{K} + t_o$$

y que

$$M = \frac{2{,}996}{A_{0,95}}$$

(c) Igualmente de la FCVB se deduce que:

$$M = \frac{3K}{\left[e^{(0{,}25 t_{max} K)}\right] - 1}$$

donde t_{max} es la edad máxima (Alverson y Carney, 1975).

(d) $M = 0{,}03 + 1{,}68 \times IGS$

$$\text{donde IGS} = \frac{\text{peso de la gónada madura}}{(\text{peso del pez} - \text{peso de la gónada madura})}$$

o índice gonadosomático (Gunderson y Dygert, 1988).

(e) $M = 2{,}88\ W^{-0{,}33}$

donde W es el peso del pez convertido en kilocalorías (Boudreau y Dickie, 1989).

(f) $\ln Z = -0{,}01 + 1{,}46 \ln t_{max}$,

donde t_{max} es la edad máxima muestreada (Hoening, 1983).

(g) Pauly (1980) recomienda utilizar para peces la siguiente expresión empírica:

$$\ln M = -0{,}0152 - 0{,}279 \ln L_{\infty} + 0{,}6543 \ln K + 0{,}463 \ln T$$

donde K y L_{∞} proceden de la ecuación de von Bertalanffy y T es la temperatura media anual del agua en grados centígrados. Existe una ecuación alternativa que emplea pesos en lugar de longitudes.

(h) Considerando la edad máxima que puede alcanzar una especie se han propuesto las siguientes expresiones:

$$M = \frac{3}{t_{max}} \quad \text{(Tanaka, 1960)}$$

$$M = \frac{5}{t_{max}} \quad \text{(Beverton y Holt, 1959)}$$

donde t_{max} = edad máxima.

La mortalidad por pesca puede obtenerse además mediante técnicas de marcado. Tanto M como F se obtienen también utilizando el análisis de cohortes.

Ejemplo 11.3.1

En la Tabla 11.3.1 se expone la composición por edades del bacalao *(Gadus morhua)* en número de individuos (porcentajes del total por cada edad y año) hipotéticamente descargados. Las capturas fueron realizadas por los arrastreros españoles que faenan en el mar de Barents, y el esfuerzo de pesca (f) se da en días de arrastre anuales. Calcular la mortalidad total media (Z) y la supervivencia (S) utilizando las CPUE dentro de cada año. Con esos datos y el esfuerzo, construir una curva de pesca, estimar la mortalidad natural (M) y la capturabilidad (q). Deducir después la mortalidad por pesca y la tasa de explotación en el año 1984 y 1978.

Se construye una curva de pesca para cada año con los (ln) (logaritmos naturales) del número de cada grupo de edad y la edad (Fig. 11.2.3).

ln 13,21	= 2,58	… 5 años
ln 15,30	= 2,72	… 6 años

Tabla 11.3.1 Composición por edades del bacalao del mar de Barents.

Edad	*5*	*6*	*7*	*8*	*9*	*10*	*11*	*12+*	*Esfuerzo(f)*
Año									
1977	13,21	15,30	22,57	11,01	10,45	7,10	5,99	4,74	103
1978	14,32	16,74	26,88	11,31	7,17	2,01	3,65	2,76	156
1979	12,60	17,31	20,08	9,08	6,58	2,97	1,59	2,50	171
1980	6,37	8,75	12,89	9,32	4,28	1,76	1,01	0,37	248
1981	5,33	9,24	11,52	6,62	4,11	1,76	0,96	0,02	313
1982	7,86	10,13	13,14	4,09	2,11	1,52	0,91	0,93	412
1983	4,28	6,21	7,20	5,49	1,62	0,70	0,15	0,25	396
1984	13,25	17,49	20,25	3,99	1,62	0,48	0,67	0,13	425
1985	9,37	13,48	15,70	5,44	1,93	1,30	0,57	0,19	551
1986	8,13	11,90	13,51	5,59	1,20	0,67	0,24	0,08	630
1987	6,28	7,54	9,70	6,55	1,29	0,58	0,38	0,10	457
1988	2,23	3,77	5,81	5,53	1,56	0,91	0,42	0,20	414

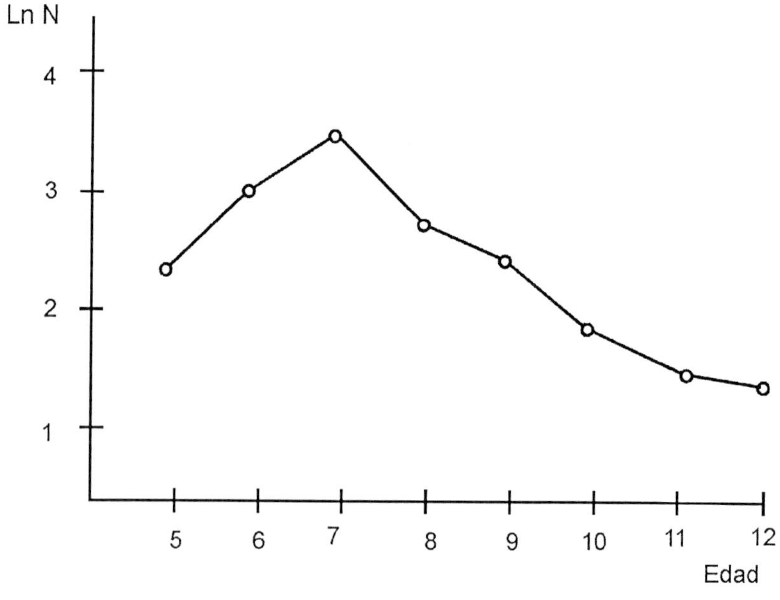

Figura 11.2.3 Curva de pesca del bacalao del mar de Barents para 1977.

ln 22,57	= 3,12	... 7 años
ln 11,01	= 2,40	... 8 años
ln 10,45	= 2,35	... 9 años
ln 7,10	= 1,96	... 10 años
ln 5,99	= 1,79	... 11 años
ln 4,74	= 1,56	... 12 años

El valor absoluto de la pendiente de la recta que forman el punto más alto y todos los demás valores descendientes de la curva es la Z de ese año. La ecuación de esa recta (7–12 años) es:

$$y = 4{,}94 - 0{,}289x$$

$Z(1977) = 0{,}29$, como $S = e^{-z} = e^{-0{,}29} = 0{,}75$, en 1977 hubo un 75% de supervivientes.

Graficando los valores de Z en cada año contra los valores del esfuerzo para ese mismo año se obtienen doce puntos (Fig. 11.2.4). La recta que se ajusta a estos puntos tiene como ecuación:

$$Z = 0{,}329 + 0{,}00112\,f$$

siendo $r = 0{,}718$.

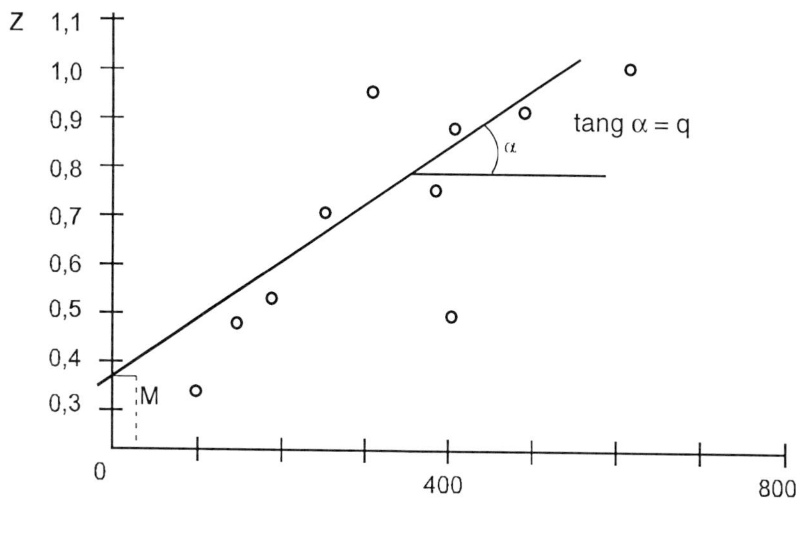

Figura 11.2.4 Variaciones de Z respecto al esfuerzo de pesca (f) en el bacalao del mar de Barents.

Cuando $f = 0$ entonces toda la mortalidad existente en la población se deberá a causas naturales porque no hay pesca. Luego, sustituyendo en la ecuación de la recta: $M = 0{,}339$.

La pendiente de la recta es q, o coeficiente de capturabilidad, $q = 0{,}00112$.

Como $Z = M + F$ y siendo $Z(1984) = 0{,}91$ la mortalidad por pesca, en 1984 será $F(1984) = 0{,}58$.

La tasa de explotación

$$E = \frac{F}{Z}$$

luego

$$E_{(1984)} = \frac{0{,}58}{0{,}91} = 0{,}64$$

o de 64% para un esfuerzo de 425 días de arrastre/año. Conociendo que $Z(1978) = 0{,}45$, entonces

$$F(1978) = 0{,}45 - 0{,}33 = 0{,}12$$

$$E_{(1978)} = \frac{0{,}12}{0{,}45} = 0{,}27$$ o del 27% para 156 días/año.

CAPTURAS Y ESFUERZO DE PESCA 12

(EHRHARDT, 1981)

12.1 CAPTURAS

La principal información de una pesquería nos la ofrecen las estadísticas de captura y esfuerzo (siempre y cuando las estadísticas sean fiables). En general, la captura se define como el número o peso de animales extraídos de una población como resultado de las operaciones de pesca.

Sin embargo, se pueden establecer diferentes maneras de cuantificar las capturas:

- *Desembarques,* que son el peso de los productos traídos a tierra.
- *Capturas nominales,* que son el peso en vivo equivalente de los productos desembarcados.
  Las capturas nominales pueden ser muy diferentes de los desembarques en aquellas especies que llegan al puerto evisceradas, fileteadas, descabezadas o saladas. Las capturas nominales se estiman a partir de los desembarques mediante factores de conversión.
- *Captura bruta* o el peso en vivo total de los animales capturados.
  La captura bruta puede dividirse en *captura retenida*, que es el peso de los animales que se guardan a bordo para ser desembarcados y que puede ser ligeramente diferente de la captura nominal por los animales consumidos como alimento, como carnada, etc., y *descartes*, que es el peso vivo de los animales que retornan al mar después de la captura (por ej., tallas no permitidas).
- *Remoción bruta* es el peso total de los animales muertos durante las operaciones de pesca.

- *Pérdidas no capturadas* son el peso en vivo de los animales que mueren durante las operaciones de captura y que no son capturados, en ellas se deben incluir los individuos muertos por artes de pesca perdidos (pesca fantasma).
- *Captura incidental* o *by-catch* es el peso o número de individuos de una especie que no constituye el objetivo primario de explotación.

Desde el punto de vista de la evaluación de los recursos es importante que las estadísticas de captura incluyan el peso o número total de individuos muertos como consecuencia de las actividades de pesca. De esta manera, las capturas nominales deben estimarse de los desembarques mediante relaciones obtenidas previamente entre los pesos de los productos desembarcados y sus equivalentes en vivo. Al mismo tiempo, se deberán estimar las capturas descartadas para contar con un valor aproximado de la captura bruta total. También deberán incluirse los individuos capturados de manera incidental de la especie en estudio en otras pesquerías. De esta forma, las estadísticas de captura para la evaluación de los recursos difieren de las que se incluyen bajo el término de producción pesquera nacional, que sólo reflejan el peso de los productos desembarcados de una especie para su utilización por el hombre. En dinámica de poblaciones las capturas en número se representan por la letra C, mientras que las capturas en peso, que frecuentemente se traducen como rendimiento o producción, se representan por la letra Y (del inglés «yield»).

12.2 ESFUERZO DE PESCA

El esfuerzo de pesca es uno de los aspectos más fáciles de comprender y más difíciles de definir y cuantificar de los que intervienen en la explotación de una pesquería. El pescador utiliza unos recursos materiales y económicos, que a su vez implican un gasto de energía y tiempo para obtener la captura. Esto se puede definir como esfuerzo de pesca. De este modo, el esfuerzo de pesca depende de los sistemas empleados para la captura, de su cantidad y de la forma cómo estos sistemas se aplican en el tiempo y en el espacio.

Normalmente una flota que actúa sobre una especie determinada está constituida por un número de barcos de diferentes características: distintos tonelajes de registro bruto (TRB), diferente potencia de motor, eslora, capacidad de bodega, con distintos equipos de detección, que utilizan artes de características diferentes, etc. Esos barcos realizan un cierto número de viajes a la semana, mes o año, en los que efectúan un número de operaciones de pesca de mayor o menor duración.

Las unidades de esfuerzo, dentro de cualquiera de los tipos y categorías utilizados en el párrafo anterior, pueden variar en su eficiencia debido a tamaños, materiales empleados, diseños, etc. Así por ejemplo, cuando las unidades de esfuerzo se definen en número de barcos, si éstos difieren en tamaño entonces también difieren como unidades efectivas del esfuerzo. Las unidades de esfuerzo sin tomar en consideración diferencias por eficiencias se denominan *esfuerzo nominal* (f') y es el que se recolecta en las estadísticas básicas de una pesquería.

Sin embargo, para los propósitos de los estudios poblacionales es necesario que una misma cantidad de esfuerzo aplicada a una misma cantidad de animales de una población en un instante dado capture siempre la misma cantidad de individuos. En estas condiciones, la tasa instantánea de mortalidad por pesca (F) será proporcional a las unidades de esfuerzo empleadas. Cuando estas condiciones se cumplen, el esfuerzo se define como *esfuerzo efectivo de pesca* (f) y se puede expresar como

$$F = qf \tag{1}$$

donde q es el coeficiente de capturabilidad, que se supone constante, y que se define como la fracción de una población que se extrae por cada unidad de esfuerzo efectivo de pesca empleado.

El esfuerzo efectivo total de pesca se divide en *poder de pesca,* que incluye las características del barco y los artes empleados, y en *tiempo de pesca.*

El esfuerzo pesquero no sólo puede aumentar por la presencia de nuevos barcos en la pesquería, sino que, permaneciendo los mismos, o aún disminuyendo, y manteniéndose las mismas unidades de tiempo, éste puede aumentar. Basta para ello que el poder de pesca de todos o algunos de los barcos aumente, lo cual se logra introduciendo mejoras tecnológicas tanto en los propios barcos como en los artes. Las mejores unidades de esfuerzo son aquellas que evitan que existan tendencias en la capturabilidad cuando se analizan series de varios años.

Así, en los barcos de arrastre se relaciona el poder de pesca con el tonelaje de registro bruto o con la potencia del motor y el tiempo de pesca con la duración de los lances. En los barcos de cerco, el poder de pesca se relaciona usualmente con la longitud del arte, con la potencia de las luces atractoras o con la velocidad de exploración, mientras que el tiempo de pesca es mejor expresarlo como tiempo de búsqueda, puesto que el tiempo empleado en la operación de cerco es relativamente constante y también lo suele ser el tamaño de los cardúmenes. En los barcos que faenan con artes de enmalle, el poder de pesca se suele relacionar con la superficie o longitud de las redes, en tanto que el tiempo se vincula con el periodo en que las redes se encuentran caladas. Por último, en los palangreros el poder de pesca se relaciona con el número de anzuelos, mientras que en los que trabajan con diferentes tipos de nasas se hace con respecto al número de elementos. En ambas ocasiones el tiempo de pesca se contabiliza como en el caso de los artes de enmalle.

A pesar de que las unidades anteriores son las más comúnmente utilizadas, esto no implica que reflejen fielmente el esfuerzo de pesca. Existen otros factores que influyen en el esfuerzo y que son muy difíciles de cuantificar como los equipos de detección de cardúmenes en la pesca de cerco o, incluso, la pericia de los patrones de pesca.

En la expresión (1) se ha considerado el coeficiente de capturabilidad (q) como una constante, lo que no es cierto en la mayoría de los casos. El valor de q puede variar en función de la disponibilidad o *accesibilidad* y de la *vulnerabilidad.* La accesibilidad se refiere a la proporción de la población que se encuentra dentro de la zona de pesca. Este valor cambia para aquellas poblaciones que presentan migraciones estacionales o debido a la estratificación espacial de ciertos componentes o edades de una población.

La vulnerabilidad se refiere a la proporción de la población «disponible» que puede ser capturada por el arte de pesca empleado. Puede variar rápidamente en función del comportamiento de la especie (agregaciones, hábitos de alimentación, migraciones nictimerales, etc.) o de las condiciones oceanográficas (transparencia de las aguas, estado de la mar, profundidad de la termoclina, etc.). Los cambios en la vulnerabilidad pueden ser muy rápidos (horas).

Además, diferentes densidades poblacionales pueden generar problemas de saturación y pérdida de eficiencia de los sistemas de captura empleados, lo que hace que las capturas extraídas con una misma cantidad de esfuerzo sean diferentes.

La intensidad se pesca $(\bar{f})$ se define como el esfuerzo efectivo de pesca que se realiza sobre una población por unidad de área (A) en una unidad de tiempo (t):

$$\bar{f} = \frac{f}{(At)}$$

Teóricamente, la intensidad de pesca es mejor que el esfuerzo, pero en la práctica pocas veces muestra ventaja, porque para que la intensidad esté bien calculada es preciso dividir el área de pesca en una serie de estratos homogéneos.

12.3 PODER RELATIVO DE PESCA

Las unidades de esfuerzo nominal obtenidas de las estadísticas de una pesquería capturan fracciones diferentes de una población por unidad de tiempo. Por ello, para conocer el esfuerzo efectivo de pesca es necesario corregir el esfuerzo nominal por factores de eficiencia que se relacionan con el poder de pesca de las embarcaciones y sistemas empleados. La corrección de estas unidades se denomina estandarización de las unidades de esfuerzo.

Se define *poder absoluto de pesca* como la cantidad en peso o número de animales que son capturados por cada unidad de esfuerzo nominal, tipo de barco o clase de sistema de pesca. El poder absoluto de pesca no se utiliza en la práctica. El poder relativo de pesca es la medida del poder de pesca de una embarcación, clase de embarcación o sistema de pesca con referencia a una embarcación, clase de embarcación o sistema de pesca definido como estándar o unitario. De este modo, si un grupo de embarcaciones similares se definen como categoría 1, entonces otras categorías diferentes medirán su poder de pesca relativo a dicha categoría 1.

Para definir la clase estándar se pueden realizar distintas consideraciones:

1 Como la clase de embarcaciones que sean más homogéneas en cuanto a sus características.

2 La clase que ha operado durante un mayor número de años.

3 La clase que cuenta con un desarrollo tecnológico más avanzado o la clase que presenta un mínimo de variación en sus capturas por unidad de esfuerzo en un tiempo y zona determinados.

4 La clase que se distribuye en una zona más amplia y que puede ser comparada con distintas clases de distribución más reducida, etc.

El poder relativo (ρ) de pesca puede calcularse de varias maneras:

(a) Comparando las capturas por unidad de esfuerzo nominal de la categoría *i* ($CPUE_i$) con referencia a la *CPUE* de la categoría estándar 1 en la misma área y en el mismo tiempo.

$$\rho_i = \frac{CPUE_i}{CPUE_1}$$

El esfuerzo efectivo de cada categoría se calcula multiplicando el esfuerzo nominal por el poder relativo de pesca correspondiente $f_i = \rho_i f'_i$, y el esfuerzo efectivo total se obtiene mediante la suma de los esfuerzos efectivos de todas las categorías y tendrá las unidades en las que se haya medido el esfuerzo de la categoría de referencia.

(b) Otra manera más perfeccionada de calcular el poder relativo de pesca es aquella en la que se utiliza un análisis de la varianza de las *CPUE* de categorías de barcos o sistemas de pesca en diferentes áreas y tiempos (Robson, 1966). La metodología se desarrolla a partir del modelo multiplicativo de la ecuación de captura:

$$C_{ij} = q_i f'_{ij} \bar{N}_j E_{ij}$$

donde C_{ij} = captura obtenida por el barco o categoría *i* durante su operación en el estrato área-tiempo *j*;
q_i = coeficiente de capturabilidad de la categoría *i*;
f'_{ij} = esfuerzo nominal de pesca de la categoría *i* en el estrato área-tiempo *j*;
$\bar{N}_j$ = abundancia promedio de la población en el estrato área-tiempo *j*;
E_{ij} = error aleatorio.

(c) Mediante regresión múltiple entre distintas características de los barcos o los artes de pesca. Este sistema se ha aplicado en la pesquería de atún con cerco en México (Quiñones y Gómez-Muñoz, 1986).

12.4 CAPTURA POR UNIDAD DE ESFUERZO

La captura en peso total de una flota que faena en una pesquería dividida por el esfuerzo total se denomina captura por unidad de esfuerzo (*CPUE* o *U*). Las unidades en que puede expresarse la *CPUE* son muy diversas dependiendo de las unidades en que se midan las capturas y el esfuerzo de pesca. La *CPUE* depende de la abundancia de peces y de su capturabilidad puesto que:

$$C = F\bar{N}$$

y sustituyendo $F = qf,$

se obtiene $C = qf\bar{N}$

de donde $\dfrac{C}{f} = q\bar{N}$

La suposición básica de la expresión anterior es que los individuos de la población se distribuyen más o menos homogéneamente sobre el área de pesca y que el proceso de captura es aleatorio. Sin embargo, el proceso de captura es dirigido y depende de la experiencia y habilidad de los pescadores. Además, los individuos, incluso en especies que no son gregarias, tienden a concentrarse en determinadas áreas que los pescadores suelen encontrar. En estas condiciones, las estimaciones de la abundancia usando las *CPUE* producen sobreestimaciones, que pueden ser particularmente graves en el caso de especies gregarias como las que se capturan con los artes de cerco.

La interpretación de las evaluaciones realizadas con los modelos de producción que utilizan las *CPUE* como índices de abundancia deben ser muy prudentes si existen tendencias en la capturabilidad, si las unidades de esfuerzo no son las óptimas o si existen evidencias de que la especie estudiada no se distribuye de una manera homogénea en el área de pesca.

12.5 OBTENCIÓN DE ESTADÍSTICAS DE CAPTURAS Y ESFUERZO

Los objetivos de los muestreos de pesquerías deben orientarse a la obtención de estadísticas que contemplen:

(a) Todas las capturas de un stock incluyendo las que realicen diferentes artes, diferentes países, diferentes flotas, etc. Al menos se deben obtener valores globales anuales.
(b) Captura por unidad de esfuerzo, o mejor aún diferentes medidas de esfuerzo y sus correspondientes capturas para todos los grupos homogéneos de poder de pesca.
(c) Composición por tallas de la captura y, si es posible, por edades.
(d) Datos biológicos de investigaciones especiales (selectividad, crecimiento, reproducción, marcado, etc.).

Excepto en el último de los casos, se requiere un muestreo sistemático que asegure que la información se recolecte siempre de la misma manera, además de la existencia de redes de transferencia de información, particularmente en pesquerías multinacionales. El diseño del muestreo debe ser muy cuidadoso para evitar errores sistemáticos.

Todos los datos se deben referir a unidades de población o, en su defecto, a divisiones estadísticas lo más pequeñas posibles. Los datos referidos a puertos de desembarque no son válidos cuando se trata de flotas con elevada movilidad.

Aunque es preciso conocer la captura total, el esfuerzo total y la CPUE, solamente es necesario evaluar dos de ellos de manera independiente y el tercero puede calcularse a partir de los otros dos. Cuando se disponen de buenos datos de CPUE (aunque referidos solamente a una parte de la flota) y de las capturas totales, el esfuerzo total se puede calcular a partir de ambos datos, como por ejemplo en pesquerías industriales donde la captura se descarga en pocos puertos, resultando fácil estimar las capturas desembarcadas y, conociendo los factores de conversión y la proporción descartada, es posible calcular las capturas en peso vivo. Por otra parte, en pesquerías artesanales dispersas, las capturas totales se calculan más fácilmente por extrapolación a partir del número de embarcaciones y de un muestreo aleatorio de la intensidad de su actividad (por estimación del esfuerzo total).

EVALUACIÓN DE RECURSOS PESQUEROS 13

13.1 PLANTEAMIENTO BÁSICO

La biomasa de una unidad de población o stock explotado es resultado de un balance entre ingresos y pérdidas. Los primeros son las ganancias en número y peso de los individuos, debidas al reclutamiento (*R*), inmigración (*I*) y crecimiento (*G*). Y las pérdidas son las debidas a la mortalidad natural (*M*), a la pesca (*F*) y a la emigración (*E*). Gráficamente:

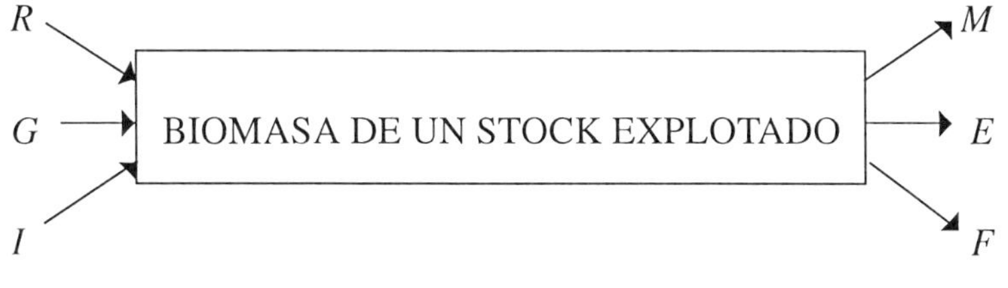

Los parámetros biológicos que se relacionan con la biomasa dependen a su vez de variables ambientales (condiciones hidrográficas y productividad, fundamentalmente) y de factores denso-dependientes como la depredación, la alimentación y la competencia intra e interespecífica.

Por otra parte, el esfuerzo pesquero (*f*) es el resultado final de una o muchas unidades de explotación, cada una con un determinado poder de pesca, actuando sobre el recurso durante un periodo de tiempo más o menos largo.

Baranov (1918) y Russell (1931) resumieron esta situación con la expresión siguiente:

$$\Delta B = B_2 - B_1 = (R + G) - (M + F) \text{ si } I = E$$

Diferencialmente:

$$\frac{1}{B}\frac{\mathrm{d}B}{\mathrm{d}t} = \left[r(B) + g(B) - M(B) + F(f)\right] + \mu$$

donde r, g y M son las tasas de reclutamiento, crecimiento y mortalidad natural, dependientes de la biomasa y de la estructura demográfica de la población;

F la tasa de mortalidad por pesca, dependiente del esfuerzo pesquero; y

μ la tasa de cambio de la biomasa debida a factores ambientales, independientes de la biomasa y del esfuerzo pesquero.

Si el periodo de tiempo considerado es muy amplio ($t_2 - t_1 \rightarrow \infty$) se puede considerar que $\mu = 0$.

En el estado estacionario $\mathrm{d}B / \mathrm{d}t = 0$, entonces:

$$F(f) = r(B) + g(B) - M(B)$$

La producción pesquera será por tanto:

$$Y = F(f)\, B_p = B_p\, [r(B) + g(B) - M(B)]$$

siendo B_p la biomasa de la población.

La ecuación de Russell $\Delta B = R + G - M$ proporciona una descripción completa de los factores que afectan a la biomasa de una población virgen. A partir de ella se pueden evaluar las consecuencias que ocurrirían introduciendo un parámetro de signo negativo debido a la explotación. Esto se ha hecho en Biología Pesquera de dos maneras:

(a) examinando con detalle cada uno de los términos de la ecuación, que es como proceden los modelos analíticos o estructurales o

(b) considerando el efecto global neto de todos los factores sobre la biomasa, es decir, examinando cómo podría variar el incremento de biomasa en función de su propia biomasa al ser explotada, que es el enfoque de los modelos de producción o globales. En estos modelos la población se comporta como una caja negra en la que sólo se observan las entradas –el esfuerzo– y las salidas o capturas (Lleonart, 1986).

Aunque ambos tipos de modelos se han utilizado con relativo éxito para la ordenación de las pesquerías, su enfoque es irreal y una aproximación burda de lo que realmente ocurre en la naturaleza. La principal razón de la inadecuación de estos modelos es biológica: aunque una pesquería sea uniespecífica (sólo se capture una especie, lo que no es común, siendo más corriente capturar varias especies a la vez), la biomasa del recurso no depende únicamente de la propia especie explotada, sino que su nivel es interdependiente de otras especies que conviven con ella, con la que se establecen relaciones de competencia, depredación, etc. Estas relaciones no se toman en consideración, como tampoco se tienen en cuenta las condiciones ambientales.

Ampliar la conceptualidad de estos modelos y teorías de los años cincuenta supone darles rigor ecológico. Existen planteamientos bastante antiguos que así lo hacen, como son los modelos depredador-presa de Locka y Volterra (véase Margalef, 1974). También se han diseñado modelos estocásticos que desarrollan una cadena de Markov no estacionaria para analizar y modelar la transferencia de energía a través de un sistema ecológico compuesto por la especie objetivo o diana, otra que compite con ella, sus depredadores y sus presas (Riffenburgh, 1969). Igualmente, sobre todo en lagos, estuarios y pantanos, se han desarrollado modelos holísticos o de sistema total (Henderson *et al.*, 1973; Regier, 1974). Estos modelos se basan en el estudio del flujo de energía que va desde la producción primaria hasta el organismo pescable, estableciéndose las transferencias entre cada nivel trófico. Pero ha sido sobre todo con la ampliación de los planteamientos de los modelos clásicos a pesquerías multiespecíficas como se han diseñado modelos más reales (veáse el Capítulo 13.6).

13.2 MODELOS GLOBALES O DE PRODUCCIÓN GENERALIZADA (Cadima, 1977)

Como se dijo anteriormente, uno de los enfoques para abordar la evaluación de las poblaciones explotadas consiste en considerar el efecto global neto de todos los factores sobre la biomasa, es decir, examinar cómo puede variar el crecimiento de la biomasa en función de ella misma. Este planteamiento únicamente necesita considerar la tasa de aumento natural de la biomasa, el esfuerzo de pesca y las capturas. Los modelos basados en esta premisa se denominan modelos de producción generalizada, sintéticos, globales o de producción excedente.

13.2.1 EVOLUCIÓN DE LA BIOMASA DE UNA POBLACIÓN

En ausencia de explotación, la biomasa total de una población o stock aumentará hasta un valor límite, que vendrá impuesto por la cantidad de espacio y recursos disponibles, por la competencia, etc., lo que se denomina

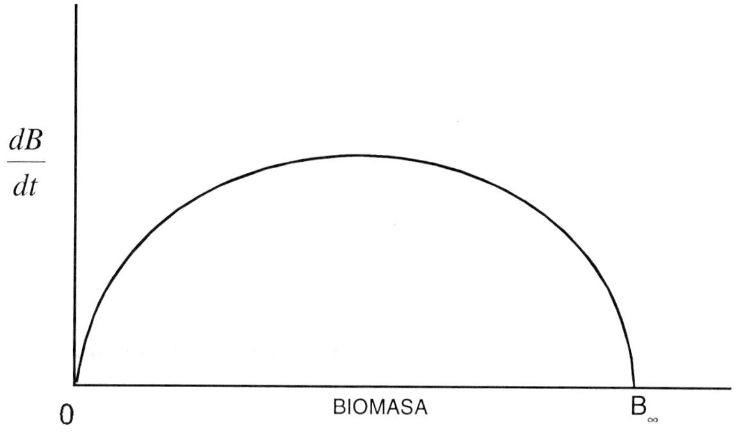

Figura 13.2.1 Variación del crecimiento de la biomasa de una población virgen expresada en tasa de crecimiento absoluto.

capacidad de carga del ecosistema. Obviamente existirán fluctuaciones pero, a largo plazo, éstas pueden considerarse amortiguadas, de manera que la biomasa de una población virgen fluctuará alrededor de un valor medio estable.

La velocidad de crecimiento de la biomasa de una población que empiece en un valor cercano al cero no es constante, sino lenta al comienzo, más rápida para valores intermedios y nuevamente lenta conforme se acerque a la biomasa máxima (Fig. 13.2.1). Es decir,

$\frac{dB}{dt}$ (tasa absoluta de crecimiento natural de la biomasa) es cero cuando

$$B = 0 \text{ y cuando } B = B_\infty.$$

También se puede expresar esa variación mediante la tasa específica instantánea de crecimiento de la biomasa

$$\left(\frac{1}{B}\right)\left(\frac{dB}{dt}\right)$$

que es una función continua decreciente de B (Fig. 13.2.2).

La explotación de una población lleva aparejada una mortalidad suplementaria a la natural; las capturas provocan siempre una disminución de la biomasa total. Por tanto, el nivel de la biomasa de una población explotada dependerá de las capturas. Si las capturas superan la tasa de crecimiento de

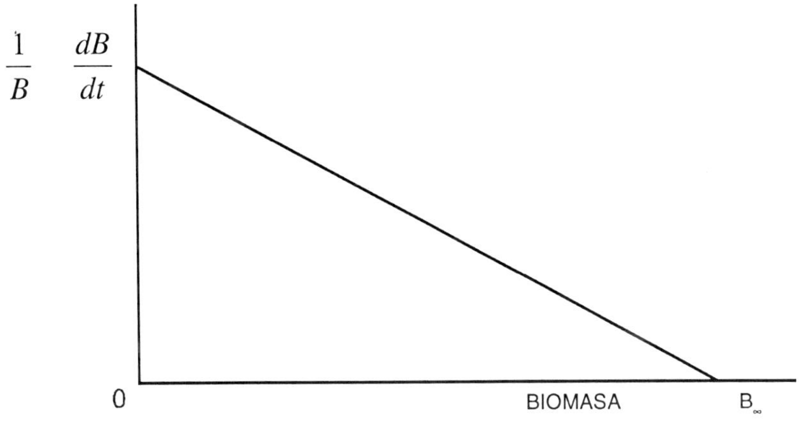

Figura 13.2.2 Variación del crecimiento de la biomasa de una población virgen expresada en tasa de crecimiento relativo.

la biomasa de la población, la biomasa decrecerá. Si las capturas son inferiores a la tasa de crecimiento de la población, la biomasa crecerá, pero más lentamente de lo que lo haría en ausencia de explotación. Si la tasa de crecimiento natural de la biomasa de la población es igual a la tasa de captura, entonces la biomasa se mantendrá constante. En este estado, la captura se denomina captura en equilibrio (Y_E) para un nivel determinado de la biomasa. Para un stock no existe un único nivel de captura en equilibrio sino que éste será bajo a niveles pequeños de biomasa, más alto en valores intermedios y, contrariamente a lo que se podría pensar, será bajo a niveles altos de biomasa puesto que la tasa de crecimiento de ésta desciende al acercarnos a la biomasa máxima. Conseguir la producción o captura en equilibrio (Y_E) puede ser interesante en la explotación de una población puesto que la biomasa no cambiará con el tiempo. La máxima Y_E o *MSY* (del inglés «*M*aximum *S*ustainable *Y*ield») se obtendrá cuando la biomasa del stock alcance un valor para el cual la tasa de renovación natural sea máxima.

En un stock explotado:

$$\left[\left(\frac{1}{B}\right)\left(\frac{dB}{dt}\right)\right] = f(B) - F$$

donde $f(B)$ es la tasa relativa de crecimiento natural de la biomasa y
F la tasa relativa de biomasa que se extrae por la explotación.

Durante un Δt en que F sea constante, entonces:

$$\left[\left(\frac{1}{B}\right)\left(\frac{dB}{dt}\right)\right] = f(B_m) - F$$

donde B_m es la biomasa media durante Δt.

De la expresión anterior se deduce que:

$$\Delta B = f(B_m)\, B_m \Delta t - F(B_m)\, \Delta t$$

en el equilibrio $B_1 = B_2$ ó $\Delta B = 0$, de donde:

$$f(B_m) = F \quad \text{y} \quad Y_E = F(B_m)\, \Delta t$$

como $F = qf$ (q = coeficiente de capturabilidad; f = esfuerzo de pesca) entonces si $\Delta t = 1$

$$Y_E = qf(B_m)$$

Si definimos la captura en equilibrio por unidad de esfuerzo como

$$U = Y_E / f$$

entonces

$$U_m = q\, B_m$$

Se podrá así expresar las condiciones de equilibrio en función de las capturas por unidad de esfuerzo (CPUE). Las capturas y el esfuerzo, son por tanto, los únicos datos necesarios para aplicar los modelos globales. La viabilidad y precisión de estos modelos depende de los datos de partida. Generalmente se precisan bastantes años (más de diez) de buenas estadísticas de capturas y esfuerzos de una pesquería para que el modelo se ajuste a la realidad y las predicciones sean adecuadas. Además, frecuentemente, algunas de las conjeturas en que se basan estos modelos no se cumplen, lo que invalida en buena medida los resultados.

13.2.2 LOS MODELOS

Para la aplicación de los modelos globales se requiere conocer la captura en peso (Y) y el esfuerzo (f) o la CPUE (U) de cada año durante un periodo largo. El caso más corriente es que se conozca *Y* para todas las artes de una pesquería y *U* para una muestra de la flota.

La primera operación de este análisis consiste en averiguar la relación entre *U* y *f*. Esta relación normalmente es de dos tipos: lineal (Fig. 13.2.3) o curvilínea (Fig. 13.2.4). En el primer caso la expresión es una recta de pendiente negativa:

$$U = a - bf \qquad (1)$$

en el segundo es una función exponencial también de pendiente negativa

$$U = a\, e^{-bf} \qquad (2)$$

Considerando que la relación sea lineal, se deduce el modelo de Schaefer (1954, 1957), aplicado por el autor a las pesquerías de túnidos del Pacífico oriental. Multiplicando la expresión (1) por *f* tendremos:

$$Uf = Y = af - bf^2$$

que es la ecuación de una parábola que pasa por el origen (Fig. 13.2.5). La Producción Máxima Sostenible (*MSY*) se alcanzará cuando el esfuerzo de pesca sea la mitad del esfuerzo que extingue la población, es decir, cuando $MSY = a^2/4b$. Producción Maxima Sostenible nos parece la traducción más

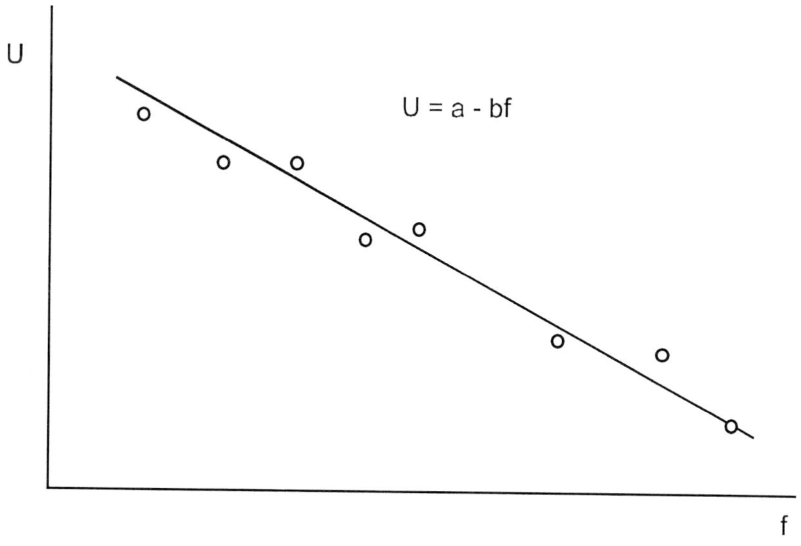

Figura 13.2.3 Relación lineal entre el esfuerzo de la pesca (*f*) y la captura por unidad de esfuerzo (*U*).

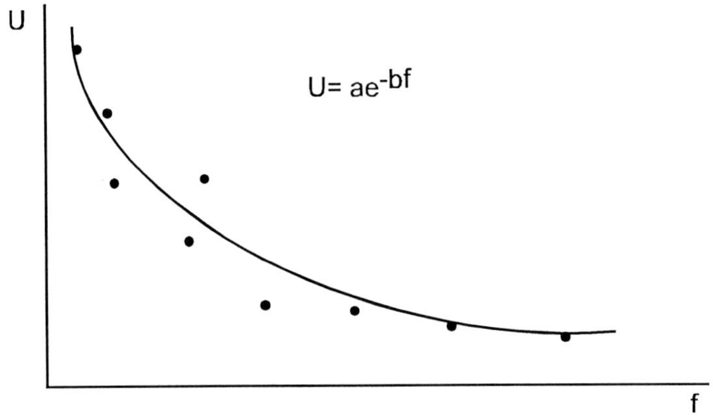

Figura 13.2.4 Relación exponencial negativa entre el esfuerzo de pesca (*f*) y la captura por unidad de esfuerzo (*U*).

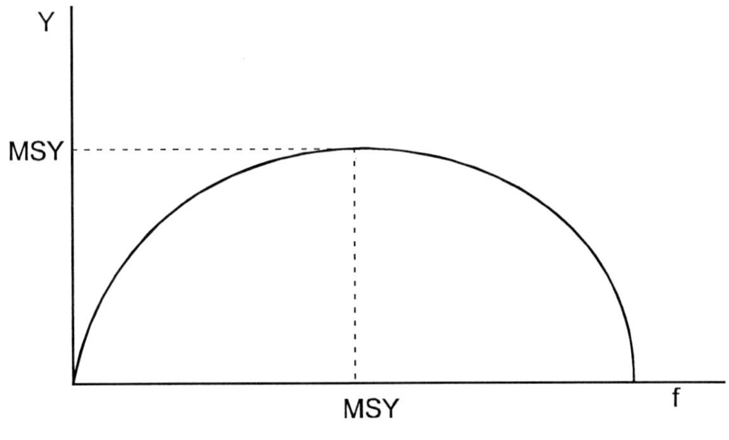

Figura 13.2.5 Relación entre el esfuerzo de pesca (*f*) y la producción (*Y*). *MSY*: esfuerzo de pesca en el momento de la Producción Máxima Sostenible (*MSY*). Modelo de SCHAEFER.

correcta del termino inglés Maximum Sustainable Yield (*MSY*), que muchas veces se ha traducido al español como Rendimiento Máximo Sostenible. El esfuerzo de pesca en este punto ($f_{MSY} = a / 2b$) será el esfuerzo teóricamente óptimo para extraer de la pesquería la máxima captura en equilibrio (*MSY*).

Garrod (1969) y Fox (1970, 1974) trabajaron en el caso de que la relación entre *U* y *f* fuese del tipo (2), dando lugar al modelo exponencial.

Multiplicando (2) por f

$$Uf = Y = a\,f\,e^{-bf}$$

que es la ecuación de una curva en domo más o menos acentuado (Fig. 13.2.6). Naturalmente, la relación entre U y f puede ser diferente de los dos casos citados. Pella y Tomllison (1969) propusieron un modelo general de producción (Genprod) válido para cualquier tipo de relación entre esos dos parámetros (Fig. 13.2.7), que es:

$$U = (U_{\infty}^{\ m-1} - bf)^{1/m-1}$$

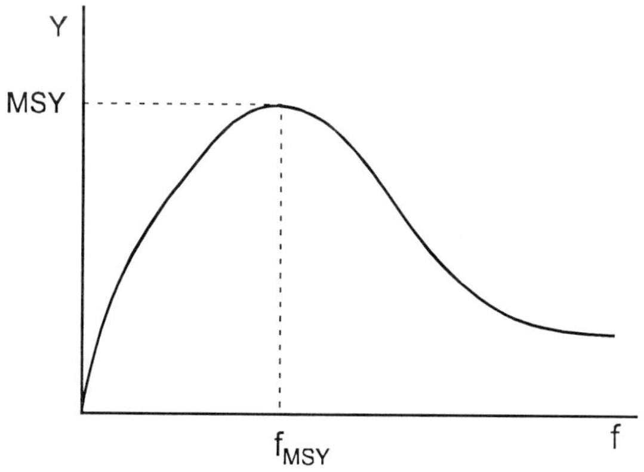

Figura 13.2.6 Relación entre el esfuerzo de pesca (f) y la producción (Y). Modelo de Fox.

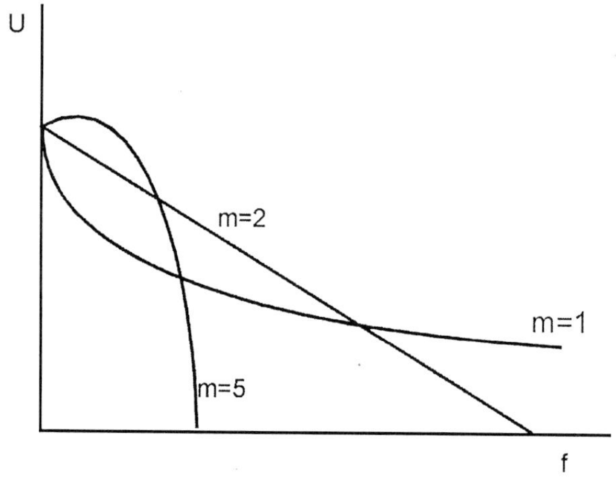

Figura 13.2.7 Diferentes relaciones entre el esfuerzo de pesca (f) y la captura por unidad de esfuerzo (U). Modelo GENRPROD.

Multiplicando la expresión anterior por *f*

$$Uf = Y = f\,(U_{\infty}^{\,m-1} - bf)^{1/m-1}$$

Este modelo no tiene solución directa y el parámetro *m* debe ser calculado por iteración. Presenta la particularidad de que cuando *m* = 2 se obtiene el modelo de Schaefer y cuando *m* vale 1 se obtiene el modelo de Fox. Para cada valor de *m* se obtiene un tipo de curva diferente (Fig. 13.2.8).

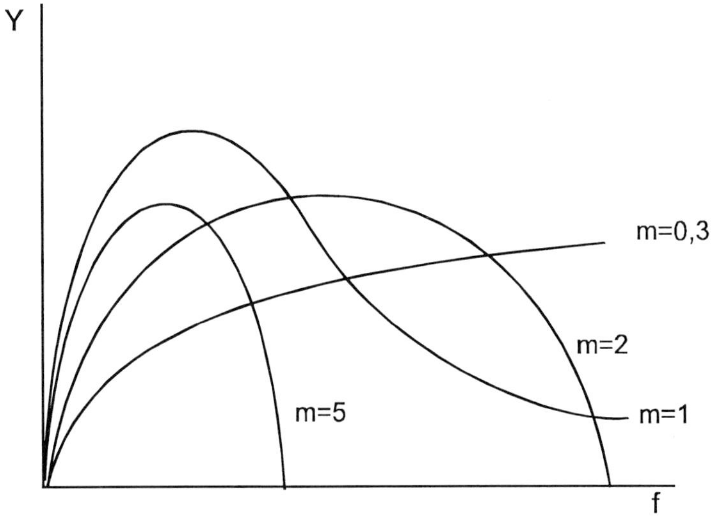

Figura 13.2.8 Relaciones entre el esfuerzo de pesca (*f*) y la producción (*Y*) para diferentes tipos de relaciones entre *f* y *U*. Modelo Genprod.

13.2.3 SITUACIONES DE NO EQUILIBRIO

En general, en las pesquerías no se dan condiciones de equilibrio, lo que invalida el uso de los modelos de producción como algo más que una primera aproximación inexacta al estado de la misma.

Para el estudio de pesquerías en las que no existen condiciones de equilibrio se han propuesto varias aproximaciones. La más sencilla es la de Gulland (1969). De acuerdo con esta aproximación, la CPUE –correspondiente a cualquier periodo de tiempo– está relacionada con la captura en el periodo en cuestión así como con los niveles de esfuerzo ejercidos los años anteriores. Esto se debe a que las clases anuales de que se compone la captura cooperan en ésta durante tantos años como dure la fase explotada. Así, una especie que se reclute a los 2 años y sufra los efectos de la explotación hasta los 8 años tiene una fase de explotación de 6 años. La abundancia relativa de una clase anual es función de la explotación en años anteriores. Con ello se quiere decir que la abundancia de un grupo de clases anuales presentes en la pesquería está relacionada con alguna media ponderada de los esfuerzos de pesca aplicados en años anteriores. Gulland (1969) sugiere que esta media sea calculada para un periodo que equivalga a la mitad de los años que dura la fase explotada de una población. En el ejemplo anterior, de una duración de la fase explotada de 6 años, el esfuerzo promedio aplicado sería el del año actual más el de los dos años anteriores (la media de los tres años). De este modo, la gráfica de la CPUE frente al esfuerzo promedio es lo suficientemente próxima a la de la CPUE frente al esfuerzo en estado de equilibrio. Otra posible manera de realizar la ponderación de los esfuerzos es del tipo:

$$f_{1987} = \frac{f_{1984} + 2f_{1985} + 3f_{1986} + 4f_{1987}}{10}$$

Otra aproximación puede realizarse cuando la pesquería ha permanecido bajo esfuerzo constante durante un largo periodo y suponiendo que ha alcanzando el estado de equilibrio. Si se dispone de datos de al menos dos de estos periodos se pueden ajustar directamente las ecuaciones de los modelos de producción mediante la resolución de un sistema de dos ecuaciones (o más) y dos incógnitas.

13.2.4 REGULACIÓN DE PESQUERÍAS BASADAS EN MODELOS DE PRODUCCIÓN

Todos los modelos de producción admiten calcular el esfuerzo óptimo y, por tanto, permiten recomendar medidas para que el esfuerzo de pesca ejercido se adecúe a dicho esfuerzo o a un esfuerzo «prudente». El esfuerzo prudente consiste en reducir el esfuerzo óptimo en una proporción subjetiva para evitar el riesgo de sobrepesca por errores en la evaluación. El más empleado es el $f_{2/3}$ que corresponde a los dos tercios del esfuerzo óptimo. En cambio, los modelos globales no proporcionan criterios para aplicar un cambio en la selectividad de las artes, para lo que son más adecuados los modelos de rendimiento por recluta.

Una particularidad de la limitación del esfuerzo es el establecimiento de límites al rendimiento (sistema de cuotas). Para ello hay que calcular la captura más adecuada para que la pesquería tienda a acercarse al MSY. Este cálculo no se puede hacer directamente a partir de las figuras del modelo. En cualquier caso, es muy conveniente conocer cuál puede ser la captura en peso que podría extraerse sin riesgo para el stock explotado al año siguiente. Éste es el concepto de Total Admisible de Captura (*T*otal *A*llowable *C*atch, *TAC*) o cuota. Si para una pesquería sobreexplotada se establece un TAC equivalente al *MSY*, como la biomasa no se encuentra en el punto de máximo crecimiento, se producirá una reducción de la biomasa del stock y, por tanto, nos alejaremos del *MSY* en vez de acercarnos a él.

El TAC puede calcularse de forma sencilla mediante el método gráfico que se describe a continuación en la Figura 13.2.9.

1 Se parte de la curva que relaciona el esfuerzo de pesca (*f*) con la producción o captura en peso (*Y*).
2 Se determina el punto correspondiente al último año en la pesquería (1986 en este caso).
3 Se traza la línea recta que une ese punto con el origen.
4 El punto donde esa recta corte la vertical que corresponde al esfuerzo óptimo es el valor del TAC. Si se desea un TAC más conservador se puede utilizar el punto (*m*) donde dicha recta corte la vertical del $f_{2/3}$.

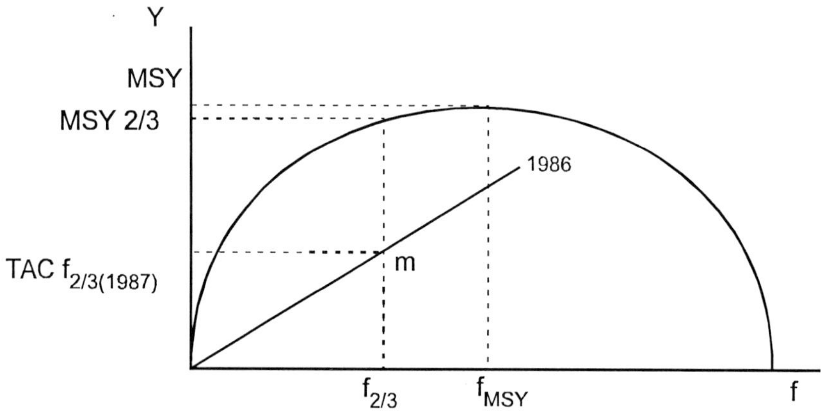

Figura 13.2.9 Cálculo gráfico del Total Admisible de Captura (TAC). Véase explicación en el texto.

13.2.5 VENTAJAS E INCONVENIENTES DE LOS MODELOS DE PRODUCCIÓN

Los modelos de producción (como cualquier otro modelo de evaluación de pesquerías) presentan ventajas e inconvenientes que deben conocerse antes de su utilización.

Ventajas:

- Requieren menos datos que los modelos analíticos y por tanto se pueden aplicar a muchas pesquerías en las que los estudios previos no permiten el uso de esos modelos.
- Pueden proporcionar una idea rápida del estado en el que se encuentra el stock.
- Teóricamente son aplicables a pesquerías multiespecíficas. Existen pesquerías en las que la captura está formada por un conjunto de especies muy numeroso en el que no resulta posible efectuar evaluaciones o recomendaciones independientes para cada una de las especies, como ocurre en muchas pesquerías tropicales. Para resolver este problema se puede suponer que la biomasa del stock multiespecífico crece de acuerdo a la función logística y entonces se ajusta un modelo de producción a la captura y esfuerzo totales. Es necesario que las relaciones entre las capturabilidades de los distintos stocks se mantengan constantes (veáse el apartado 13.6).

Inconvenientes:

- Suponen que la capacidad de carga del ecosistema es constante, pero, en general, ésta puede variar por cambios en la disponibilidad de alimento o por alteraciones en el área disponible (calentamiento o enfriamiento del ambiente, destrucción o ampliación del hábitat, etc.).
- Suponen condiciones de equilibrio.
- Consideran que los datos de captura y esfuerzo proceden de una misma unidad de población.
- Presuponen que la CPUE es un índice de la abundancia (B) y que el esfuerzo es un índice de la mortalidad por pesca de la población, lo que implica que la capturabilidad sea constante.
- Suponen que la tasa de crecimiento de la biomasa es independiente de la estructura de edad de la población. Las variaciones en esta estructura introducidas por la pesca tienden a ser anuladas por la población recuperando su estructura estable.
- Presuponen que no existen retrasos en el tiempo de respuesta de la población a cambios de su abundancia.
- Distintos modelos dan evaluaciones diferentes.

Ejemplo 13.2.1

Modelos globales

La captura de langosta (*Palinurus elephas*) entre 1940 y 1969 y el esfuerzo aplicado durante ese mismo periodo en el Mediterráneo Balear fueron los que se exponen en las columnas B y C de la Tabla 13.2.1 (Masutí, 1973).

Considerando que la fase de explotación de la langosta es de 6 años, calcular la relación entre la captura por unidad de esfuerzo (U) y el esfuerzo (f) para el modelo de Schaefer y el de Fox. Deducir cuál de los dos se ajusta mejor a los valores observados. Aplicando ambos modelos, estimar la captura óptima, el esfuerzo óptimo, el esfuerzo $\frac{2}{3}$ del anterior y la captura al $f_{2/3}$ en ambos casos. Deducir el Total Admisible de Captura (TAC) para 1970 según ambos modelos.

En primer lugar se procede a calcular el esfuerzo ponderado por la expresión

$$f_i = \frac{f_i + f_{i-1} + f_{i-2}}{3}$$

Los resultados se exponen en la columna D de la Tabla 13.2.1.

Después se estiman las capturas por unidad de esfuerzo ponderado para cada año (columna E), y su logaritmo natural (columna F).

Para Schaefer,

$$U = a - bf$$

Calculando a y b por mínimos cuadrados se obtiene:

$$a = 0{,}1165;\ b = 0{,}0000667$$

y

$$r = 0{,}4378;\ U = 0{,}1165 + 0{,}0000667\,f$$

Para Fox,

$$U = a\,e^{-bf} \quad \text{ó} \quad \ln U = -bf + \ln a$$

La ecuación de esta recta es:

$$\ln U = 0{,}00197\,f - 1{,}39;\ r = 0{,}583$$

El coeficiente de correlación (r) nos indica que el modelo de Fox se ajusta mejor a los datos que el de Schaefer.

Una vez calculadas las relaciones entre U y f, se procede a estimar la ecuación de la parábola simétrica (Schaefer).

$$Y = Af - Bf^2 \quad \text{ó} \quad C = Ao + Af + Bf^2 \quad \text{siendo} \quad N = 29 - 1 = 28$$

Esta ecuación se obtiene fácilmente con un programa de ordenador, pero aquí, por motivos didácticos, se hará paso a paso y manualmente (pág. 152).

Tabla 13.2.1 Datos de partida y cálculos de la pesca de langosta en el Mediterráneo Balear.

A	*B*	*C*	*D*	*E*	*F*
Año	*Captura(tm)*	*Esfuerzo(cv)*	*Esfuerzo ponderado*	*U(tm/cv. año)*	ln *U*
1940	82,3	767	–	0,10	–2,30
1941	82,9	767	–	0,10	–2,30
1942	128,9	770	768	0,16	–1,83
1943	94,6	781	762,67	0,12	–2,12
1944	71,3	844	798,33	0,08	–2,53
1945	71,4	860	828,33	0,08	–2,53
1946	35,6	893	865,67	0,04	–3,22
1947	35,4	895	882,67	0,03	–3,53
1948	38,7	968	918,67	0,04	–3,22
1949	33,1	1.007	956,67	0,03	–3,53
1950	19,2	1.023	999,33	0,01	–4,61
1951	24,0	1.033	1.021	0,02	–3,91
1952	41,5	1.068	1.041	0,05	–3,00
1953	38,4	1.084	1.061,67	0,03	–3,53
1954	51,3	1.084	1.078,67	0,04	–3,22
1955	73,9	1.114	1.104	0,06	–2,81
1956	45,2	1.250	1.159,30	0,03	–3,53
1957	12,6	1.288	1.227,30	0,009	–4,71
1958	10,1	1.341	1.293	0,007	–4,96
1959	12,8	1.425	1.351,30	0,009	–4,71
1960	16,5	1.463	1.409,67	0,01	–4,61
1961	18,4	1.480	1.456	0,01	–4,61
1962	13,8	1.536	1.493	0,009	–4,71
1963	14,1	1.570	1.528,60	0,009	–4,71
1964	15,7	1.617	1.574,30	0,01	–4,61
1965	22,7	1.784	1.657	0,01	–4,61
1966	26,7	1.829	1.743,30	0,01	–4,61
1967	31,4	1.967	1.860	0,01	–4,61
1968	32,7	1.980	1.925,33	0,01	–4,61
1969	28,2	1.980	1.975,67	0,01	–4,61

$\Sigma f = 34.750{,}67$ $\Sigma f^2 = 46.786.682{,}08$ $\Sigma f^3 = 67.824.159.800$

$\Sigma c = 1.061{,}20$ $\Sigma c^2 = 61.040{,}06$ $\Sigma f^4 = 104.609.312.700.000$

$\Sigma fc = 1.161.465{,}26$ $\Sigma f^2 c = 982.468{,}65$

$$\left.\begin{array}{l}\sum c = A_o N + A\sum f + Bf^2 \\ \sum fc = A_o \sum f + \sum f^2 + B\sum f^3 \\ \sum f^2 c = A_o \sum f^2 + A\sum f^3 + B\sum f^4\end{array}\right\}$$

Como se desea que la parábola pase por el origen de coordenadas, entonces

$$A_o = 0$$

Sustituyendo los valores de cada parámetro en las tres ecuaciones y resolviendo el sistema se obtiene que $A = 0{,}102$ y $B = 0{,}00004885$.

Por lo tanto,

$$Y = 0{,}102 - 0{,}00004885\, f^2 \text{ con } r = -0{,}42;\; r^2 = 0{,}18;\; p < 0{,}05$$

La ecuación de Fox $C = A' fe^{-B'f}$ es más difícil de calcular manualmente. La estimación de A' y B' mediante un programa de ordenador, después de linealizar esta ecuación, proporcionó los siguientes resultados:

$$A' = 0{,}2319;\; B' = 0{,}00175;\; r = -0{,}76;\; r^2 = 0{,}58;\; p < 0{,}01$$

y por lo tanto, $Y = 0{,}2319\, fe^{-0{,}00175f}$. En las Figuras 13.2.10 (a y b) se muestran gráficamente estos resultados.

Para Schaefer,

Esfuerzo óptimo (f_{MSY}) = 1.050 cv $f_{2/3} = 700$ cv

Producción máxima sostenible (MSY) = 54 tm $Y_{2/3} = 47$ tm

TAC = 10 tm

Para Fox,

$f_{MSY} = 574$ cv $f_{2/3} = 383$ cv

MSY = 49 tm $Y_{2/3} = 45$ tm

TAC = 5 tm

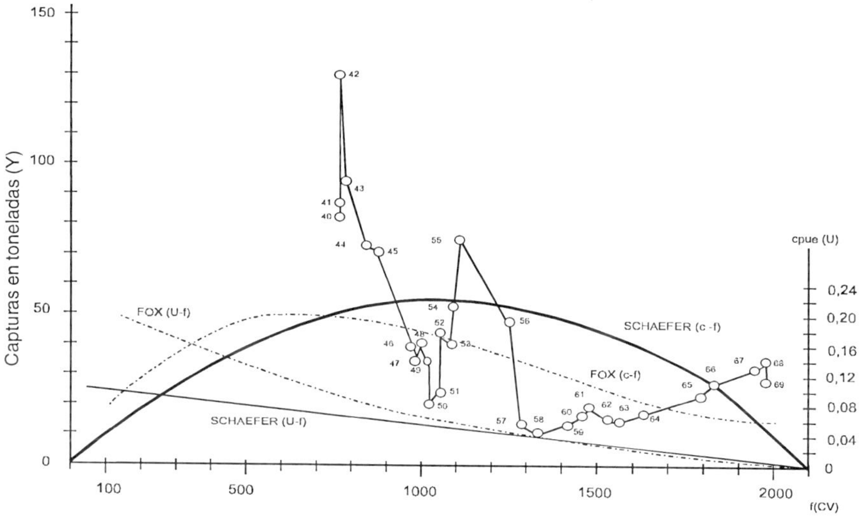

Figura 13.2.10(a) Langosta *(Palinurus elephas)* del Mediterráneo balear. Capturas por unidad de esfuerzo (*U*) desde 1940 hasta 1969 y aplicación de los modelos de SCHAEFER y FOX.

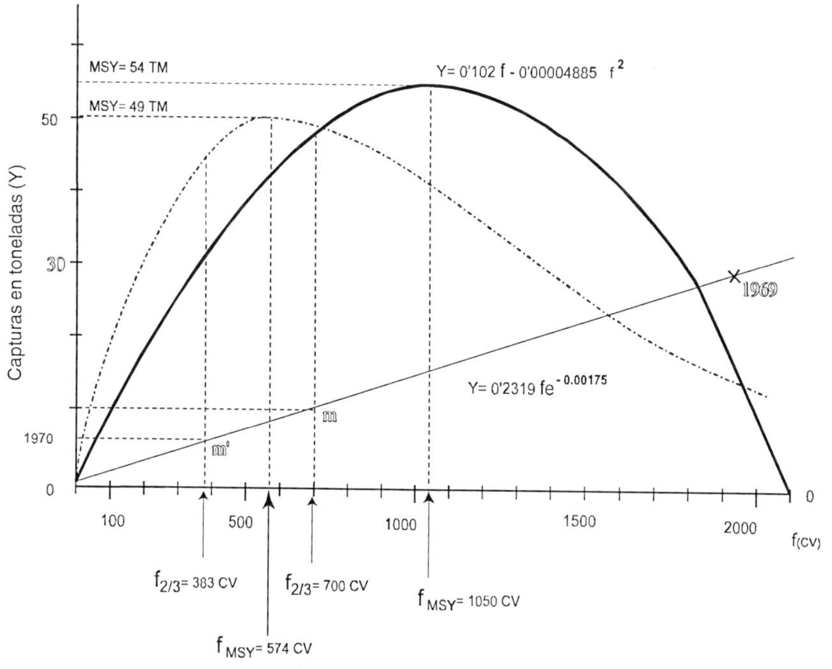

Figura 13.2.10(b) Langosta *(Palinurus elephas)* del Mediterráneo balear. Estimaciones de la captura o producción máxima y del TAC para 1970 al $f_{2/3}$ según los modelos de SCHAEFER y FOX.

13.3 MODELOS ANALÍTICOS O ESTRUCTURALES

13.3.1 INTRODUCCIÓN

El efectivo de una población o stock explotado puede considerarse como un equilibrio entre ganancias y pérdidas, sin considerar inmigración y emigración:

$$\Delta B = (R + G) - (M + F)$$

ΔB, o cambio en biomasa de la población, es la biomasa inicial del stock explotado menos la biomasa en un momento posterior cualquiera. El reclutamiento (R) compensa en número las pérdidas por mortalidad natural (M) y mortalidad por pesca (F) y la combinación del reclutamiento y del crecimiento (G) de los supervivientes equilibra las pérdidas en peso por la mortalidad.

Mientras las tasas de reclutamiento, de crecimiento y de mortalidad permanezcan constantes, la población estará en equilibrio y proporcionará año tras año unas capturas anuales en peso y composición demográfica constantes. Sin embargo, en la práctica esta situación de equilibrio apenas se da. Si, por ejemplo, aumenta la tasa de explotación sin que varíen R y M, el stock se reequilibrará después de cierto tiempo, pero ahora a un nivel nuevo en el cual el stock y las capturas tendrán pesos efectivos y estructura demográfica diferentes al inicial.

En el caso de los modelos analíticos o estructurales se pretende conocer la dinámica de la pesquería a partir de un examen detallado de cada uno de los parámetros de la ecuación anterior, lo que requiere una gran cantidad de información, de manera que estos modelos tienen aplicación rigurosa en pocas pesquerías.

Existen dos aplicaciones diferentes que realizan los modelos analíticos: estudiar los cambios que sufre una población en biomasa (modelos de producción o rendimiento por recluta) y estudiar los cambios en el número de individuos (análisis de la población virtual y métodos relacionados).

13.3.2 MODELOS DE PRODUCCIÓN O RENDIMIENTO POR RECLUTA

Supongamos que se tiene una cohorte o clase anual en el momento del reclutamiento, constituida por pocos individuos de escaso peso. A continuación tendrán efecto dos procesos que harán variar la biomasa de la clase anual, uno constructivo de ritmo decreciente (el crecimiento), y otro destructivo aproximadamente constante (la mortalidad natural). Al principio, como el crecimiento es intenso, el balance entre ambos procesos se resolverá en favor de un aumento de la biomasa de la cohorte. Pero este incremento será cada vez menor hasta llegar a un momento de equilibrio, en el que la biomasa permanecerá constante. Después, se entrará en una fase en que el peso de los individuos que mueren será mayor que el incremento de los que viven y la biomasa de la cohorte irá decreciendo hasta que muera el último individuo.

Si se dispusiese de un método de pesca que permitiese capturar en un momento dado toda una clase anual, para obtener la mayor producción se debería elegir aquél en que la biomasa hubiese alcanzado el nivel máximo, que correspondería a una edad crítica determinada. Esto puede realizarse fácilmente si el stock está confinado en un estanque, pero en una pesquería, una clase anual no se pesca en un instante sino en un periodo más o menos largo. Cuanto más breve sea ese periodo, o, lo que es lo mismo, cuanto mayor sea la intensidad de pesca, tanto más se podrá concentrar la explotación en el momento de mayor biomasa. Por tanto, la edad de captura óptima será cuando la biomasa alcance su valor máximo. Será muy conveniente entonces que la edad de primera captura coincida con ella. De lo expuesto se deduce que la producción o rendimiento de una pesquería está estrechamente relacionado con la edad de primera captura y con la mortalidad por pesca, que genera el esfuerzo pesquero (Figs. 13.3.1 y 13.3.2).

Hablar de edad de primera captura es hacerlo de talla de primera captura y, por lo tanto, también de selectividad de artes de pesca. Hablar de mortalidad por pesca es hacerlo de tasas de explotación, que implican un esfuerzo

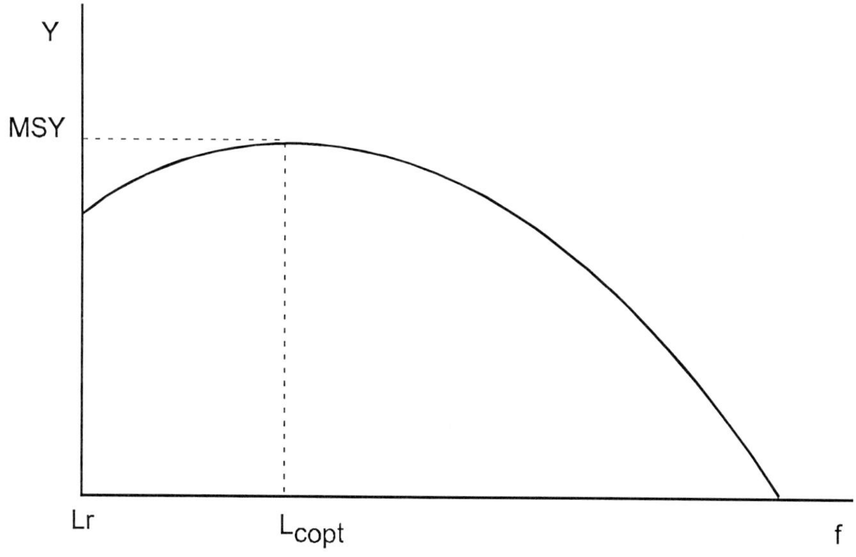

Figura 13.3.1 Producción (*Y*) de una pesquería. *MSY* = producción máxima sostenible; *f* = esfuerzo de pesca; L_{copt} = talla de captura óptima; L_r = talla de reclutamiento.

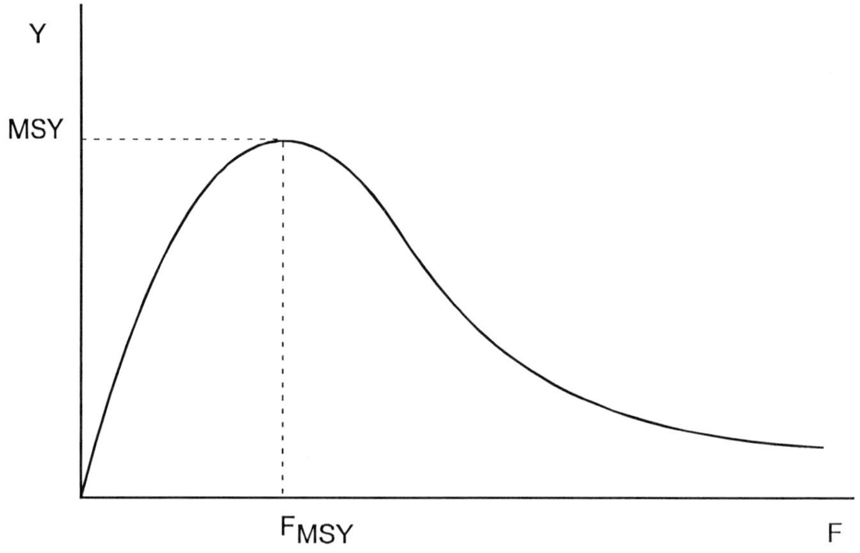

Figura 13.3.2 Producción (Y) de una pesquería. MSY = producción máxima sostenible; F = mortalidad por pesca; F_{MSY} = mortalidad óptima de pesca o mortalidad por pesca a la producción máxima sostenible.

de pesca. De aquí que estos modelos tengan una aplicación muy directa en la ordenación o gestión de una pesquería. Por ello también que necesiten mucha precisión, ya que la aplicación de las medidas de ordenación surgidas de estas evaluaciones producen inconvenientes reales a los pescadores a corto plazo, incluso pérdidas, para conseguir beneficios a más largo plazo. Efectivamente, si después de analizar una pesquería se decide que hay que aumentar el tamaño de las mallas, al principio las capturas disminuirán, para aumentar posteriormente cuando aquellos peces pequeños que se dejaron de pescar crezcan y se hagan vulnerables a las nuevas mallas. No siempre la disminución inicial de capturas supone pérdidas económicas para los pescadores, porque puede suceder que los pescados se vendan a mejor precio, ya sea porque aumente la demanda o porque sean de mayor tamaño.

Una característica fundamental de estos modelos es que la producción o rendimiento anual es directamente proporcional al nivel anual del reclutamiento. Gracias a esta característica, para determinar el sentido y la amplitud de las variaciones que experimentan la biomasa del stock y la cuantía de las capturas debido a la tasa de explotación, a la mortalidad por pesca y a la edad de primera captura, no es indispensable conocer el nivel del reclutamiento; basta simplemente con hallar a qué valores de estos parámetros corresponde la producción o rendimiento máximo, cualquiera que sea el número de reclutas. En otros términos, maximizar la producción por recluta equivale a maximizar la producción del stock, y esto aunque el reclutamiento fluctúe de un año para otro.

Es necesario subrayar, sin embargo, que las conclusiones no serán válidas más que en la medida en que la hipótesis básica de partida del modelo se cumpla. Esta hipótesis es que el nivel de reclutamiento, la tasa de mortalidad natural y el modelo de crecimiento sean independientes de la biomasa y de la estructura demográfica del stock explotado, condición que no siempre se satisface.

13.3.2.1 El modelo de Beverton y Holt

El modelo analítico más general y más flexible se debe a Ricker (1949). En él no se tiene en cuenta ninguna suposición relativa al crecimiento. Se trata de un modelo empírico matemáticamente sencillo pero que se ha aplicado poco en pesquerías por lo tedioso de sus cálculos.

El modelo más conocido en Biología Pesquera es el de «Producción o Rendimiento por recluta» de Beverton y Holt (1957). Este modelo asume que los parámetros del crecimiento son las constantes de la función de von Bertalanffy (FCVB), introduciéndose en el modelo además M, F, R y las edades de reclutamiento al área (t_r) y de primera captura (t_c). Una condición básica de este modelo es la isometría del crecimiento de los peces ($W = a L^3$), lo cual no se cumple estrictamente en ninguna especie, pero que no produce sesgos importantes si no hay desviaciones muy grandes de la isometría después del reclutamiento. Otros presupuestos de este modelo son:

(a) el reclutamiento es constante y se produce de forma instantánea;
(b) todos los organismos de una cohorte nacen en la misma fecha;
(c) M y F son constantes desde el momento de entrada en la fase de explotación; y
(d) dentro del stock los individuos están completamente mezclados.

La historia de la vida de una cohorte cualquiera según el modelo de Beverton y Holt sería como se ilustra en la Figura 13.3.3.

A la edad del reclutamiento al área todos los organismos pertenecientes a una cohorte dada se reclutan al área de pesca al mismo tiempo, es decir, el reclutamiento es a «filo de cuchillo». Cuando se comienza a pescar, se supone que todos los peces de la cohorte están súbita y totalmente expuestos a la mortalidad por pesca, o que la selectividad es también a filo de cuchillo. Entre la edad del reclutamiento al área y la de primera captura la disminución de efectivos de la población desde los reclutados al área ($R = N(t_r)$) a los capturados $N(t_c)$ sólo afecta la mortalidad natural (M), porque se supone que todos los peces de talla inferior a la de primera captura escapan de las ma-

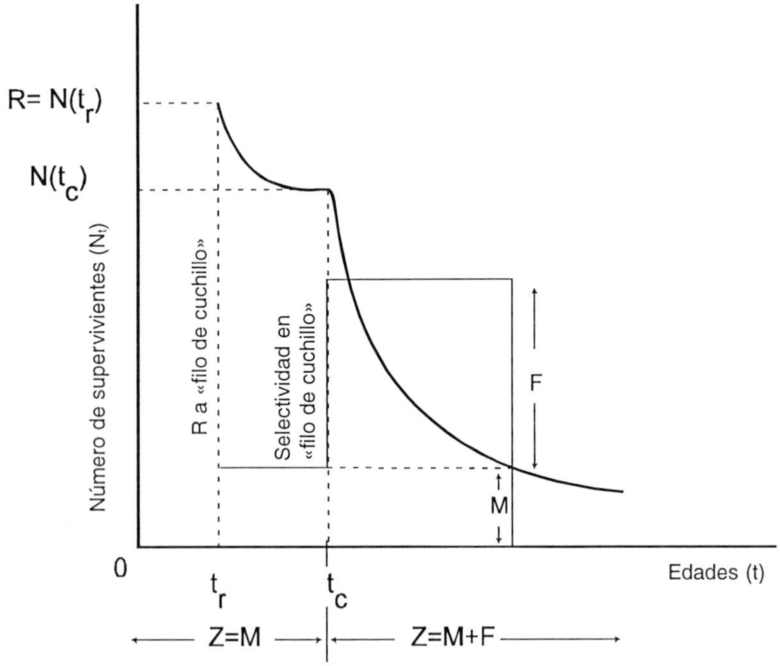

Figura 13.3.3 Historia de la supuesta vida para una cohorte cualquiera según el modelo de BEVERTON y HOLT. Véase explicación en el texto.

llas. A partir de la talla de primera captura, el número de supervivientes disminuye afectado por la mortalidad natural y la de pesca ($Z = F + M$).

El número de supervivientes a la edad de primera captura, $t_{c,}$ es:

$$N(t_c) = Re^{[-M(t_c - t_r)]}$$

El número de supervivientes a cualquier edad $t > t_c$ será entonces:

$$N(t) = N(t_c)e^{[-(M+F)(t-t_c)]} = Re^{[-M(t_c-t_r)-(M+F)(t-t_c)]}$$

La fracción del reclutamiento R que sobrevive hasta la edad t se obtiene dividiendo ambos términos de esa ecuación por R, obteniéndose:

$$\frac{N(t)}{R} = e^{[-M(t_c-t_r)-(M+F)(t-t_c)]}$$

Esta nueva ecuación proporciona el número de peces en el tiempo *t* por recluta, es decir, la fracción de número de individuos que se reclutó a la pesquería.

Para derivar la expresión matemática del modelo de Beverton y Holt se parte de la conocida ecuación de captura:

$$C_{(t,t+\Delta t)} = \Delta t F N(t)$$

$$Y_{(t,t+\Delta t)} = \Delta t F N(t) W(t)$$

Multiplicando el segundo término por el peso de un pez de *t* años (W_t), del modo que se definió en la ecuación de crecimiento de von Bertalanffy, se obtiene la producción, siendo entonces la producción por recluta

$$\frac{Y_{(t,t+\Delta t)}}{R} = F\frac{N_{(t)}}{R} W(t)\Delta t$$

Ecuación a partir de la cual se obtiene la expresión fundamental de este modelo:

$$\frac{Y}{R} = FW_{\infty}e^{-M(t_c-t_r)}\sum_{n=0}^{3}\frac{\Omega_n e^{-nK(t_c-t_o)}}{F+M+nK}\left[1-e^{-(F+M+nK)(t_{\lambda}-t_c)}\right]$$

ó

$$\frac{Y}{R} = FW_{\infty}e^{-M(t_c-t_r)}\sum_{n=0}^{3}\frac{\Omega_n e^{-nK(t_c-t_o)}}{F+M+nK}$$

usando la notación de Holt (1960).

Siendo, Y/R la producción o captura en peso por recluta,
F el coeficiente instantáneo de mortalidad por pesca,
W_{∞} el peso asintótico según la ecuación de crecimiento de von Bertalanffy,
t_c la edad de primera captura,
t_r la edad del reclutamiento anual,
K y t_0 constantes de la ecuación de crecimiento de von Bertalanffy, y
t_{λ} la edad límite de vida.
Ω_n toma los valores 1, –3, +3 y –1, que son los coeficientes de una diferencia elevada al cubo cuando n = 0, 1, 2 y 3.

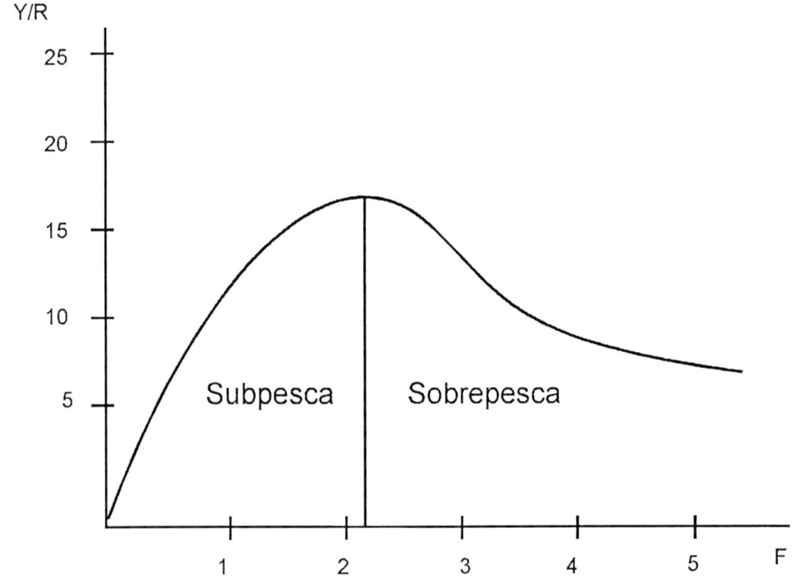

Figura 13.3.4 Resultado de la evolución de un stock explotado utilizando el modelo de producción por recluta (*Y/R*) de Beverton y Holt en función de la mortalidad por pesca (*F*).

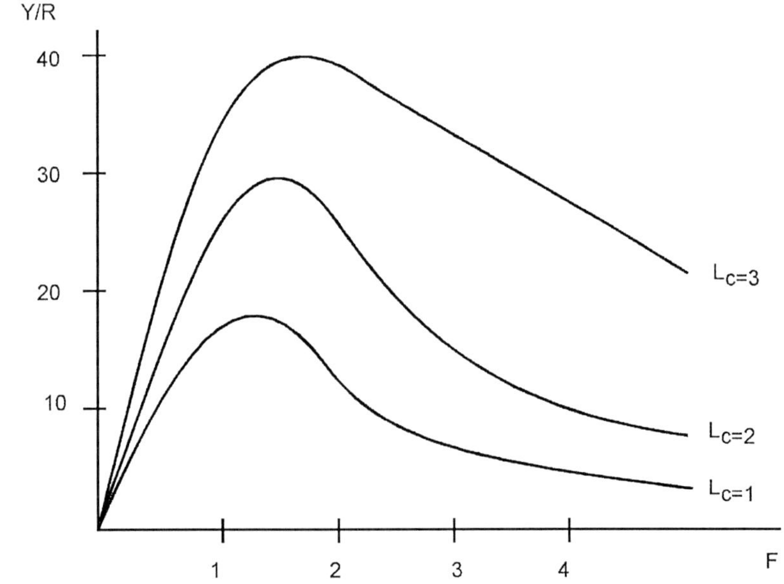

Figura 13.3.5 Variación de la producción por recluta (*Y/R*) en función de la mortalidad por pesca (*F*) modificándose la talla de primera captura (L_c).

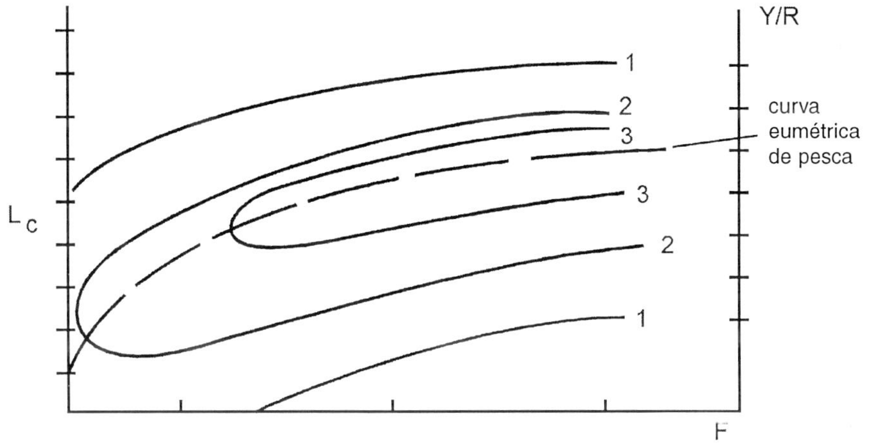

Figura 13.3.6 Pesca óptima (producción por recluta o *Y/R*) para una serie de situaciones diferentes de mortalidad por pesca (*F*) y de talla de primera captura (L_c).

Se pueden construir curvas que relacionan la producción por recluta *Y/R* con la mortalidad por pesca (Fig. 13.3.4) y también con la talla de primera captura (Fig. 13.3.5). Además, se pueden combinar estas funciones en un modelo de tres dimensiones en el que las curvas son isolíneas de producción (Fig. 13.3.6). Si se toma un punto en el eje de la mortalidad por pesca (*F*), y a partir de ese punto se sigue hacia arriba en una trayectoria vertical (lo que equivale a ir aumentando la talla de primera captura, L_c), la producción aumenta primero hasta alcanzar un máximo, y después desciende. Lo mismo si se parte del eje de las tallas de primera captura siguiendo una trayectoria horizontal (lo que equivale a ir aumentando la mortalidad por pesca manteniendo una misma talla de primera captura o la misma abertura en las mallas). Ya sea siguiendo una trayectoria vertical u horizontal siempre se llega a una cota de producción máxima. Si se trazan los puntos de cotas máximas para una serie de trayectorias verticales y lo mismo se hace con las horizontales, la línea que une dichos puntos constituye la pesca óptima para una serie de situaciones de mortalidad por pesca y de talla de primera captura diferentes. Son las curvas eumétricas de pesca (Fig. 13.3.6).

La técnica de la ordenación pesquera con este modelo consistirá en corregir las condiciones reinantes: bien modificando la mortalidad por pesca, variando el esfuerzo pesquero de alguna forma, o cambiando la talla de primera captura mediante una regulación de las mallas, o ambas a la vez, hasta ubicar la pesca en una de las curvas eumétricas, situación que se denomina pesca eumétrica.

Como la solución de la ecuación anterior requiere cálculos muy prolijos, Beverton y Holt publicaron (1964) unas tablas de producciones relativas, que simplifican el uso del modelo. Estas tablas ofrecen un valor (*Y'*) proporcional a *Y* en función de tres parámetros *E*, *c* y *M*/*K*, donde

$$E = \frac{F}{Z} \qquad \text{y} \qquad c = \frac{L_c}{L_\infty}$$

La aproximación que se obtiene es bastante aceptable en todos los casos. La ecuación simplificada es:

$$Y' = \frac{E(1-c)^{M/K} \sum_{n=0}^{3} \Omega_n (1-c)^n}{\left[1 + \frac{nK}{M}(1-E)\right]}$$

La producción o rendimiento por recluta

$$\frac{Y}{R} = Y' \left[\frac{W_\infty}{\left(\frac{1-L_r}{L_\infty} \right)^{M/K}} \right]$$

El valor de la talla de primera captura (L_c) se puede conocer por medio de la curva de selectividad del arte. Cuando esto no es posible, se recurre a la ecuación de crecimiento de von Bertalanffy siendo (L_c) la talla de la edad de primera captura.

El inconveniente más grave de estos modelos es la gran dificultad para estimar el reclutamiento. En vistas de lo cual, en vez de calcular directamente la producción, lo que se calcula es la producción o rendimiento por recluta (*Y*/*R*), en la confianza de que cuando ésta sea máxima también lo será la producción. O mejor, que la curva de producción en relación con la mortalidad por pesca (*F*) tendrá la misma forma, aunque con diferente escala en ordenadas, que la curva *Y*/*R* en relación con *F*. Si esto es así, entonces todas las conclusiones sobre F_{MSY}, $F_{0,1}$, los estados de sobrepesca y subpesca, deducidos para *Y*/*R* valdrán también para *Y*. Desgraciadamente, cada vez se comprueba más que no se puede tomar el reclutamiento como una variable independiente de la mortalidad por pesca, salvo en algunos grupos de peces como los pleuronectiformes.

Otra de las consideraciones con este modelo es que la forma de la curva *Y/R* sobre *F* varía según sea *M*. Si no existe certidumbre sobre el valor real de *M* habrá que realizar varios ensayos con diferentes valores, adoptando después el que mejor se ajuste a los datos.

13.3.2.2 Producción Máxima Sostenible al $F_{0,1}$

Cuando la curva *Y/R* sobre *F* tiene un domo bien definido (Fig. 13.3.7) es fácil calcular cuál es la Producción Máxima Sostenible (*MSY*) por recluta que se puede obtener de un stock en equilibrio para una determinada talla o edad de primera captura. Pero ocurre a veces que ese domo no se da, y en esos casos (Fig. 13.3.8) es difícil saber cuál es la producción máxima sostenible y a qué mortalidad por pesca corresponde. Un criterio prudente, que se usa mucho en ordenación pesquera, es elegir la *MSY* al $F_{0,1}$. Este valor de *F* es aquel en que la pendiente de la curva es un 10% de su valor inicial. La elección de este valor de *F* se debe a mera prudencia, ya que cuanto mayor sea el *F* elegido más probable será una reducción del reclutamiento y un desfondamiento del stock.

En la Figura 13.3.9 se ilusta cómo se calcula $F_{0,1}$ gráficamente. La curva B tiene una pendiente en el origen representada por la recta OA. Cuando la curva B tenga una pendiente que sea el 10% de la pendiente en el origen, entonces ese punto (*T*) de la curva corresponderá al $F_{0,1}$. Para calcular el 10%

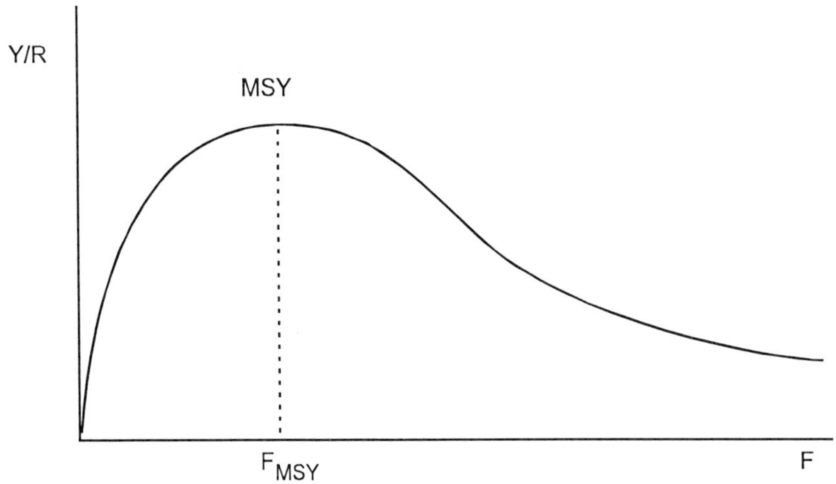

Figura 13.3.7 Producción por recluta (*Y/R*) en función de la mortalidad por pesca (*F*) con un domo bien definido. *MSY:* producción máxima sostenible.

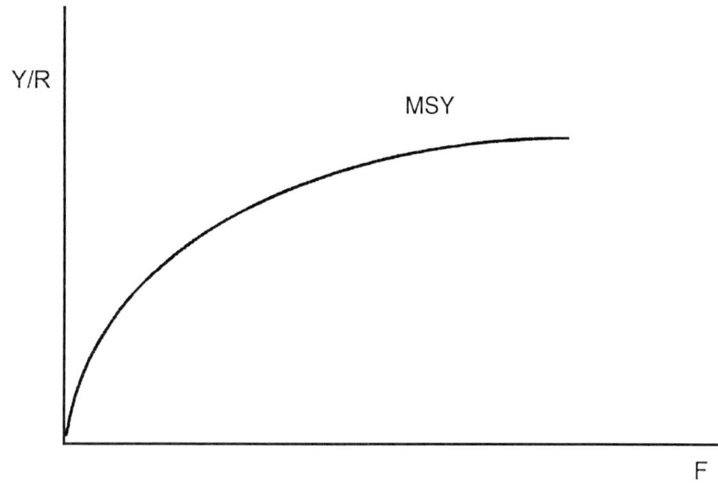

Figura 13.3.8 Producción por recluta (*Y*/*R*) en función de la mortalidad por pesca (*F*) sin domo bien definido. *MSY:* producción máxima sostenible.

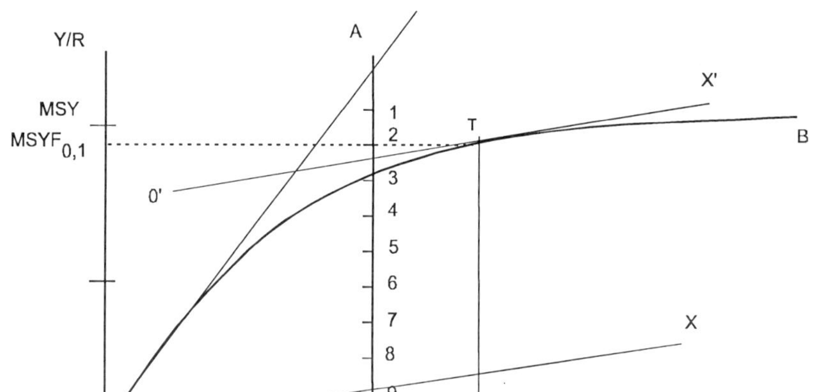

Figura 13.3.9 Cálculo gráfico de $F_{0,1}$. Véase explicación en el texto.

se divide el segmento AB en diez partes iguales, se traza la recta OX que pasa por el valor 10% y luego la O'X'que es paralela a OX, en el punto (*T*) donde O'X' es tangente a la curva B el valor de su abcisa será la $F_{0,1}$.

13.3.2.3 Modelos de biomasa de frezantes por recluta

Cuando se carece de series históricas de datos sobre capturas y esfuerzos y de información sobre la relación entre el stock de frezantes y del reclutamiento, los modelos de producción por recluta (*Y*/*R*) y los modelos de biomasa de frezantes por recluta (*BF*/*R*) son los métodos más apropiados para regular un stock (Butterworth *et al.,* 1989; Punt, 1993; Govender, 1995). Ambos modelos tienen la misma base teórica y los mismos presupuestos.

Diferentes autores han demostrado con bastante rigor que en muchos stocks de peces explotados ha ocurrido un colapso por sobrepesca del reclutamiento cuando la razón *BF*/*R* (Biomasa de frezantes/Reclutas) se redujo por debajo del 20-30% del nivel que existía cuando no había explotación ($F = 0$; % $BS/RF = 0$). Después de cálculos realizados en base a la biología de varias especies de peces, Clarke (1991; 1993) y Punt (1993) llegaron a la conclusión de que una mortalidad por pesca (*F*) que reduzca la razón *BF*/*R* al 35% ó 40% $BF/RF = 0$ (mortalidad por pesca que se denomina F_{BF35}), da altas producciones con bajo riesgo, independientemente de la relación entre el stock de frezantes y el reclutamiento. Cuando se desconoce la relación entre el stock de frezantes y los reclutas se puede recomendar una estrategia de ordenación pesquera en la que la mortalidad por pesca sea:

$$F_{BF35} \qquad \text{ó} \qquad F_{BF40}\left(40\% \frac{BF}{RF_{40}}\right)$$

que son generalmente umbrales aceptables para que la relación BF/R sea superior al 30%.

La tasa de mortalidad por pesca $F_{0,1}$ es muy probablemente el criterio más utilizado en ordenación pesquera, Punt (1993) observó que la estrategia basada en dar una *MSY* al $F_{0,1}$ proporcionaba la mejor combinación entre produción y riesgo de todas las que probó (F_{max}, $F_{0,1}$, F_{BF35} y F_{BF50}). Además, $F_{0,1}$ se corresponde generalmente con valores entre F_{BF35} y F_{BF40} cuando las épocas de madurez y reclutamiento casi coincidan.

La desventaja de utilizar $MSY_{F_{0,1}}$ es que este criterio, en ciertas condiciones como por ejemplo cuando el reclutamiento a la pesquería acontece antes que se alcance la madurez, podría producir valores de *F* que reducirían la biomasa del stock de frezantes a niveles de riesgo, propiciando un colapso de la pesquería.

Ejemplo 13.3.1

Modelo de producción por recluta de Beverton y Holt

La platija *(Pleuronectes platessa)* del mar del Norte se está pescando con red de arrastre cuya malla tiene 75 mm de abertura. Se sabe que el crecimiento de la platija se ajusta a la ecuación

$$L_t = 685(1-e^{-0'095(t+0'8)}),$$

es decir, $K = 0{,}095$; $t_0 = -0{,}8$ años; $L_\infty = 685$ mm.

También se conoce que $W_\infty = 2.860$ g, que $M = 0{,}1$, que la edad de reclutamiento es de 3,7 años y que la edad de primera captura para esa abertura de malla es también de 3,7 años.

Calcular la producción o rendimiento por recluta (Y/R), la captura por recluta y el peso promedio del pez en la captura para valores de $F = 0{,}1$; $F = 0{,}2$; $F = 0{,}3$; $F = 0{,}5$; $F = 0{,}7$; $F = 1$ y $F = 1{,}5$.

¿Qué cambio habrá que introducir en la pesca para obtener la máxima producción por recluta si por haber aumentado el esfuerzo la mortalidad por pesca fuese $F = 0{,}5$ y no $F = 0{,}1$, que era cuando se obtenía la máxima producción para una red de 75 mm de abertura de mallas? ¿Cómo cambiará Y/R al variar la abertura de las mallas pasando de 75 a 140, 218 y 250 mm, siendo el factor de selección de la red de 2,2, $F = 0{,}5$ y se mantuviesen todos los demás datos biológicos inalterables? ¿Cuál sería la malla que daría la mejor producción por recluta y cual sería la edad de captura óptima?

La aplicación del modelo de producción por recluta de Beverton y Holt requiere un conocimiento profundo de la biología de la especie, y tiene unos rigurosos presupuestos. De hecho, es un modelo que actualmente se aplica en muy pocas pesquerías. Se expone aquí este ejemplo por motivos históricos. La resolución de la ecuación se hace hoy en día mediante un ordenador, pero, por motivos didácticos, ahora se resolverá paso a paso y manualmente.

La ecuación fundamental del modelo es:

$$\frac{Y}{R} = FW_\infty e^{-M(t_c-t_r)} \sum_{n=0}^{3} \frac{\Omega_n e^{-nK(t_c-t_o)}}{F+M+nK} \tag{1}$$

por los datos que se proporcionan,

$$t_c - t_0 = (3{,}7) - (-0{,}8) = 4{,}5.$$

haciendo $$e^{-K(t_c-t_o)} = \mathrm{D}$$

entonces $D = e^{-0,095\,(4,5)} = 0,65$

y definiendo $W_{\infty} e^{-M(t_c - t_r)} = A$

$$A = 2.860\ e^{-0,1(3,7-3,7)} = 2.860 \text{ g}$$

Considerando estas transformaciones, la ecuación fundamental (1) podrá escribirse como:

$$\frac{Y}{R} = FA \sum_{n=0}^{3} \frac{\Omega_n D^n}{F + M + nK} \qquad (2)$$

Como n toma los valores 0, 1, 2 y 3 y Ω_n los valores +1, –3, 3 y –1, entonces y si $G_n = \Omega_n D^n$

Para $n = 0$	$D^n = 0,65^0 = 1$ y cuando	$\Omega_n = +1$	$G_n = 1$ ó $G_0 = 1$
Para $n = 1$	$D^n = 0,65^1 = 0,65$ y cuando	$\Omega_n = -3$	$G_1 = -1,95$
Para $n = 2$	$D^n = 0,65^2 = 0,42$ y cuando	$\Omega_n = 3$	$G_2 = 1,26$
Para $n = 3$	$D^n = 0,65^3 = 0,27$ y cuando	$\Omega_n = -1$	$G_3 = -0,27$

En problema pregunta cuál sería *Y/R* para difentes valores de *F*. Para calcularlos habrá que resolver la ecuación (2) para diferentes valores de *n* y de *F*. En la tabla siguiente se expone una manera de calcular manualmente *Y/R*, las capturas por recluta (*C/R*) y el peso promedio del pescado $(\overline{W})$ para $F = 0,1$.

El valor *Y/R* es la columna *FAH* (véase cuadro página siguiente), calculado según la expresión (2). Por lo tanto, *Y/R* (para $F = 0,1$) = 0,1(2.860) (1,06) = 303,16 gramos por recluta. Operando de la misma forma para $F = 0,2$ y los restantes valores de *F* hasta $F = 1,5$ se obtiene:

Y/R (0,2) = 291,7 g/recluta Y/R (0,3) = 265,98 g/recluta

Y/R (0,5) = 200,20 g/recluta Y/R (0,7) = 180,18 g/recluta

Y/R (1) = 143,00 g/recluta Y/R (1,5) = 128,40 g/recluta

La captura en número por recluta *C/R* se puede estimar por la fórmula de $D(b_0)F$ (véase pág. 168).

F	$n = 0$		$n = 1$		$n = 2$		$n = 3$		H	Y/R	C/R	$\overline{W}$
	a_0	b_0	a_1	b_1	a_2	b_2	a_3	b_3	$\sum_{i=0}^{3} b_i$	FAH	Db_oF	$HA\left(\frac{D}{Z}\right)$
	$F+M$ (Z)	$\frac{1}{a_0}$	$F+M+K$	$\frac{G_1}{a_1}$	$F+M+2K$	$\frac{G_2}{a_2}$	$F+M+3K$	$\frac{G_3}{a_3}$	+5,00 −6,61 +3,23 −0,56 ——— 1,06			
0,1	0,2	5	0,295	$\frac{-1{,}95}{0{,}295} = -6{,}61$	0,39	$\frac{1{,}26}{0{,}39} = 3{,}23$	0,48	$\frac{-0{,}27}{0{,}485} = -0{,}56$		303,16	0,32	932,8

Para $F = 0,1$

$$\frac{C}{R} = 0,65 \times 5 \times 0,1 = 0,32$$

Para los valores sucesivos de F se obtienen los siguientes resultados:

$C/R\,(0,2) = 0,43$ $C/R\,(0,3) = 0,49$

$C/R\,(0,5) = 0,54$ $C/R\,(0,7) = 0,57$

$C/R\,(1) = 0,59$ $C/R\,(1,5) = 0,61$

Para valores cada vez mayores de la mortalidad por pesca (F), permaneciendo M y R constantes y siendo el crecimiento de los peces isométrico, a medida que aumenta el esfuerzo de pesca, aumentando F, se capturan más peces pero de tamaño más pequeño.

El peso promedio de pez en la captura $(\overline{W})$ para diferentes valores de F, se puede calcular por la expresión:

$$\overline{W} = (H \times A)\left(\frac{D}{Z}\right)$$

donde $H = 1,06$ para $F = 0,1$ (véase pág. 168)

$H = 0,51\ (F = 0,2)$ $H = 0,31\ (F = 0,3)$

$H = 0,14\ (F = 0,5)$ $H = 0,09\ (F = 0,7)$

$H = 0,05\ (F = 1)$ $H = 0,03\ (F = 1,5)$

$$\overline{W}(0,1) = \frac{2.860(1,06)}{(3,25)} = 932,8 \text{ g} \qquad \overline{W}(0,5) = \frac{2.860(0,14)}{(1,08)} = 370,7 \text{ g}$$

$$\overline{W}(0,2) = \frac{2.860(0,51)}{(2,17)} = 673,2 \text{ g} \qquad \overline{W}(0,7) = \frac{2.860(0,09)}{(0,80)} = 321,7 \text{ g}$$

$$\overline{W}(0,3) = \frac{2.860(0,31)}{(1,62)} = 545,6 \text{ g} \qquad \overline{W}(1,0) = \frac{2.860(0,05)}{(0,59)} = 242,4 \text{ g}$$

$$\overline{W}(1,5) = \frac{2.860(0,03)}{(0,41)} = 209,3 \text{ g}$$

Es decir, con una $F = 0,1$ de 100 peces totalmente reclutados se capturan 32, cuyo peso promedio es de 932,8 g, mientras que con una $F = 1,5$ de 100 peces reclutados se capturan 61, cuyo peso promedio es de 242,4 g. En el primer caso la producción (en biomasa) sería $32 \times 932,8 = 29,8$ kg. En este caso la producción máxima por recluta se obtiene a la $F(0,1)$, que se considera la mortalidad por pesca óptima porque proporciona la Producción o Rendimiento Máximo Sostenible por Recluta (*MSY/R*); curva A de la Figura 13.3.10.

La curva de rendimiento por recluta sería muy diferente si variase la mortalidad natural (*M*). Si ésta pasase de 0,1 a 1,1 la curva adquiriría una forma parecida a la B representada en la gráfica anterior, bajando simplemente la *MSY*, que se obtendría a una *F* mayor que $F = 0,1$. Si *M* es alta, los peces alcanzarán muy pronto la edad en las que las pérdidas causadas por muerte natural exceden a las ganancias en biomasa debidas al crecimiento, por lo tanto la mortalidad por pesca (*F*) tiene que ser alta para capturar los peces antes que mueran por causas naturales. Por el contrario, si *M* es baja la ganancia en biomasa debida al crecimiento excederá las pérdidas causadas por mortalidad natural durante una gran parte del ciclo vital de la cohorte. En

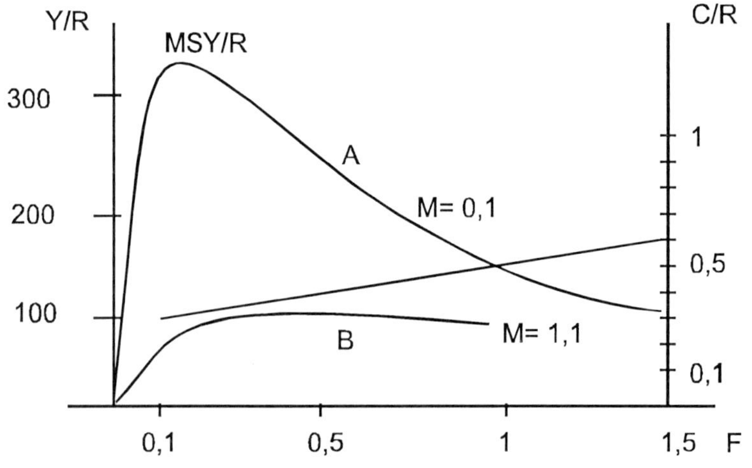

Figura 13.3.10 Producción por recluta (*Y*/*R*) de la platija del mar del Norte para diferentes valores de la mortalidad por pesca (*F*) y variación de la captura en número por recluta (*C*/*R*) en función de *F*. La función A representa la *Y*/*R* con una mortalidad natural (*M*) de 0,1 y la B cuando $M = 1,1$.

este caso, resulta rentable dejar que los peces crezcan hasta alcanzar los pesos más grandes, lo que significa que para lograr una explotación óptima F debiera ser bajo.

Veamos ahora lo que acontece cuando varía la edad (o talla) de primera captura al modificar el tamaño de la abertura de las mallas de la red.

Para una malla de 75 mm de abertura y una red con un factor de selección igual a 2,2, siendo L_∞ de la platija igual a 685 mm, $K = 0{,}095$ y $F = 0{,}5$; L_c o la talla de primera captura será 75 × 2,2 = 165 mm.

Se calcula el valor:

$$c = \frac{L_c}{L_\infty} = \frac{165}{685} = 0{,}241$$

y además

$$\frac{M}{K} = \frac{0{,}1}{0{,}095} = 1{,}05$$

y la tasa de explotación

$$E = \frac{F}{Z} = \frac{0{,}5}{0{,}6} = 0{,}83$$

En las tablas publicadas por Berverton y Holt (1966) se busca el valor de Y' en función de M/K,E y c (considerando sólo la fracción decimal); $Y' = 0{,}03852$.

Como:

$$\frac{Y}{R} = Y'\left[\frac{W_\infty}{\left(1-\left(\frac{L_r}{L_\infty}\right)\right)^{M/K}}\right] = 0{,}03852\left[\frac{2.680}{\left(1-\left(\frac{165}{685}\right)\right)^{1,05}}\right] = 137{,}72 \text{ g / r}$$

$$L_r = L_c \text{ ya que } t_c = t_r = 3{,}7 \text{ años}$$

Para una malla de 140 mm; $L_c = 308$ mm, $c = 0{,}449$; $M/K = 1{,}05$; $E = 0{,}83$; $Y' = 0{,}0755$.

$$\frac{Y}{R} = 0{,}0755\left[\frac{2.680}{\left(1-\left(\frac{308}{685}\right)\right)^{1{,}05}}\right] = 378{,}79 \text{ g / r}$$

Para una malla de 218 mm; L_c = 479 mm; c = 0,699 mm; M/K = 1,05; E = 0,83; Y' = 0,10234; entonces:

$$\frac{Y}{R} = 0{,}10234\left[\frac{2.680}{\left(1-\left(\frac{479}{685}\right)\right)^{1{,}05}}\right] = 398{,}88 \text{ g / r}$$

Finalmente, para una malla de 250 mm; L_c= 550 mm; c = 0,803; M/K = 1,05; E = 0,83; Y' = 0,09291; por lo que,

$$\frac{Y}{R} = 0{,}09291\left[\frac{2.680}{\left(1-\left(\frac{550}{685}\right)\right)^{1{,}05}}\right] = 308{,}18 \text{ g / r}$$

Con la modificación de la abertura de la malla de 75 mm hasta 218 mm se gana en producción por recluta, pero abriendo la malla más alla de 218 mm se comienza a perder Y/R. Si lo que se desea es obtener la máxima producción por recluta a una F = 0,5 se debería recomendar una malla de 218 mm de abertura. Con esa malla, la c $\left(\frac{L_c}{L_\infty}\right)$ máxima es 0,699 que es cuando Y' y también Y/R son máximos.

Entonces, L_c = 0,66 × 685 = 479 mm que será la longitud de captura óptima. Y/R máxima en peso sería de aproximadamente 399 g para una F = 0,5. Es decir, que incrementando el esfuerzo de pesca (F es proporcional a f) y aumentando el tamaño de la malla se lograría una Y/R superior al que se obtenía con F = 0,1 (Y/R = 303,16 g/r). Esto tiene importancia porque habría permitido aumentar el número de barcos en la pesquería o el tiempo de pesca de los que ya había.

La edad de captura óptima (t_{op}) para F = 0,5 sería:

$$478{,}8 = 685\left(1 - e^{-0{,}095(t_{op} + 0{,}8)}\right)$$

$$t_{op} = 11 - 12 \text{ años}$$

Capturar menor número de peces pero más grandes tiene immediatas repercusiones que serán positivas o negativas para el pescador dependiendo de a cuánto se paguen los peces grandes. Para la población explotada, sin embargo, aumentar la abertura de las mallas tendría un efecto positivo porque habría mayor número de desovantes que podrían frezar más veces, esto considerando que la platija madura entre los 6 y 7 años.

13.3.2.4 Método de Thompson y Bell

Cuando se conocen los pesos medios de cada clase de edad, las abundancias medias $\left(\bar{N}_t\right)$en edades sucesivas pueden calcularse a partir de la expresión $N_{t+1} = N_t e^{-zt}$ siempre que la mortalidad natural se conozca y permanezca constante durante un periodo de pesca. Si cada valor de $\bar{N}_t$ se multiplica por el peso medio $\left(\bar{W}_t\right)$ de los peces a cada edad, eso da una biomasa media $\left(\bar{B}_t\right)$. La biomasa de peces capturados a cada edad será entonces $F\bar{B}_t$, mientras que la que muere naturalmente será $M\bar{B}_t$.

Éste fue básicamente el método utilizado por Thompson y Bell (1934) para calcular la producción por recluta bajo condiciones de equilibrio para diferentes combinaciones de mortalidad por pesca y natural. Con este método se puede trabajar por dos caminos diferentes:

1 Calcular el valor de F que produce la mayor producción en peso para un determinado valor de M, o

2 El valor de F que da la mayor producción para un valor de Z.

Este procedimiento ignora el efecto de la pesca sobre el peso medio de peces que se pescan a cada edad. Sin tener en cuenta cuando ocurrre el reclutamiento, si el crecimiento y la pesca son concurrentes, entonces cuanto mayor sea la tasa de pesca menor será el tamaño medio de los peces a una edad determinada durante la época de pesca. No obstante, el método es una aproximación útil (Ricker, 1975).

Ejemplo 13.3.2.4

(tomado de Ricker, 1958)

Si la tasa instantánea de mortalidad de una población es M = 0,35, los pesos promedios en sucesivas edades es 3 años = 1,86 kg; 4 años = 5,53 kg;

5 años = 8,80 kg; 6 años = 10,96 kg; 7 años = 12,28 kg; 8 años = 13,60 kg y 9 años = 14,5 kg. ¿Cuál es la tasa de pesca que da la mayor producción?

Se comienzan los cálculos con un valor cualesquiera de F por ejemplo $F = 0{,}5$ y valor inicial del reclutamiento (supuestamente constante y ocurriendo a la edad de 3 años) igual a 1.000 individuos.

Entonces,

$$N_{3\text{-}4} = 1.000 \quad e^{-(0{,}35+0{,}5)} = 427$$
$$N_{4\text{-}5} = 427 \quad e^{-(0{,}35+0{,}5)} = 182$$
$$N_{5\text{-}6} = 78$$
$$N_{6\text{-}7} = 33$$
$$N_{7\text{-}8} = 14$$
$$N_{8\text{-}9} = 6$$

Total 1.745 peces

Los peces capturados de cada edad serán:

$$C_3 = N_3\,(1-S)\,(F/Z) = 1.000\,(1 - 0{,}427)\,(0{,}5/0{,}85) = 337;$$
$$S = e^{-7} + e^{-0{,}85} = 0{,}427$$

$$C_4 = 427\,(1 - 0{,}427)\,(0{,}5/0{,}85) = 144;\ C_5 = 61;\ C_6 = 26;\ C_7 = 11;$$
$$C_8 = 5;\ C_9 = 4$$

Y el total de peces capturados = 588.

La producción en peso de los peces capturados de cada edad es:

$$Y_3 = 337 \times 1{,}86 = 626 \text{ kg}$$
$$Y_4 = 144 \times 5{,}53 = 798 \text{ kg}$$
$$Y_5 = 61 \times 8{,}80 = 535 \text{ kg}$$
$$Y_6 = 26 \times 10{,}96 = 286 \text{ kg}$$
$$Y_7 = 11 \times 12{,}28 = 136 \text{ kg}$$
$$Y_8 = 5 \times 13{,}60 = 68 \text{ kg}$$
$$Y_9 = 4 \times 14{,}5 = 59 \text{ kg}$$

Total 2.508 kg por 1.000 reclutas a la edad 3. La producción por recluta (Y/R) es de 2.508/1.000 = 2,5 kg.

A continuación se prueban otros valores de F ($F = 0{,}2$; 0,35; 0,65 y 0,8) con objeto de conocer a qué valor se produce la máxima producción por recluta. Haciendo cálculos semejantes a los anteriores se obtienen los valores siguientes:

F	*Captura(nº)*	*Y*	*Y/R*	*Peso medio*	*Y/f*
0,2	363	2.090	2,09	5,76	100
0,35	500	2.440	2,44	4,85	67
0,5	588	2.508	2,50	4,27	48
0,65	650	2.450	2,45	3,77	36
0,8	695	2.390	2,39	3,45	29

Y: producción en kg; *Y/f*: producción o captura en peso por unidad de esfuerzo.

La producción máxima se obtiene hacia $F = 0{,}5$. En un importante rango de valores de F (0,35–0,80) la producción no varía significativamente.

Aunque el peso total obtenido no varía mucho, sí lo hacen la CPUE (Producción o captura en peso por unidad de esfuerzo, expresada aquí según una escala arbitraria proporcional a F), y el tamaño medio del pez pescado, que son muy diferentes para cada nivel de F.

Cualquiera de estos dos parámetros pueden determinar bastante el tipo de ordenación pesquera más adecuada, dependiendo del tipo de pesquería de que se trate y del valor comercial del pescado de diferente tamaño.

En el paquete de programas LFSA (Length Fish Stock Assessment), desarrollado por Sparre (1987), existe la posibilidad de realizar un modelo de este tipo basándose en tallas en lugar de en edades.

Un aspecto importante de este modelo es que permite la incorporación del precio de la captura. Por ello, el modelo de Thompson y Bell fue básico para el desarrollo de varios tipos de modelos bioeconómicos.

13.3.3 POBLACIÓN VIRTUAL Y ANÁLISIS DE COHORTES (Cadima, 1977)

13.3.3.1 Introducción

Si la mortalidad total ($Z = M + F$) no es constante con la edad, lo que ocurre con frecuencia en las poblaciones explotadas, sobre todo por variaciones en la mortalidad por pesca, las tasas de peces capturados en años sucesivos $\left(\frac{N_{i+1}}{N_i}\right)$ no dan necesariamente estimaciones insesgadas de la tasa de sobrevivencia $\left(S_i = \frac{N_{i+1}}{N_i}\right)$

Tabla 13.3.3.1 Cálculo de capturas. Ejemplo hipotético variando *F* para cada edad y suponiendo *M* = 0,2 constante.

Edad	*F*	*Z*	$S = e^{-Z}$	*Número*	*Capturas por grupo de edad*
1	0,1	**0,3**	**0,74**	10.000	**867**
2	0,3	**0,5**	**0,61**	**7.400**	**1.732**
3	0,5	**0,7**	**0,50**	**4.514**	**1.612**
4	0,6	**0,8**	**0,45**	**2.257**	**931**
5	0,5	**0,7**	**0,50**	**1.016**	**362**
6	0,4	**0,6**	**0,55**	**508**	**153**
7	0,3	**0,5**	**0,61**	**279**	**65**
8	0,2	**0,4**	**0,67**	**170**	**28**
9	0,2	**0,4**	**0,67**	**114**	**57**

En **negrita** los valores calculados y en redonda los datos de partida.

Para comprender el problema es útil, en primer lugar, construir una población hipotética (Tabla 13.3.3.1) en la que los valores de *Z* no son constantes con la edad debido a cambios en *F*. Se supone que *M* es constante e igual a 0,2 y se parte de un número arbitrario de peces igual a 10.000. El número de peces en el mar se calcula a partir de sucesivas tasas de sobrevivencia año tras año. Así:

10.000 (0,74) = 7.400; 7.400 (0,61) = 4.514 y sucesivamente.

El número de capturados se calcula utilizando valores sucesivos de *F*/*Z*. Así:

(10.000 – 7.400) 0,1/0,3 = 867

Las tasas de los números capturados en años sucesivos serán:

1.732/864 = 2,00; 1.612/1.732 = 0,93; 931/1.612 = 0,56; etc.

El primer valor (2,00) está calculado a partir de los datos de los grupos de peces de edades 1 y 2. Sin embargo, las verdaderas tasas de sobrevivencia de esos grupos eran 0,74 y 0,61 respectivamente. El segundo valor (0,93) es también diferente de los valores correctos de 0,61 y 0,50, y así sucesivamente. En todos y cada uno de los casos se comprueba que las tasas de sobrevivencia aparentes calculadas por este procedimiento caen fuera del rango de las tasas de sobrevivencia verdaderas sobre las cuales se basaron los cálculos.

Las discrepancias observadas se deben a los cambios de la mortalidad total (*Z*) con la edad. En el ejemplo la mortalidad natural (*M*) permanece constante, pero varía la mortalidad por pesca (*F*). Es bastante razonable pensar que esto suceda así en un stock explotado, ya sea porque varíe el esfuerzo pesquero (*f*) en el tiempo o cambie el coeficiente de capturabilidad (*q*) con la edad, ya que $F = f\,q$.

Hay varios procedimientos para corregir estas desviaciones. La técnica del análisis de la población virtual (VPA) y la aproximación conocida como análisis de cohortes (CA) son dos de ellos.

13.3.3.2 Población virtual y análisis de cohortes

Fry (1957) definió la población virtual como la suma de los peces pertenecientes a una determinada clase anual presente en la pesquería en un momento dado, que será capturada ese año y en todos los sucesivos.

Supongamos que la única causa de mortalidad sea la pesca en el ejemplo de la Tabla 13.3.3.1. Entonces, las muertes anuales serán iguales al número de capturas en cada año. Así:

La población virtual (*V*) de cada año será:

a la edad 9 ... $V_9 = 114$;

a la edad 8... $V_8 = 56 + 114 = 170$;

a la edad 6... $V_6 = 229 + 109 + 56 + 114 = 508$; y así sucesivamente.

En esta situación, la población virtual a cada edad proporciona una estimación directa del número de peces en la pesquería a cada edad. Pues bien, a partir de las poblaciones virtuales se pueden obtener estimaciones insesgadas de las tasas de sobrevivencia entre dos años sucesivos cualesquiera. Así:

$S_{6\text{-}7} = 279 / 508 = 0{,}55$, que es el valor correcto para este grupo de edad.

Debido a la coexistencia de *F* y *M* en una población explotada, en la práctica el procedimiento no es tan sencillo, y no se pueden obtener estimaciones correctas de la sobrevivencia directamente de las poblaciones virtuales calculadas de aquella manera, ya que además de por pesca hay pérdidas por otras causas, que no se tuvieron en cuenta. Por ejemplo, considerando las capturas de la Tabla 13.3.3.1 se observa que los peces capturados de edad 9 fueron 57, siendo $V_9 = 57$; pero a la edad 8 se capturaron 28 + 57 = 85, que es una población virtual diferente a 170, calculada anteriormente. De la misma forma, V_6 calculada a partir de las capturas de la Tabla 13.3.3.1 será 153 + 65 + 28 + 57 = 360, que difiere de $V_6 = 508$ anteriormente estimada.

Tabla 13.3.3.2 Cálculo de las capturas por grupos de edad a partir del número en la pesquería y las sucesivas tasas de sobrevivencia año tras año.

Edad	*1*	*2*	*3*	*4*	*5*	*6*	*7*	*8*	*9*
Nº en la pesquería	10.000	7.400	4.514	2.257	1.016	508	279	170	114
Captura por grupos de edad	2.600	2.886	2.257	1.241	508	229	109	56	114

Como ya se indicó, los cocientes de sucesivos pares de valores no dan estimaciones insesgadas de las tasas de sobrevivencia. Por ello, el cálculo a la inversa usado para formar la Tabla 13.3.3.2 es incorrecto.

Se han desarrollado dos métodos para que los cálculos sean lo más ajustados posibles: el análisis de la población virtual (Bishop, 1959; Gulland, 1965; Jones, 1964 y 1969) y el análisis de cohortes (Pope, 1971; Jones, 1984), que es una aproximación matemática simplificada del anterior para valores de M inferiores a 0,3 y de F inferiores a 1,2. Aunque conceptualmente no existen diferencias entre ambos y, algunas veces, se emplean como sinónimos.

La deducción de la expresión fundamental del análisis de la población virtual (VPA) que se expone a continuación se debe a Gulland (1965).

La relación entre la abundancia en número de una cohorte al comienzo de dos edades sucesivas es la sobrevivencia entre ambas edades,

$$S_i = N_{i+1}/N_i, \text{ por tanto } N_{i+1} = N_i S_i,\ N_i = N_{i+1}/S_i$$

Los que mueren en el año i (D_i) serán:

$$D_i = N_i - N_{i+1} = N_i - N_i S_i = N_i (1 - S_i) \tag{1}$$

o también:

$$D_i = \frac{N_{i+1}}{S_i - N_{i+1}} \quad \text{ó} \quad D_i = \frac{N_{i+1}}{\left[\dfrac{1-S_i}{S_i}\right]} \tag{2}$$

La tasa de explotación en el año «i» (E_i) será la proporción de los capturados entre todos los muertos:

$$E_i = \frac{C_i}{D_i} = \frac{C_i}{N_i}(1-S_i) \text{ ó según (2) } E_i = \left[\frac{C_i}{N_{i+1}}\right]\left[\frac{S_i}{1-S_i}\right] \tag{3}$$

Mediante operaciones algebraicas se obtiene la ecuación de captura:

$$C_i = N_i \frac{F}{Z}\left(1 - e^{-Z}\right) \tag{4}$$

siempre que el periodo entre C_i y N_i sea de un año o $t_2 - t_1 = 1$. Esta expresión es una de las más importantes en Biología Pesquera.

Si los coeficientes de mortalidad permanecen constantes a lo largo del año, se puede sustituir E por F/Z y S por $e^{-(F+M)}$. Entonces (3) será:

$$\frac{E_i}{Z_i} = \left(\frac{C_i}{N_{i+1}}\right)\left[\frac{e^{-(F_i+M)}}{1 - e^{-(F_i+M)}}\right]$$

La tasa de explotación (E) es igual a F/Z, o sea la fracción de muertes causadas por la pesca. Esta tasa prodece de la ecuación de captura:

$$C_{(t_1,t_2)} = \frac{F}{Z}\left[N_{t_1} - N_{t_2}\right] \quad \text{o} \quad C_{(t_2,t_2)} = N_{(t_1)}\frac{F}{Z}\left[1 - e^{-Z(t_2-t_1)}\right] \tag{5}$$

en el supuesto que F y M sean constantes entre las edades t_1 y t_2.

Transponiendo la ecuación (5) se obtiene:

$$\frac{N_{i+1}}{C_i} = \frac{(F_i + M)e^{-(F_i+M)}}{F_i\left[1 - e^{-(F_i+M)}\right]} \tag{6}$$

que es la expresión fundamental del VPA. En efecto, si tenemos la población a una edad determinada (N_{i+1}) y la relacionamos con la captura del año anterior (C_i), podremos ir ensayando valores de F_i hasta que obtengamos dicha relación, partiendo de que el valor de M sea un dato conocido. Deducido F_i se obtiene Z_i y $N_i = N_{i+1}\, e^{Z_i}$. Con este valor de N_i y con C_{i-1} se calculará F_{i-1} y así sucesivamente hasta llegar a la edad más joven. En principio, los cálculos se podrían realizar empezando por las F de las clases más jóvenes, pero en este caso los valores divergen, mientras que si se realizan empezando por la clase anual más vieja (F_T o F terminal) los resultados convergen.

El principio del método del análisis de cohortes se explica en la Figura 13.3.11, la cual consiste en una simplificación que supone ciertas condiciones y limitaciones. La condición es que la pesca se efectúe en la mitad del

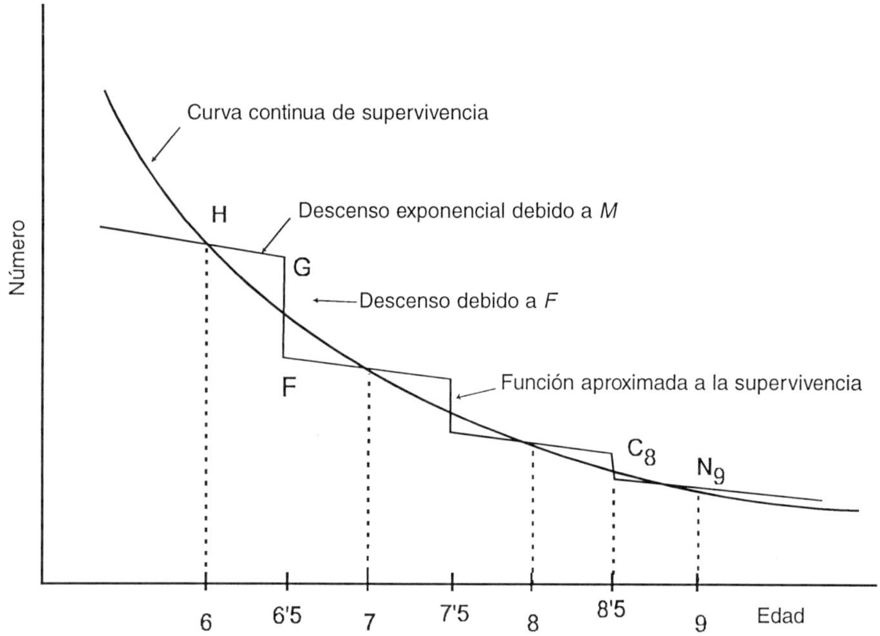

Figura 13.3.11 Función de la sobrevivencia continua que se presupone en el análisis de cohortes. N_9 = número de peces en la pesquería de 9 años de edad. C_8 = número de capturas entre 8 y 9 años de edad. M = mortalidad natural. F = mortalidad por pesca. A los 8,5 años $N_{8,5} = N_9 e^{M/2}$. A los 8,5 años y después de la pesca $N_{8,5} = C_8 + N_9 \times e^{M/2}$. A los 8 años $N_8 = (N_9 \times e^{M/2} + C_8)e^{M/2}$. En términos generales, $N_t = (N_{t+1} \times e^{M/2} + C_t)e^{M/2}$. Por lo tanto, conociendo N_{t+1}, C_t y M se puede conocer fácilmente N_t.

año y en un instante. Es decir, cuanto más tienda la explotación de un recurso a ubicarse en la parte central del año y más breve sea la temporada de explotación, tanto más se dan las condiciones ideales para que este método sea válido. Las limitaciones son que M debe ser inferior a 0,3 y F a 1,2. Las ecuaciones fundamentales de este método son:

$$N_t = (N_{t+1}\, e^{M/2} + C_t)\, e^{M/2} \tag{7}$$

$$N_t \text{ más vieja} = \frac{C_t Z_t}{F_t} \tag{8}$$

$$N_t = \frac{C_t}{A_t} \quad \text{siendo} \quad A_t = \frac{F_t(1-e^{-Z_t})}{Z_t} \tag{9}$$

$$S = e^{-Z} = \frac{N_{t+1}}{N_t} \qquad (10)$$

Se aplicará este método a una situación complementaria a la Tabla 13.3.3.1, en la que lo que se conoce son las capturas de cada edad, la mortalidad natural $M = 0{,}2$ y la mortalidad de pesca del año más viejo $F_8 = 0{,}2$, reconstruyéndose la abundancia en número en el mar de cada clase de edad (Tabla 13.3.3.3). Lo mismo que en la Tabla 13.3.3.1 los valores **en negrita** son los calculados. Se trata de una situación en la que el grupo de edad más viejo está formado por peces de esa edad y más viejos (8 y más años).

Comenzando por los más viejos, y según la fórmula (8): $N_8 = 85\ (0{,}4)/(0{,}2) = 170$. Se puede comenzar también por los más jóvenes, pero entonces los valores divergen.

Para calcular la abundancia en número de las clases anuales siguientes se emplea la expresión (7), según la cual:

$$N_7 = (170\ e^{0{,}2/2} + 65)\ e^{0{,}2/2} = 280;\ N_6 = (280\ e^{0{,}2/2} + 153)\ e^{0{,}2/2} = 510$$

y así sucesivamente. Las sobrevivencias serán:

$$S_7 = \frac{170}{280} = 0{,}61\ ;\ Z = 0{,}49$$

$$S_6 = \frac{280}{510} = 0{,}55\ ;\ Z = 0{,}6 \text{ y así sucesivamente.}$$

Los valores sucesivos de F_t se calculan por $F = Z_t - M$.

Tabla 13.3.3.3 Cálculo de N y F a partir de las capturas de cada grupo de edad, suponiendo siempre $M = 0{,}2$.

Edad	*F*	*Z*	$S = e^{-Z}$	*N*	*C - grupo de edad*
1	**0,1**	**0,3**	**0,74**	**10.097**	867
2	**0,3**	**0,5**	**0,61**	**7.485**	1.732
3	**0,5**	**0,7**	**0,50**	**4.563**	1.612
4	**0,6**	**0,8**	**0,45**	**2.278**	931
5	**0,5**	**0,7**	**0,50**	**1.023**	362
6	**0,4**	**0,6**	**0,55**	**510**	153
7	**0,3**	**0,5**	**0,60**	**280**	65
8 y +	0,2	**0,4**	**0,67**	**170**	85

Tabla 13.3.3.4 Cálculo de N y F a partir de las capturas de cada grupo de edad cuando la clase anual más vieja está formada únicamente por peces de esa edad, suponiendo siempre $M = 0,2$.

Edad	*F*	*Z*	$S = e^{-Z}$	*N*	*Capturas por grupo de edad*
1	**0,1**	**0,3**	**0,74**	**10.053**	867
2	**0,3**	**0,5**	**0,61**	**7.449**	1.732
3	**0,5**	**0,7**	**0,50**	**4.533**	1.612
4	0,6			**2.254**	931

Como puede observarse comparando la Tabla 13.3.3.3 con la Tabla 13.3.3.1, los valores de abundancia en número y sobrevivencias calculados son una aproximación bastante buena de los reales.

En la Tabla 13.3.3.4 se exponen los resultados de aplicar el análisis de cohortes en una situación en la que el grupo de edad más viejo está formado únicamente por peces de esa edad.

Para la clase de edad más vieja

$$N_t = \frac{C_t}{A_t} \text{ donde } A_t = \frac{F_t(1-e^{-Z_t})}{Z_t}. \text{ Así:}$$

$$A_4 = \frac{0,6(1-e^{-0,8})}{0,8} = 0,413, \text{ habiéndose presupuesto } F_4 = 0,6 \text{ y } M = 0,2.$$

La abundancia en número de la clase anual más vieja será:

$$N_4 = \frac{931}{0,413} = 2.254$$

Los sucesivos valores de N_t se calculan mediante la expresión

$$N_t = (N_{t+1}e^{M/2} + C_t)\ e^{M/2}$$

$N_3 = 2.254\ (e^{0,2/2} + 1.612)\ e^{0,2/2} = 4.533$, y así sucesivamente.

Para calcular la sobrevivencia $S_3 = \dfrac{2.254}{4.533} = 0,50$, y así sucesivamente.

Comparando el valor de *N*, *S*, *Z*, y *F* obtenidos con los de la Tabla 13.3.3.1 se observa que son una aproximación bastante buena de los valores reales.

Ejemplo 13.3.3.1

Análisis de la población virtual (VPA) y análisis de cohortes (CA) basado en la edad

Conociendo que las capturas (C_t) en millones de individuos de bacalao del mar de Barents distribuidos por grupos de edad en diez años es la que se expone en la Tabla 13.3.3.5, que la mortalidad natural (M) es igual a 0,2, y que la mortalidad por pesca terminal (F_T) para el grupo de edad más viejo se supone de 0,8, calcular las abundancias en número de cada grupo de edad, la mortalidad total (Z) y la mortalidad por pesca (F) para cada grupo de edad.

Tabla 13.3.3.5 Capturas de bacalao en el mar de Barents desde 1979 hasta 1988.

Año	*Capturas (Ci)*	*Edades (t en años)*
1979	4,44	entre 2 y 3
1980	0,49	entre 3 y 4
1981	8,61	entre 4 y 5
1982	16,26	entre 5 y 6
1983	7,20	entre 6 y 7
1984	3,99	entre 7 y 8
1985	1,93	entre 8 y 9
1986	0,61	entre 9 y 10
1987	0,38	entre 10 y 11
1988	0,20	entre 11 y 12

Análisis de población virtual

Se comienzan los cálculos desde la edad más vieja, es decir, con el número de bacalaos capturados entre las edades 11 y 12 o $C_{(1988,\ 11,12)} = 0,20$ ó 200.000 bacalaos. Se trata de calcular el número de bacalaos que debería haber en el mar a primeros de enero de 1988 o $N(_{1988,\ 12)}$ para permitir una captura de 200.000 bacalaos durante ese año. Si disponemos de la mortalidad por pesca terminal ($F = 0,8$) para el grupo de edades entre 11 y 12 años, que se denominará grupo 12, esta cantidad se calcula por la ecuación de captura (4), sabiendo que la mortalidad natural fue $M = 0,2$ por año para todos los grupos de edad. Es decir:

$$C_{1988} = N_{(1988,\ 12)} \frac{0{,}8}{1}\left[1 - e^{-Z}\right]$$

Siendo $t_{i+1} - t_i = 1$ año y $Z = 0{,}2 + 0{,}8 = 1{,}0$; entonces:

$$0{,}20 = N\frac{0{,}8}{1}\left[1 - e^{-1}\right];\ N_{(1988,\ 12)} = 0{,}25 \text{ ó } 250.000 \text{ bacalaos}$$

Ahora que conocemos el número de bacalaos sobrevivientes al primero de enero de 1988 ó $N_{(1988,\ 12)}$, cantidad que es igual al número de peces a finales de 1987, a partir de ella se puede deducir la cantidad de bacalaos presentes en el mar a primeros de 1987 que permitieron una captura de 380.000 bacalaos durante 1987.

Sin embargo, en este proceso no es necesario efectuar una nueva suposición del valor de F, ya que ahora se puede calcular la mortalidad por pesca correspondiente a la captura realizada en ese año. Para el cálculo de F se aplica nuevamente la ecuación de captura (4), pero ahora en forma conjunta con la ecuación (5) que es el modelo de extinción exponencial.

$$C_{(1988,\ 10,\ 11)} = N_{(1988,\ 12)} \frac{F}{Z}\left[1 - e^{-Z}\right] \qquad (11)$$

$$\text{y } N_{(1988,\ 12)} = N_{(1987,\ 11)} e^{-Z_{11}} \text{ ó } N_{(1987,\ 11)} = N_{(1988,\ 12)} e^{Z_{11}} \qquad (12)$$

$$\text{ó } N_{(1987,\ 11)} = 0{,}25\ e^{Z_{11}}$$

Si insertamos esa cantidad y el número de ejemplares capturados en 1987 de edades comprendidas entre 10 y 11 años (0,38) en la ecuación (11) pasando $N_{(1988,\ 10)}$ al primer término de la ecuación, entonces:

$$\frac{0{,}38}{0{,}25} = \frac{F}{F + 0{,}2}\left[e^{(F+0{,}2)-1}\right]$$

si se descompone Z en F y M, suponiendo $M = 0{,}2$. De este modo, se ha obtenido una ecuación en la que F es la única incógnita. Esta ecuación no se puede resolver algebraicamente, sino que hay que utilizar algún método de tanteo. En Sparre y Venema (1995) puede hallarse cómo resolver este problema técnico, que aquí será pasado por alto, diciendo que $F_{1987} = 0{,}87$ y $Z_{1987} = 1{,}07$.

Por lo tanto, los bacalaos que componían el grupo de edad 11 a primeros de enero de 1987 serán:

$$N_{(1987,\ 11)} = 0{,}25\ e^{1{,}07} = 0{,}73 \text{ ó } 732.207$$

Para el año 1986,

$$\frac{N_{i+1}}{C_i} = \frac{0{,}73}{0{,}61} = 1{,}197$$

Introduciendo este valor en la ecuación (6), por prueba y error, se deduce que $F(10) = 0{,}56$. Sustituyendo este valor de F y el número de sobrevivientes a primeros de enero de 1987 en la ecuación (12), obtendremos:

$$N_{(1986,\ 10)} = N_{(1987,\ 11)} e^{[0{,}56+0{,}2]} = (0{,}73)(2{,}145) = 1{,}56$$

$$\text{ó } 1.560.000 \text{ bacalaos}$$

Éste será el número de individuos que componen el grupo de edad 10 a primeros del año 1986.

Repitiendo este procedimiento para el periodo 1986-1979 se obtienen las estimaciones de F y del número de individuos en la población que aparecen en la Tabla 13.3.3.6.

Tabla 13.3.3.6 Capturas de bacalao, mortalidad por pesca y sobrevivientes estimadas.

G.E.	*Año(t)*	*C (m.i)*	*F (t)*	*Nº S*
3	1979	4,44	0,06	88,74
4	1980	0,49	0,01	74,26
5	1981	8,61	0,17	60,36
6	1982	16,26	0,57	41,63
7	1983	7,20	0,53	19,37
8	1984	3,99	0,64	9,34
9	1985	1,93	0,76	4,04
10	1986	0,61	0,56	1,56
11	1987	0,38	0,87	0,73
12	1988	0,20	0,80	0,25

G.E.: Grupo de edad; *C*(m.i): Capturas (millones de individuos); *F*(t): Mortalidad por pesca durante el año *t*; Nº *S*: Número de sobrevivientes a primeros de enero del año *t*.

Análisis de cohortes

Recordemos que las expresiones fundamentales de esta técnica son:

$$N_t = \left(N_{t+1} + e^{M/2} + C_t\right)e^{M/2} \tag{7}$$

$$N_{tv} = \frac{C_t Z_t}{F_t} \tag{8}$$

$$N_{12} = \frac{0{,}20(1)}{0{,}8} = 0{,}25 \text{ ó } 250.000 \text{ bacalaos.}$$

$$N_{11} = \left(0{,}25e^{0{,}2/2} + 0{,}38\right)e^{0{,}2/2} = 0{,}73 \text{ ó } 730.000 \text{ bacalaos.}$$

$$S = \frac{N_{t+1}}{N_t} = e^{-Z} = \frac{0{,}25}{0{,}73} = 0{,}342 \;;\; Z = \ln 0{,}342 = 1{,}07$$

$$F_{11} = 1{,}07 - 0{,}2 = 0{,}87$$

$$N_{10} = \left(0{,}73e^{0{,}2/2} + 0{,}61\right)e^{0{,}2/2} = 1{,}56 \text{ ó } 1.560.000 \text{ bacalaos}$$

$$S = \frac{1{,}56}{0{,}73} = 2{,}14 \;; \qquad Z = \ln 2{,}14 = 0{,}76; \qquad F = 0{,}56$$

Y así sucesivamente hasta obtener todas las F_t y los sobrevivientes al primero de enero de cada año t.

Tanto en el VPA como en el CA no se presupone que ni F ni Z permanezcan constantes, sino que cada grupo de edad puede tener un valor distinto de ambos parámetros, por lo que estos métodos permiten un análisis de la población bastante detallado.

En estas técnicas se supone que la mortalidad natural (M) se ha calculado por otros métodos independientes al VPA y al CA, pero en realidad casi siempre se desconoce. La precisión del VPA y del CA depende del tamaño de M en relación con F, pero si M es pequeña en comparación con F puede no ser importante que M esté bien estimada o incluso que sea una conjetura, aunque próxima a la realidad.

Los datos necesarios para aplicar el VPA o el CA son la composición por edades de la captura durante un periodo de tiempo relativamente largo. Estos métodos tienen la ventaja de que no suponen situaciones de equilibrio y realizan predicciones muy exactas de la evolución de la pesquería en especies de vida larga. Sin embargo, estos métodos calculan el reclutamiento *a posteriori,* por lo que su aplicación a recursos muy dependientes del reclutamiento (especies de vida corta con reclutamientos muy variables) presenta limitaciones que pueden compensarse mediante prospecciones de prerreclutas.

13.4 MODELOS DE AGOTAMIENTO O DE EXTRACCIÓN

Los modelos de agotamiento o de extracción son aplicables cuando una población se explota hasta el punto que los individuos que la componen son extraídos a niveles donde las capturas por unidad de esfuerzo (CPUE) se reducen significativamente, consideradas éstas proporcionales a la abundancia de la población.

Su origen es antiguo y se aplicaron primero en poblaciones de animales terrestres (Helland, 1913; Leslie y Davis, 1939), hasta que De Lury (1947, 1957) las usó en pesquerías (véase Ricker, 1975 o Séber, 1982).

El modelo de Leslie-De Lury ha sido recientemente modificado (Rosenberg *et al.,* 1990) y aplicado a las pesquerías del calamar *Illex argentinus* de las Malvinas (Beddington *et al.,* 1990). Aquí se expone con las últimas modificaciones.

Como se dijo, el método presupone que hay una etapa durante la época de pesca en que las CPUE son proporcionales a la abundancia del stock (N). La proporcionalidad se asume con objeto de aplicarse el método en un periodo en el que haya una clara reducción de las CPUE, después de otro periodo con valores elevados de las CPUE dentro de la época de pesca.

Hay varios caminos para modelar la disminución de la población, pero el más sencillo consiste en una regresión múltiple donde el coeficiente de capturabilidad (q) y el tamaño de la población al comienzo del periodo de declive (N_0) se estiman mediante la expresión:

$$CPUE_t = qN_o e^{-(t+0,5)M} - q\sum_{i=0}^{t-1} C_i e^{-(t-1)M} \qquad (1)$$

donde $CPUE_t$ es la captura por unidad de esfuerzo en el intervalo de tiempo (t), siguiente al comienzo de su disminución;

C_i son las capturas en número en el intervalo de tiempo (i); y

M es el coeficiente instantáneo de mortalidad natural durante el intervalo de tiempo elegido.

Esto puede también expresarse en número de individuos:

$$N_t = N_o e^{-Mt} - e^{M/2} \sum_{i=0}^{t-1} C_i e^{-(t-i-1)M} \qquad (2)$$

Rosenberg *et al.* (1990) utilizaron un periodo de tiempo (t) muy corto (la semana) debido a las características del ciclo biológico de los calamares y potas.

13.5 MÉTODOS PARA EVALUAR LA BIOMASA QUE NO SE BASAN EN LA CAPTURA COMERCIAL Y EL ESFUERZO DE PESCA

13.5.1 MÉTODO DEL ÁREA BARRIDA

En Biología Pesquera es interesante contar con evaluaciones de la abundancia en número o de la biomasa de una población efectuadas de modo independiente de la pesca comercial. En el caso más sencillo, cuando la población es poco numerosa y está a la vista, se evalúa por un censo completo. No obstante, si está a la vista pero es demasiado numerosa, la evaluación se realiza mediante transectos, que son recorridos en los que se hacen recuentos dentro del área en observación. Extrapolar a todo el área resulta fácil. La disposición de los transectos y el área mínima de muestreo son dos cuestiones importantes a resolver antes de ponerse a evaluar la población. Los transectos son posibles en el litoral, pudiéndose recorrer a pie durante la fase de marea baja, y conviene trazarlos paralelos a la orilla, previa estratificación del sustrato. También se realizan en el sublitoral utilizando escafandra autónoma. El desarrollo de vehículos no tripulados y de submarinos especiales permiten en la actualidad realizar evaluaciones de poblaciones a mayores profundidades. La técnica de censos visuales se aplica también a especies pelágicas que sean observables en la superficie del mar desde una embarcación o aeronave. Está técnica se aplica para evaluar poblaciones de cetáceos y atunes aunque hay que considerar que una parte de la población puede estar a una profundidad que impida su observación lo que introduce sesgos.

Otra técnica muy usada en prospecciones para evaluar la abundancia en número o en peso de una población bentónica o demersal es el área barrida. Realizada la debida estratificación del área total en observación, efectuada la subdivisión de cada estrato en cuadrículas del tamaño apropiado y distribuidas las pescas de arrastre aleatoriamente, cada arrastre es un transecto sobre la población o comunidad sumergida capturable con el arte. En cada arrastre el arte recorre una superficie o área barrida determinada, que se calcula multiplicando la distancia entre las puertas, o bien la abertura máxima de la boca de la red si no las hay, por la longitud recorrida, que depende de la velocidad del barco y del tiempo de arrastre. Se cuentan o se pesan los pescados en cada lance, y se evalúa el número o biomasa pescable en cada estrato, relacionando las áreas rastreadas o barridas y la superfice de éste. La evaluación obtenida será, naturalmente, una estimación mínima de la población, porque no todos los individuos situados en el trayecto del arrastre son capturados. Un presupuesto de este método es que los peces se distribuyen homogéneamente dentro de cada estrato, lo cual no siempre es cierto.

Igualmente se puede evaluar el número de huevos o larvas presentes en una zona determinada considerando la captura realizada por mangas de redes y el volumen de agua filtrada, lo que se mide con flujómetros dispuestos en la boca de la red. Otras veces se pueden realizar evaluaciones de los huevos adheridos al fondo mediante inmersiones o fotografías submarinas. De cualquiera de estas evaluaciones puede deducirse la población de adultos considerando la fecundidad, la proporción de sexos y el tamaño del área de puesta. Resulta más difícil utilizar estas estimaciones para conocer la pujanza de una clase anual debido a la variabilidad de la mortalidad durante las fases larvarias.

13.5.2 PROSPECCIONES ACÚSTICAS

Las prospecciones acústicas son un buen método para evaluar poblaciones uniespecíficas, sobre todo para una exploración inicial extensa o para evaluaciones complementarias circunstanciales, aunque nunca supere en exactitud a un método numérico. La preparación previa de una campaña de prospección acústica requiere conocer el «target strength» o la intensidad de la marca que deja el pez en el ecograma o en la pantalla. Éste depende fundamentalmente del tamaño del animal, de la frecuencia utilizada, de la distancia y del ángulo del tren de ondas emitido por el transductor de la ecosonda. Antes de iniciar una prospección de este tipo se necesita calibrar los instrumentos. Para ello suelen ponerse cantidades conocidas de la especie a explorar debajo del barco retenidas en grandes jaulas. Este tipo de evaluaciones son más eficaces con aquellos organismos que producen buenos ecos, generalmente todos los peces con vejiga natatoria. Con los métodos tan perfeccionados de hoy en día también se pueden extender a otros organismos como crustáceos y cefalópodos. Por otra parte, únicamente son eficaces cuando se trata de especies que viven muy, o relativamente, alejadas del fondo, empleándose sobre todo en especies pelágicas pequeñas. Se realizan transectos, generalmente en zig-zag, y por los trazos en el ecograma o en las pantallas se deduce la cantidad de peces presente en los recorridos explorados y luego en el área total. Durante la exploración es necesario realizar recalibraciones de los instrumentos, porque las condiciones del medio varían la forma y el tamaño de las respuestas. Durante la exploración también deben efectuarse pescas para comprobar la especie detectada y su abundancia.

13.5.3 MARCACIONES

El valor de una población (N) se puede conocer con gran exactitud si se tienen buenas estimaciones de la captura (C) y de las mortalidades por pesca (F) y total (Z), ya que:

$$N = \frac{CZ}{F(1-e^{-Z})}$$

La abundancia en número de una población se puede también evaluar mediante marcaciones. El método de Petersen consiste en marcar una cantidad de animales de una sola vez (T) y realizar pescas de recapturas. Si n es el número total de peces capturados trás la marcación, y m el de recapturados, entonces:

$$\frac{N}{n} = \frac{T}{M} \quad \text{y por tanto} \quad N = \frac{nT}{m}$$

El método de Schnabel consiste en marcar varias veces al mismo tiempo que, a partir de la segunda operación de marcación, empiezan a registrarse capturas. Si T_i es el número de peces marcados en el tiempo i, y n_i y m_i los capturados y recapturados respectivamente en el tiempo i, entonces:

$$N = \frac{\sum n_i T_i}{\sum m_i}$$

Este método tiene varios inconvenientes entre los que cabe destacar las variaciones de la mortalidad por efecto de la marca y la pérdida de marcas. Un problema muy importante de la aplicación de estos métodos para la evaluación de la población en pesquerías es la recuperación incompleta de las marcas, que se puede limitar dando recompensas por las marcas devueltas lo que encarece considerablemente el método. Los modelos estadísticos para estimar la abundancia de una población mediante marcaciones son complejos (véase Jones, 1977).

13.6 PESQUERÍAS MULTIESPECÍFICAS (FAO, 1978)

13.6.1 INTRODUCCIÓN

Las teorías y los modelos de los años cincuenta para pesquerías basadas en una sola especie se han mostrado insuficientes para la ordenación de pesquerías actuales en las que se capturan muchas especies a la vez. Según los autores del trabajo publicado por FAO (1978) sobre este tema, las principales razones de la inadecuación de esos modelos son de tres tipos:

(a) Tecnológicas: si se pesca la especie A junto con las especies B, C, D, etc., es incorrecto intentar ordenar la primera sin tener en cuenta las demás.
(b) Biológicas: el nivel de la biomasa de la población A no es independiente del de las demás especies, ya que entre ellas se establecen relaciones de depredación, competencia, etc., y
(c) Requerimiento de datos: cuantas más especies estén implicadas en una pesquería tanto más datos se precisarán para su gestión.

Por estos motivos, en los años setenta se elaboraron teorías y modelos que consideran estas pesquerías como algo más real, es decir, como pesquerías multiespecíficas.

13.6.2 ALGUNOS EJEMPLOS DE ORDENACIÓN

Una de las primeras pesquerías en la que se aplicó el criterio de considerarla como multiespecífica fue la existente entre el Georges Bank y el sur del cabo Hatteras, bajo el control científico y socio-político de la Northwest Atlantic Fishery Organization (NAFO).

Antes de 1960 casi toda la pesca de este área la realizaban barcos norteamericanos de tonelaje parecido, pero después de 1960 comenzó una explotación con intervención de flotas extranjeras, grandes, móviles y con barcos de muy diferentes características. Esto hizo que de cuatro especies que se pescaban se pasasen a explotar veinticuatro, que la captura total se incrementase por tres, y que el esfuerzo de pesca fuese seis veces superior.

Durante bastantes años esta pesquería, aún siendo multiespecífica, se ordenó imponiéndose un Total Autorizado de Captura o Total Allowable Catch (TAC) para cada especie considerada individualmente, que se calculaba en base a distintos procedimientos. Pronto se advirtió que esas medidas eran insuficientes para evitar una caída general de la abundancia de los stocks. Lo cual era debido fundamentalmente a:

1 Que los *TAC* para especies individuales no tenían suficientemente en cuenta las capturas incidentales o «by-catch» de otras especies.

2 A que era muy difícil asignar un *TAC* para tantos stocks individuales; y

3 A que no se tenían en cuenta las interacciones biológicas entre las distintas poblaciones explotadas.

En 1973 se acordó establecer un *TAC* global para todas las especies que se pescaban. Para calcularlo se empleó el modelo de producción generalizada de Schaefer, partiendo de las capturas y el esfuerzo totales de todas las flotas que operaban en la pesquería, ajustando este último mediante «un factor de aprendizaje», que permitía corregir, en cierto modo, la heterogeneidad de las unidades de pesca. También se regularon estas pesquerías en base a campañas de prospección para determinar la abundancia de los stocks, corrigiéndose el efecto de la distinta capturabilidad entre especies. El resultado de estas medidas es que la biomasa total se estabilizó entre 1975 y 1976.

Otro ejemplo de ordenación de una pesquería multiespecífica es la de arrastre del golfo de Tailandia, donde en 1972 se pescaron cerca del millón de toneladas, con más de 200 especies implicadas y una flota muy heterogénea. En este caso también se aplicó el modelo de Schaefer, considerándose la captura total de los arrastreros tailandeses y un índice de poder de pesca de estos mismos barcos, con objeto de normalizar el esfuerzo. Aunque la aplicación de este modelo tiene algunas limitaciones, por el momento parece ser el mejor camino para la gestión de esta pesquería.

Las pesquerías de bastantes especies pelágicas, sobre todo de clupeidos, son las que han experimentado los mayores colapsos ocurridos en el mundo pesquero (así la anchoveta de Perú y la sardina de California). Los análisis de la dinámica de poblaciones de estos stocks considerados individualmente proporcionaron poca luz sobre lo acontecido en estas pesquerías, especialmente en lo referente a las relaciones stock-reclutamiento. En muchos casos, el colapso de una población explotada coincidió con un incremento de la abundancia de otra especie en la misma área de pesca; así ocurrió, por ejemplo, con la sardina de California, cuyo declinar coincidió con un aumento de la abundancia de la anchoveta en aquella zona. Del mismo modo en Perú la caída de la anchoveta coincidió con un aumento de la sardina. Todavía no se tiene certidumbre sobre si este fenómeno es mera coincidencia, o si fue motivado por relaciones interespecíficas. De cualquier manera, la ordenación de uno de estos stocks tiene que tener siempre en cuenta el otro. Este punto de vista se refuerza considerando lo ocurrido en las pesquerías pelágicas del Japón, Perú y sudeste de África. En esta línea, una aproximación válida para la gestión de estos recursos sería favorecer la explotación de una especie en beneficio de otra que muestre signos de extenuación, pero no siempre la situación es tan sencilla como esto, ya que muchas veces las fluctuaciones de la abundancia de una población parecen estar relacionadas con cambios en las condiciones del medio, más que deberse a efectos de la explotación. Además, el tema se complica si se considera que el rendimiento económico de distintas especies puede ser muy diferente. La pesquería de cerco del Mediterráneo, por ejemplo, se encamina preferentemente a la anchoa, que es mucho más cara que a la sardina, lo que hace peligrar las poblaciones de anchoa.

13.6.3 CONSIDERACIONES BÁSICAS SOBRE LOS MODELOS MULTIESPECÍFICOS

Hay distintos modelos para describir la situación que genera una pesquería multiespecífica. En primer lugar, como ya se vio, una ampliación de los modelos globales, especialmente el de Schaefer. También se puede optar por una adecuación de los modelos analíticos o por un análisis de la población virtual multiespecífico. Y, por último, si las condiciones lo permiten, se pueden aplicar modelos que consideran todos, o muchos, de los elementos del ecosistema (Modelos Holísticos o de Sistema Total). Estos últimos modelos se han aplicado sobre todo en lagos, presas y pantanos porque son difícilmente aplicables a grandes masas de agua con pesquerías muy voluminosas.

Es imposible que cualquier modelo se pueda aplicar a todas las situaciones o etapas por la que atraviesa una pesquería, particularmente considerando los objetivos más que las propias técnicas de los modelos. En este sentido, los dos primeros tipos de modelos citados son más eficaces a la hora de actuar a nivel táctico, es decir, cuando se trata de resolver los problemas de una pesquería a corto plazo. Mientras que los modelos de sistema total son más aptos para resolver problemas estratégicos, es decir, a largo plazo. En la práctica, lo más interesante para asesores científicos y gestores de una pesquería multiespecífica será aplicar una amplia gama de modelos a cada situación sin fiarse de un único punto de vista.

Los modelos analíticos consideran los efectos de los parámetros individuales (reclutamiento, crecimiento, mortalidad) en la producción de una pesquería. Son buenos instrumentos para casos muy particulares, por ejemplo en especies sin grandes fluctuaciones naturales, en las que sea fácil calcular la edad, cuando se tienen buenos datos sobre el esfuerzo de pesca aplicado, etc. Generalmente son los modelos que han proporcionado el conocimiento más ajustado que se tiene sobre cómo funcionan determinados stocks uniespecíficos, pudiéndose aplicar, en principio, a varias especies que se pescan simultáneamente. Algebraicamente es sólo cuestión de estimar los parámetros individuales para cada especie función de la abundancia de las otras especies del ecosistema. Por ejemplo, la mortalidad de una especie presa podría incluir un término proporcional a la abundancia de otra, que también se explota, pero que es su depredador; o el crecimiento de una especie podría incluir un término que le hiciese variar positivamente con la disponibilidad de alimento, o negativamente con la abundancia de competidores. También se pueden incluir factores ambientales. Pero la aplicación práctica de estas relaciones tiene dos obstáculos principales, en primer lugar su complejidad matemática y en segundo la dificultad de ajustar los parámetros. Actualmente, con el uso de ordenadores, se solventa la primera dificultad sin demasiados problemas, y existen varios modelos construidos sobre estas bases, sobre todo en Canadá y Dinamarca. Así, Andersen y Ursin (1977) desarrollaron un modelo, que es una extensión de la teoría pesquera de Beverton y Holt, teniendo en cuenta las cantidades de fósforo que circulan y la producción primaria del sistema. Sin embargo, la elección de los parámetros de las relaciones interespecíficas y la cuantificación de dichos parámetros presenta muchas dificultades. Las posibilidades de elección son muy amplias, sobre todo si se consideran los efectos del reclutamiento.

En el actual estado de desarrollo, este tipo de planteamientos no parecen ser capaces de proporcionar predicciones cuantitativas de los efectos de distintas situaciones de pesca sobre las producciones de las especies interactuantes. Sin embargo, estos modelos sí pueden proporcionar cierta luz sobre la naturaleza de las interacciones entre especies y sus efectos sobre distintas pesquerías, así como, quizá, sobre el rango de magnitud de estos efectos, lo que no dejan de ser resultados interesantes. Se ha constatado, por ejemplo, que el crecimiento del arenque del golfo de San Lorenzo disminuye con el aumento de la abundancia del grupo de edad 0 de caballa, relación que ha podido cuantificarse.

Los modelos globales que se aplican sobre una especie determinada describen el crecimiento en biomasa en función de la propia biomasa $dB/dt = f(B)$, siendo la forma más simple para $f(B)$ la logística de Schaefer:

$$\frac{\mathrm{d}B}{\mathrm{d}t} = B(a - bB) \quad \text{ó} \quad \frac{1}{B}\left(\frac{\mathrm{d}B}{\mathrm{d}t}\right) = a - bB \qquad (1)$$

La manera más sencilla de extender este planteamiento a una pesquería multiespecífica es considerar que la ecuación (1) describe los cambios de la biomasa total de todas las especies que se pescan conjuntamente. Y así se hizo en las pesquerías de la NAFO y de Tailandia.

Estos modelos globales aplicados a varios stocks a la vez parece que se ajustan bastante mejor a los datos que aplicados a un stock individual, lo que puede deberse a distintas causas:

(a) a que la biomasa total reaccione de forma más sencilla ante el esfuerzo total, que cada stock por separado;
(b) que el mejor ajuste se debe a un promedio;

(c) a que la relación biomasa total-esfuerzo total sea un artefacto del método de ajustar en el tiempo varias series de explotación de especies; y

(d) a que los datos del esfuerzo ejercido sobre la biomasa total dan un índice de mortalidad más preciso que los que proporcionan cada stock individual.

Parece que la causa más probable es la citada en primer lugar.

El siguiente modelo más sencillo, que se puede decucir del anterior, es incluir un término en la ecuación (1) que tenga en cuenta los efectos de otra especie (q) sobre la biomasa del stock explotado (B_p):

$$\frac{1}{B_p}\left(\frac{\mathrm{d}B_p}{\mathrm{d}t}\right)=\left(a-bB_p\right)\left(-cB_q\right)\left(-KfB_p\right) \tag{2}$$

$$\frac{1}{B_q}\left(\frac{\mathrm{d}B_q}{\mathrm{d}t}\right)=\left(a'-b'\,B_p\right)\left(-c'\,B_q\right)\left(-KfB_p\right) \tag{3}$$

donde KfB_p y KfB_q representan el efecto de la pesca sobre el stock de la especie p y q respectivamente. La interacciones probablemente son más complejas que lo expuesto, pero considerando las ecuaciones (2) y (3) únicamente como definitorias del estado de equilibrio ($\mathrm{d}B_p$ / $\mathrm{d}t$ = 0), y no necesariamente como explicativas de estados transitorios, entonces estas expresiones equivalen a decir que cuando Bq sea alta el nivel de la biomasa del stock de la especie p se reducirá, y viceversa. Cambiando el signo de c' se obtiene la ecuación que define un sistema depredador (q) – presa (p). Ecuaciones como las anteriores se pueden ampliar hasta considerar interacciones con cualquier número de especies.

Todos estos planteamientos piden una mayor colaboración entre biólogos pesqueros, ecólogos y oceanógrafos. Esta colaboración ha ocurrido con mayor frecuencia y profundidad entre especialistas que trabajan en medios no marinos, desarrollándose los Modelos de Sistema Total.

En lagos, presas y ríos los biólogos pesqueros han observado que, siempre que el esfuerzo de pesca sea constante, las capturas por unidad de área pueden relacionarse bien y directamente con variables limnológicas mesurables. Algunas de las más significativas son la profundidad media de la masa de agua, la alcalinidad, los sólidos totales disueltos, la concentración total de fósforo en periodos de mezcla completa, la amplitud de las fluctuaciones anuales del agua, los índices de producción primaria en verano y el índice anual de temperatura.

En embalses pequeños también se han usado varias características de las poblaciones de peces consideradas en sí mismas, como la relación entre el número o la biomasa de depredadores en relación con presas herbívoras, el tamaño medio de ciertas especies, etc. Asimismo, otro tipo de Modelo de Sistema Total se basa en el estudio del flujo de energía que va desde la producción primaria hasta el organismo explotable, estableciéndose las transferencias entre cada nivel trófico.

Estos modelos son aplicables a bahías, estuarios, rías y zonas costeras marítimas donde la plataforma sea estrecha. Aún con sus limitaciones, son especialmente interesantes en el caso de las pesquerías artesanales, donde hay una gran variedad de especies y artes de pesca, los pescadores se mueven poco, y las estadísticas de capturas y esfuerzos son difíciles de conseguir. Además, como los datos se refieren a masas de agua, estas aproximaciones para calcular la producción pesquera ofrecen la posibilidad de réplicas, así como estudios suplementarios y comparativos, por ejemplo entre los ríos de una misma cuenca, o entre lagos de características parecidas.

Las pautas más importantes para gestionar una pesquería multiespecífica mejorando los métodos actuales son:

1 Contar con series históricas largas y fiables de capturas y de esfuerzos.

2 Tener un buen conocimiento de la biología de las especies.

3 Desarrollar modelos que se ajusten lo más posible a la situación real y que sean matemáticamente manejables.

4 Profundizar en la comprensión de las comunidades y los niveles de organización de los ecosistemas, desarrollando teorías que consigan generalizaciones globalizadoras relativamente sencillas, por ejemplo trofodinámicas; y

5 Tener un buen conocimiento de los principales parámetros de las masas de agua donde viven las especies explotadas y de su influencia.

La pesca como industria: consideraciones económicas, políticas y sociales

14

14.1 IMPORTANCIA SOCIECONÓMICA DE LA PESCA

Como puede apreciarse en el ejemplo gráfico (Fig. 14.1.1), la pesca puede llegar a ser una importante actividad industrial y económica a nivel regional y nacional. Se ha estimado que un empleo en el mar genera entre 8 y 10 empleos en tierra. Por ello, su repercusión en numerosos sectores de la sociedad es grande, de manera que un conflicto grave en el sector extractivo repercutirá inmediatamente en otros muchos y, en definitiva, en la economía de una comunidad amplia.

La actividad pesquera industrializada conlleva muchos riesgos, entre otras, por las siguientes razones:

(a) los desembolsos y los ingresos suelen producirse de manera brusca;

(b) el resultado de una campaña de pesca o marea es impredecible;

(c) el mercado no suele estar controlado por los pescadores o por los armadores, porque no suelen ser ellos quienes ponen los precios a sus productos y, muchas veces, una política pesquera determinada, por ejemplo el favorecimiento de importaciones competitivas, puede afectar negativamente al valor de la pesca; y

(d) cuando se comercia con pesca fresca, existe siempre el riesgo de lo perecedero del producto, pero cuando se hace con congelada frecuentemente es necesario mantenerla almacenada en frigoríficos, con el consiguiente aumento de costos, hasta que pueda venderse a un precio aceptable. Por todo ello, la empresa pesquera necesita estar muy capitalizada y tener una amplia liquidez.

Si la industria pesquera de un país desarrolla parte de sus actividades en caladeros cuya jurisdicción queda en manos de otras naciones, la política de

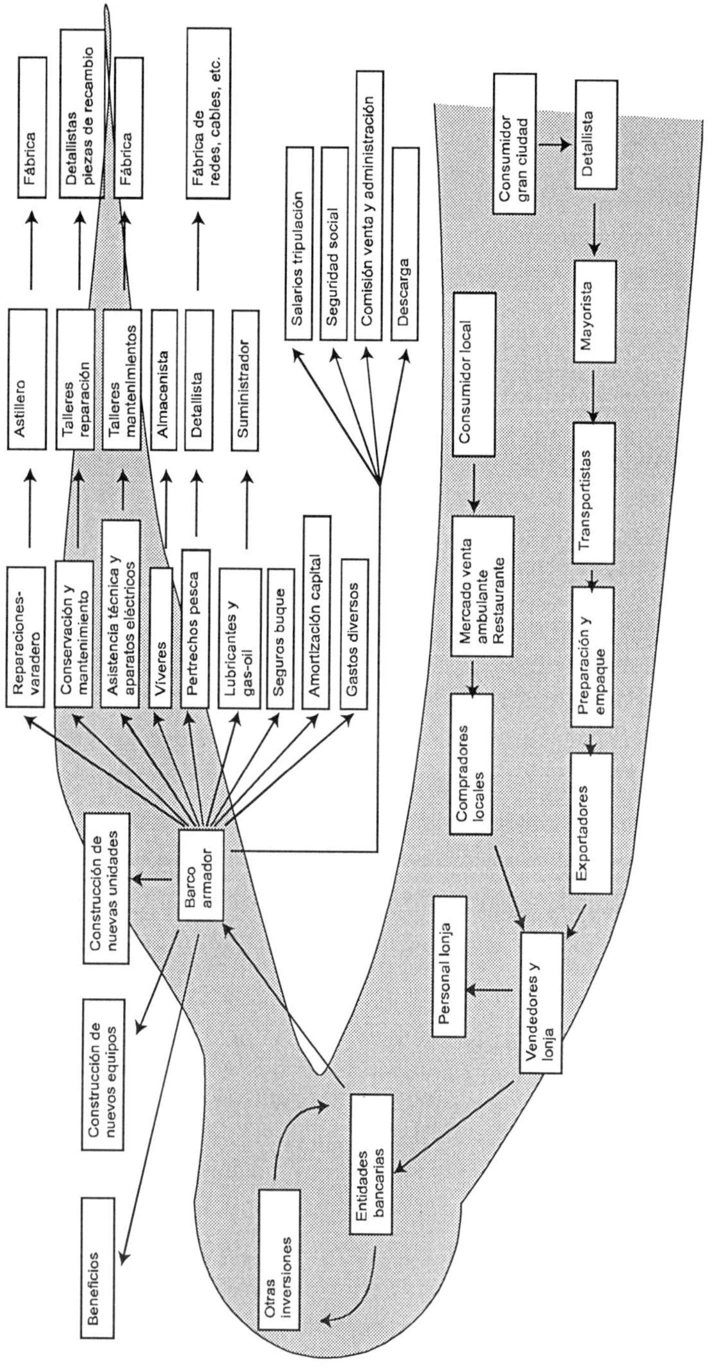

Figura 14.1.1 El flujo del dinero en la pesca: un ejemplo gráfico simple.

éstas sobre sus recursos marítimos es de gran importancia para aquel país y las relaciones internacionales deben tender a garantizar y defender sus intereses pesqueros.

La actividad pesquera genera la formación de sociedades (cooperativas, generalmente) para la defensa de sus intereses. Éstos son fundamentalmente económicos, y se ven impulsados sobre todo por las leyes económicas más que por consideraciones ecológicas. No obstante, dichas sociedades pueden hacer bastante en el segundo aspecto, pero la conjunción de ambos extremos es sobre todo responsabilidad de la Administración Pesquera, de los políticos y de los biólogos pesqueros asesores que trabajan más directamente en este campo.

14.2 EL DESARROLLO DE LA TEORÍA ECONÓMICA PESQUERA (Crutchfield, 1987)

La primeras aplicaciones económicas a una propiedad común o recurso de libre acceso, como es una pesquería, se deben a Warning (1911). Posteriormente, Gordon (1954) y Scott (1955) publicaron los trabajos que son el germen de la Teoría Económico Pesquera. Estos análisis clásicos se basaban en los siguientes postulados:

(a) La actividad pesquera se expansionará o remitirá en respuesta a los beneficios o pérdidas de los pescadores.
(b) En ausencia de ordenación o control de la actividad pesquera se tenderá a establecer un equilibrio bioeconómico, en el cual un barco cubrirá exactamente sus costos, y donde la captura total será igual a la producción excedente del stock.
(c) En la situación de equilibrio, se dejará de ganar cuando el rendimiento marginal obtenido por el esfuerzo pesquero sea inferior a los costos sociales que requiere su sostenimiento; y
(d) Por lo tanto, para que una pesquería sea económicamente rentable deberá gestionarse como si perteneciese a un único propietario, el cual la explotase de tal forma que se haga máximo el beneficio de su actividad.

Una serie de contribuciones posteriores han modificado, y dado mayor realismo, a los postulados anteriores. Estas contribuciones son:

(a) El principio de gestión considerando un único propietario es incorrecto porque la explotación de una pesquería no es un monopolio. El precio del pescado (ingresos) no es constante ni lo impone uno solo, sino que depende de la oferta y la demanda general del mercado, que son muy flexibles.

(b) Aquellos postulados son totalmente estáticos y los modelos económicos que se desarrollan a partir de ellos comparan equilibrios estáticos, sin una explícita consideración del tiempo necesario para pasar de un estado de equilibrio al siguiente. La realidad es que tanto la producción de biomasa como la comercialización de ésta, una vez pescada, son procesos muy dinámicos. Esta dificultad fue parcialmente superada introduciendo análisis matemáticos basados en ecuaciones diferenciales en la producción de biomasa, comercialización e industrialización (Smith, 1969), lo que proporcionó una visión más real del fenómeno.

(c) También se consideró que un stock podía contemplarse como algo análogo al capital de una industria. Por lo cual, cualquier inversión que proporcionase mayor capacidad extractiva redundaría en mayores capturas, y por lo tanto en mayores beneficios. Esta concepción es la que impera en los modelos económicos de tipo «capitalista-teórico», entre los cuales el más conocido es el de Clark (1976). Este modelo tiene en consideración el reparto óptimo de la extracción y de la comercialización en el tiempo. Utilizando el cálculo de variaciones, la programación dinámica y la teoría de control como técnicas de modelado, se concluye que el nivel óptimo social verdadero de un esfuerzo extractivo no se consigue en el punto de máxima producción económica estática, sino en otro distinto.

Con todo, las conclusiones fundamentales de la Teoría Económico Pesquera no han cambiado sustancialmente desde 1965. A saber, que si todo se deja al libre mercado y las pesquerías no se regulan, el resultado final es la sobrepesca o disminución de la abundancia del stock, el exceso de esfuerzo pesquero y el ineficaz reparto de los recursos. En este punto existe consenso general. Pero el polémico supuesto de que el acceso a una pesquería debe ser totalmente libre, todavía se considera por muchos economistas como un axioma más que como una hipótesis que hay que verificar.

El desarrollo de la Teoría Económico Pesquera ha originado un conjunto de medidas de ordenación para gestionar y solucionar los problemas que genera una pesquería de libre acceso. Estas medidas pueden ser muy sencillas (vedas temporales o espaciales, cuotas de captura, regulación del tamaño de mallas, regulación del esfuerzo pesquero, etc.), o muy abstractas y complejas (como la creacción de pseudoderechos de propiedad a través de cuotas individuales transferibles).

En el transcurso del desarrollo de la Teoría Económico Pesquera un punto emerge con fuerza y constancia, y es que la ordenación de una pesquería comercial ha fracasado casi siempre que se han intentado alcanzar los objetivos propuestos por los economistas. Esto se debe parcialmente a que la mayoría de los ordenamientos pesqueros no intentan alcanzar el máximo rendimiento económico, y a que, en la práctica, la gestión del recurso se realiza con medidas que se parecen poco a las que se debieran adoptar aplicando las teorías económicas con rigor. Las razones de este hecho son bastante complejas.

14.3 EL MODELO BIOECONÓMICO DE GORDON
(López Veiga, 1985)

En capítulos anteriores se vio la manera de determinar el óptimo de explotación de una pesquería para maximizar las capturas u óptimo biológico. Sin embargo, la pesca es una actividad económica y, por tanto, es posible buscar el máximo beneficio económico. Se presenta aquí el modelo bioeconómico de Gordon (1954). Este caso se puede generalizar fácilmente para otros modelos de producción.

Bajo los supuestos del modelo de Schaefer se veía (Capítulo 13.2) que la relación entre la producción, rendimiento o captura y el esfuerzo de pesca era una parábola. Llamando Y a la captura anual y f al esfuerzo pesquero:

$$Y = f(a - bf)$$

donde a y b son constantes. Suponiendo que el precio del pescado es siempre constante e independiente de la cantidad producida, y denominando V al valor total de las capturas, tendremos:

p = precio por unidad de peso = valor total de las capturas o valor de las ventas/peso total de las capturas = VV/Y = constante

Entonces, la relación entre el valor total de las capturas y el esfuerzo de pesca es función de este último y también tiene la forma de una parábola (Fig. 14.3.1), cuya fórmula es:

$$VV = pf(a - bf)$$

En esta parábola el máximo se corresponde con el valor del esfuerzo asociado donde se obtiene la producción o rendimiento máximo sostenible (MSY); o sea $V_{\text{máx}}$ se corresponderá con f_{MSY}

Para completar el modelo es necesario introducir los costos (C). Con objeto de simplificar, asumiremos que el costo total de la explotación es directamente proporcional al esfuerzo pesquero.

$$C = kf$$

donde k es el costo por unidad de esfuerzo, es decir, estaríamos aceptando que introducir 2 barcos en la pesquería costaría el doble que uno, 3 barcos el triple, y así sucesivamente, siempre bajo el presupuesto de barcos exactamente iguales.

Las ganancias o beneficios netos de la pesquería, que denotaremos por G, serían la diferencia entre el valor de las ventas (VV) y los costos totales (C):

$$G = V - C \quad \text{ó} \quad G = pf(a - bf) - kf$$

Estos beneficios serán máximos cuando la derivada primera de esta función se iguale a cero:

$$\frac{dG}{df} = \frac{d(VV - C)}{df} = 0$$

O sea,

$$pa - k - 2pbf = 0$$

Por lo tanto,

$$f_{Gmax} = \frac{a}{2b} - \frac{k}{2pb}$$

Es decir, que el esfuerzo que genera los beneficios totales máximos(f_{Gmax}) es menor que el que genera la producción máxima sostenible ($f_{MSY} = a/2b$).

En la Figura 14.3.1 se ilustra dónde se obtienen los beneficios máximos, que se lograrían, según este modelo, en una situación de subpesca.

El punto donde las ganancias se hacen igual a cero es cuando $V–C = 0$, o sea cuando

$$paf - kf - pbf^2 = 0$$

lo que se producirá cuando se alcance un nivel de esfuerzo, que llamaremos f_{bec}, que equivaldría a

$$f_{bec} = \frac{(pa - k)}{pb} = \frac{a}{b} - \frac{k}{pb}$$

por tanto, cuanto mayor sea el precio mayor será f_{bec}. De igual manera, si el costo es muy pequeño, teniendo en cuenta que: $f_{MSY} = a/2b$, si la expresión k/pb se hace cercana a cero, f_{bec} se aproximará a a/b, que es mayor que $a/2b$, y por tanto, f_{bec} será mayor que f_{MSY}.

De las ecuaciones anteriores se puede concluir que el valor total de la pesca por unidad de esfuerzo o rendimiento medio $VV/f = p\,(a - bf)$, que es la ecuación de una recta, y que VV/f se hace cero cuando $f = a/b$.

El incremento del valor (VV) con relación al incremento del esfuerzo o rendimiento marginal ($\mathrm{d}VV/\mathrm{d}f$) es una función rectilínea del esfuerzo, ya que $\mathrm{d}VV/\mathrm{d}f = (pa - 2pbf)$, que se anula cuando $f = f_{MSY} = a/2b$.

Por supuesto, de las ecuaciones anteriores se deduce que el costo por unidad de esfuerzo y el incremento del costo con respecto al esfuerzo son iguales y constantes:

$$\frac{C}{f} = k = \frac{dC}{df} \text{ (coste marginal)}$$

Hasta aquí se han citado una serie de propiedades de este modelo, que si bien es muy simple, permite varias reflexiones útiles, que se exponen más adelante. Aquel lector que no haya podido seguir el razonamiento matemático, debe concentrarse en el estudio de la Figura 14.3.1, donde, de manera gráfica, se resume todo lo expuesto.

Las conclusiones más importantes de este modelo son las siguientes:

En unas condiciones como las expuestas, en una pesquería de acceso abierto y en la que se supone una competencia perfecta, lo que tiene que suceder es que los beneficios tiendan a igualarse con los costos. Las pesquerías, por tanto, tenderán a estabilizarse en un punto donde los costos totales (gastos, inversiones, etc.) igualen a los beneficios totales, y en este punto, que Clark denomina «equilibrio bioeconómico», la renta económica tiende a dispararse. Este punto se alcanza en la Figura 14.3.1 a un nivel de esfuerzo que se ha denominado f_{bec}.

Como habíamos visto anteriormente,

$$f_{bec} = \frac{a}{b} - \frac{k}{pb}$$

Si los costos son pequeños o el precio es elevado, o una combinación de ambos, f_{bec} tenderá a acercarse a a/b, o sea, la pesquería entrará en fase de sobrepesca. Hay que considerar que a/b, en teoría, es el esfuerzo en el cual se extingue la población.

Si no se ha tenido en cuenta la recta de costos (el costo de oportunidad) entonces la pesquería tenderá a estabilizarse a un nivel inferior a f_{bec}, que será el punto donde, aún produciéndose beneficios, éstos serán menores que si se invirtiese el dinero en otra actividad o en otra pesquería.

La situación real más generalizada de las pesquerías es que f_{bec} sea mayor que f_{MSY}, por eso las pesquerías se encuentran siempre en fase de sobrepesca

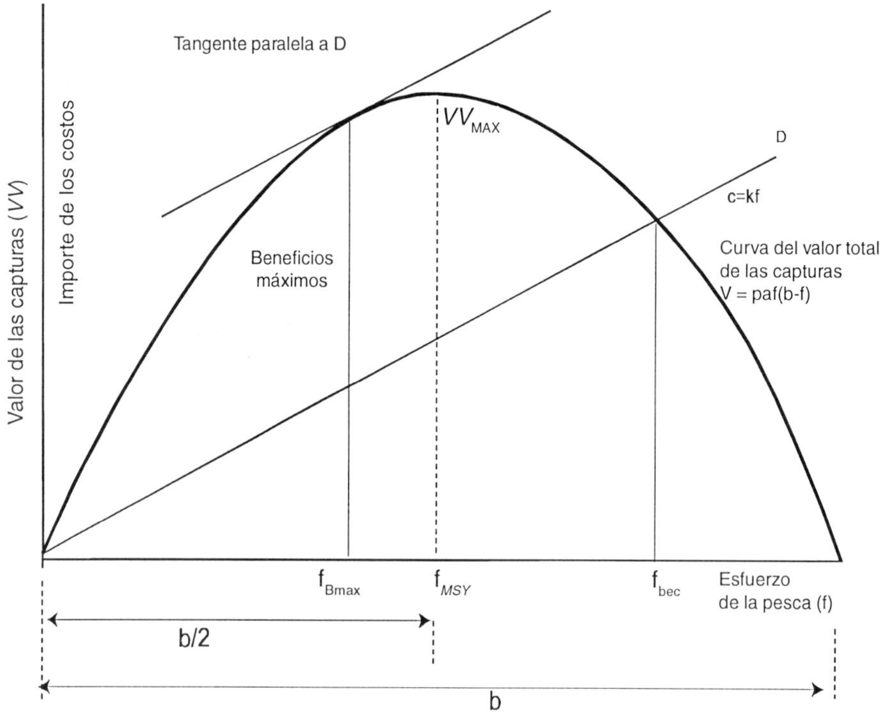

Figura 14.3.1 Modelo económico de Gordon. Véase explicación en el texto.

cuando no se regulan. Hay una tendencia económica natural que lleva a las pesquerías hacia ese punto de equilibrio bioeconómico. Por ello, a la hora de ordenar una pesquería, el administrador tendrá que comprobar qué es lo que interesa más, si generar actividad económica dejando que vaya hacia f_{bec} o generar kilos de pescado, con lo que tendrá que luchar contra las fuerzas económicas tratando de situar el esfuerzo hacia el punto de f_{MSY}.

Son, por tanto, las leyes económicas las que encaminan a las pesquerías hacia la sobrepesca. Cuando las pesquerías se han estabilizado en torno al punto de equilibrio bioeconómico, el margen de beneficios es pequeño y las empresas y patrones de pesca se ven en la necesidad de aguzar el ingenio para elevar la producción de sus barcos. Una tendencia casi natural en esas circunstancias sería hacer trampas, como por ejemplo disminuir el tamaño de las mallas, llevar un número de aparejos mayor que el permitido, etc., o, en otras palabras, aumentar el poder de pesca de las artes para reducir los costos.

Usando el lenguaje de teoría económica, es conveniente familiarizarse con las siguientes definiciones (Larrañeta, 1972):

(a) *Rendimiento medio.* Es la relación entre el rendimiento o producción en dinero y el esfuerzo (VV/f), y equivale a la captura por unidad de esfuerzo. Si el precio no varía, a la función parabólica del rendimiento corresponderá una función rectilínea descendiente del rendimiento medio (AL, Fig. 14.3.2).

(b) *Rendimiento marginal.* Es el incremento en el rendimiento correspondiente al aumento de una unidad de esfuerzo de pesca (dVV/df). Es otra función rectilínea (Af_{MSY}), que se hace cero en el momento en que el rendimiento es máximo, o sea f_{MSY}.

(c) *Coste marginal.* Es el aumento del coste a cada unidad de aumento del esfuerzo de pesca (CC', Fig. 14.3.2), y se supone constante $dC/df = a$. El rendimiento económico (ganancia) neto total será máximo cuando el rendimiento marginal sea igual al coste marginal:

$$\frac{dVV}{df} = \frac{dC}{df} = a$$

es decir, cuando el incremento en las ganacias sea igual al incremento en el costo.

Una consecuencia importante que se puede deducir es que los esfuerzos de pesca óptimos económicos (f_{Gmax}) y físico (f_{MSY}) no coinciden, siendo el económico menor que el físico ($f_{Gmax} < f_{MSY}$).

Normalmente los pescadores no se preocupan del rendimiento económico total sino de la diferencia entre el rendimiento medio y la unidad de costo o rendimiento neto unitario. Acudirán allí donde el rendimiento medio sea mayor (donde los peces sean abundantes), o donde los costos sean bajos (pesquerías que no impliquen grandes desplazamientos), o, mejor aún, donde se cumplan ambas condiciones.

Una pesquería deja de ser rentable a un esfuerzo de pesca (f_{bec}, Fig. 14.3.2) en el cual el rendimiento se iguala al costo, o donde el rendimiento medio es igual al precio unitario del esfuerzo de pesca.

¿Cuándo es posible, entonces, una sobrepesca física? Únicamente en el caso de que f_{bec} sea mayor que f_{MSY}, es decir, cuando a mayores esfuerzos de pesca que f_{MSY} hay todavía rendimientos netos positivos.

Hasta ahora se supuso que el precio era constante e independiente de la cantidad de pescado capturado, pero eso no suele ser así, lo cual complica algo el modelo. Por otra parte, la realidad es todavía mucho más compleja y precisará de modelos mucho más sofisticados, pero sin duda éstos mostrarán muchas de las tendencias que el modelo de Gordon señala.

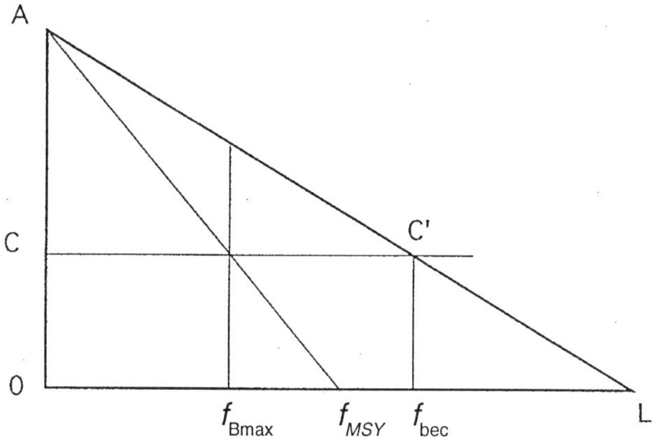

Figura 14.3.2 Relaciones entre el rendimiento medio (*A-L*), el rendimiento marginal (A-f_{MSY}), el costo unitario (*C-C'*) y el esfuerzo de pesca (*f, O-L*). Explicación en el texto.

El riesgo de sobrepesca depende, por tanto, de las relaciones entre las funciones del rendimiento y del gasto o costo. Pero dichas funciones pueden variar. La función de costos baja de inclinación gracias al progreso tecnológico, mientras que la función de rendimientos puede subir merced a una revalorización del producto pesquero. De esta manera, pesquerías actualmente a salvo de riesgo de sobrepesca pueden sufrirlo en un futuro, y pesquerías no explotables, por ser la función de costos mayor que la de rendimientos, llegar a serlo.

El riesgo de sobrepesca es, como se acaba de exponer, una cuestión de accesibilidad económica, pero no es éste el único factor que opera. También está la naturaleza biológica del recurso explotado. Por ejemplo, son especies más propensas al fenómeno de sobrepesca, las que pertenecen a ecosistemas muy maduros, las que corresponden a niveles tróficos elevados y las sedentarias. Por el contrario, son especies menos propensas a la sobrepesca las que pertenecen a ecosistemas poco maduros, a primeros niveles tróficos y las ampliamente migratorias. Por participar de los anteriores caracteres, las especies bentónicas son más proclives a la sobrepesca que las pelágicas, y las de mares tropicales que las de mares fríos.

La situación económica de un país, por último, tiene mucha influencia sobre la evolución de una pesquería. Cuando los rendimientos netos unitarios permitan sueldos y rentabilidades superiores a los medios del país, fluirá mano de obra y capital hacia las pesquerías, con lo que aumentará el esfuerzo de pesca, y viceversa. En consecuencia, la administración económica de una pesquería caminará sobre dos pies: uno, la adecuada regulación biológica, y otro, el progreso tecnológico, actuando sobre ella una fuerza, la situación económica general del país (Larrañeta, 1972b).

La FAO ha publicado varios programas para el análisis bioeconómico de las pesquerías basados en el modelo de Gordon, las consideraciones de Clark y donde se utilizan los conceptos explicados anteriormente, son los programas BEAM (Bioeconomic Analytical Model); BEAM 1 y 2 (Coppola *et al.*, 1992); BEAM 3 (Cochet y Gilly, 1990) y BEAM 4 (Sparre y Willmann, 1992).

14.4 LOS PROBLEMAS MÁS FRECUENTES EN ECONOMÍA PESQUERA (Crutchfield, 1987)

Uno de los principales problemas de la Economía Pesquera es el distanciamiento, que se amplía cada vez más, entre los modelos teóricos abstractos y la realidad que surge de la investigación aplicada. Generalmente, entre estas dos instancias hay una gran separación y falta de comunicación. Las principales causas de este fenómeno son:

(a) la carencia de información fiable sobre capturas por unidad de esfuerzo (CPUE), costos, etc.;
(b) no tener en cuenta el dinamismo de este sector: frecuentes modificaciones en los métodos de extracción, variaciones en los precios (ingresos) y costos, política cambiante de importaciones y exportaciones, etc.;
(c) interpretaciones incorrectas de datos fiables;
(d) falsas extrapolaciones;
(e) presupuestos incorrectos;
(f) prioridad de la elegancia matemática (academicismo) en detrimento de la aplicabilidad y realismo del modelo; y
(g) creación de modelos que conllevan proyectos de puestas en práctica imposibles o muy caros, con medidas de ordenación complejas, muy costosas de mantener y de las que nadie se hace responsable.

En definitiva, todo se debe al diferente punto de vista desde el que se contempla el problema: el de los economistas de gabinete, que sólo intentan maximizar algo, y el de los pescadores e industriales, que lo que intentan es ganar más gastando menos. A esto se añade la gran complejidad de los problemas de tipo legal, social y político existentes, que son difícilmente cuantificables y manejables.

La solución a este problema pasa, indudablemente, por una colaboración entre biólogos, economistas, sociólogos, sector pesquero y administración, buscando soluciones viables de interés general.

Además de un continuo refinamiento y mejora, los nuevos modelos económicos aplicables a pesquerías comerciales deberán replantearse algunos presupuestos que subyacen en los modelos clásicos. Estos presupuestos precisan ser analizados para mayor flexibilización. Entre los presupuestos de los modelos clásicos que es necesario revisar, destacan los siguientes:

(a) el esfuerzo pesquero (*f*) se puede definir bien y es mesurable en unidades precisas;

(b) una flota consiste en un número grande de barcos homogéneos;

(c) el pescador responde rápidamente a cambios en el nivel de beneficios; y

(d) si las medidas de ordenación pesquera no son excesivamente gravosas y están bien prescritas, la regulación se produce de manera instantánea y completa.

Analizando, aún someramente, el sector extractivo tal y como se da hoy en día, se comprueba enseguida que, muchas veces, los presupuestos (a) y (b) son falsos. Teóricamente se supone que la producción de un stock de peces es $Y = B\,f$ siendo B la biomasa del stock y (*f*) el esfuerzo pesquero, y algunas veces se incluye en esta fórmula el coeficiente de capturabilidad (*q*), de forma que:

$$Y = \sum_{i=1}^{n} q_i f_i B$$

donde i toma valores de 1 a n,
siendo n el número de barcos.

Un presupuesto implícito, que se critica pocas veces, es que cada clase de barcos de una pesquería tiene la misma función de producción. Es decir, se considera a la flota como un conjunto de unidades homogéneas dentro de cada tipo. Esto es una burda simplificación de la realidad. En primer lugar porque el rendimiento de cada barco depende, no sólo de sus características físicas, sino también, y en gran medida, de la experiencia del capitán o del patrón de pesca, diferente en cada caso. Esta variable es muy difícil de manejar en un modelo, pero se han construido algunos que la consideran, entre ellos los de Crutchfield (1985) y Crutchfield & Gates (1985), que clasifican cada barco según un «índice de sagacidad», conseguido por la observación directa y continuada durante algún tiempo de la CPUE de cada barco. Se trata de un coeficiente corrector y heterogenizador de bastante interés. Hay que tener en cuenta que si no se considera a la flota como algo heterogéneo, las medidas de ordenación que se apliquen pueden resultar injustas por igualatorias. El caso es muy claro por ejemplo cuando la gestión se realiza aplicando cuotas de captura. Indudablemente, por parte de los pescadores existen resistencias y dificultades para la aceptación de criterios de gestión basados en índices de este tipo, y puede darse lugar a agravios comparativos, pero se está más cerca de la realidad y de lo que es justo.

Existen bastantes indicios que evidencian la falta de realismo del presupuesto (c). Los pescadores no siempre responden rápida y direccionalmente en un sentido ante cambios en beneficios o pérdidas. Éste es un asunto de libre decisión, en el que juegan factores de otro tipo, muchas veces tremendamente subjetivos. En la respuesta suele existir una asimetría que responde al principio «es más fácil llegar que marcharse». Por parte de los pescadores hay preferencias, querencias, esperanzas y, desde luego, el deseo y la satisfacción de pescar cerca de casa aunque se gane menos. Un conjunto de razones que Andersen (1980) denominó «ganancia satisfactoria del trabajador» (worker's satisfaction bonus).

Los economistas también han intentado tener en cuenta estos factores en sus modelos. Un ejemplo de ello es el trabajo de Bockstael y Opaluch (1983) referido a los pescadores artesanales de New England. Este tipo de parámetros únicamente se pueden introducir en un modelo después de numerosas observaciones empíricas, generalmente imposibles de realizar en una pesquería de gran envergadura.

Dada la gran aleatoriedad de todos los factores que intervienen en la economía pesquera, se han propuesto modelos bioeconómicos de tipo estocástico. Un buen resumen de ello puede hallarse en los volúmenes de 1984 y 1985 del Marine Resources Economics. En estos modelos se presupone que todas las variables, o las más imporantes y peor definidas, varían aleatoriamente dentro de unos valores finitos de distribución, alrededor de un valor medio esperable.

Estos modelos son muy elegantes, pero tan abstractos y tan difíciles de comprender para los no matemáticos, que casi son inútiles. Además añaden tal complejidad a los análisis, que muchas veces superan a lo que ocurre en la realidad.

El presupuesto (d) expuesto en la página anterior, no siempre es cierto. Generalmente se asume implícitamente que una pesquería de libre acceso deberá regularse de manera que se evite la ineficacia económica, la disminución de beneficios, y la exterminación del stock. Sin embargo, la experiencia de la gestión pesquera en los treinta últimos años desdice esto. Así por ejemplo, algunos países continúan cazando ballenas aunque la Comisión pertinente haya advertido repetidamente que hay varias especies en peligro de extinción. En los Estados Unidos, después de la imposición de 200 millas de aguas de interés económico-pesquero en 1976, se ha gastado mucho dinero y tiempo en ordenar varias pesquerías, y se ha demostrado que, a pesar de que las medidas estaban bien diseñadas, no produjeron una regulación aceptable, ni instantánea. Esto se debe, como han indicado Andersen y Sutinen (1985), a que los pescadores son los que, en definitiva, deciden cuál es el nivel de aceptación de las reglas que quieren admitir, hasta dónde desean llegar, y lo que están dispuestos a cumplir o incumplir de la legislación vigente. Basta con que uno, o unos pocos, incumplan para que se produzca la reacción «otros lo hacen, yo también». Y de este modo se infringen reglas, se furtivea, se desfiguran estadísticas, etc. Estas actitudes conllevan a que los costos por vigilancia puedan llegar a ser tan altos que hagan inviable una ordenación teóricamente buena.

Como solución a este problema únicamente parece perfilarse un camino, que es la información y la formación de las personas que trabajan en diferentes sectores de la pesquería, pero sobre todo de aquellas que lo hacen en el extractivo. Esto ya se ha probado con éxito en algunas pesquerías locales, pero es más difícil en pesquerías explotadas por diferentes países, donde los criterios políticos tienen bastante peso.

Como conclusión, se puede decir que la Teoría Económico Pesquera es una ciencia multidisciplinaria, que depende de una serie de factores, unos más objetivables que otros. Entre los más objetivables, se encuentran los conocimientos biológicos acerca de la situación de un stock, la tecnología de extracción y la teoría de mercado. Entre los más subjetivos hay que destacar los factores personales, sociales y políticos. Todos ellos deben ser considerados y valorados en su medida a la hora de abordar el estudio profundo de cualquier pesquería.

ORDENACIÓN PESQUERA

15

15.1 CRITERIOS DE ORDENACIÓN

Se entiende por ordenación pesquera el conjunto de medidas técnicas que se adoptan para regular o gestionar una pesquería. El objetivo de la ordenación pesquera consiste en maximizar las capturas o los beneficios, aunque también influyen criterios de tipo socioeconómico como por ejemplo la incidencia de las medidas adoptadas sobre el número de empleos o la distribución de la renta.

El primer paso para la ordenación pesquera consiste en definir con claridad los objetivos que se pretenden alcanzar, que van a condicionar las medidas que se adopten. También es necesario que se establezcan los mecanismos de control y vigilancia necesarios para aplicar eficazmente dichas medidas y que se realice una evaluación periódica del grado de cumplimiento de los objetivos iniciales para, en su caso, introducir modificaciones sobre las medidas de gestión.

El criterio más empleado en la ordenación de pesquerías ha sido el de conseguir la Producción Maxima Sostenible (*MSY*) de la pesquería o el Máximo Rendimiento por Recluta modificando el esfuerzo de pesca o la talla de primera captura. Como se ha visto en el capítulo de evaluación de recursos, los modelos que se aplican son simplificaciones que, o bien no consideran todos los factores que intervienen en la abundancia de las poblaciones explotadas, o bien realizan suposiciones que no se cumplen. Además, frecuentemente la calidad de los datos de que se dispone en muchas pesquerías no es todo lo buena que debiera, lo que va a influir también en la calidad de los resultados obtenidos. Para evitar el riesgo de entrar en una situación de sobrepesca por una sobreestimación del recurso se puede buscar no el esfuerzo correspondiente al MSY sino un esfuerzo prudente, que consiste en reducir, en mayor o menor medida, dicho esfuerzo. Los más empleados son el $f_{2/3}$, que corresponde a los dos tercios del esfuerzo óptimo, y el $F_{0,1}$ cuyo significado ya se vio al tratar de los modelos de producción por recluta (Capítulo 13.3.2). Como la mayor parte de los modelos son para pesquerías uniespecíficas, en el caso de pesquerías multiespecíficas la regulación se realiza sobre la especie o especies objetivo de las mismas, que no son necesariamente las que se capturan en mayor cantidad o las más caras, sino las de mayor importancia comercial definida como el resultado de multiplicar las capturas por el precio.

Otro criterio de gestión que puede emplearse consiste en maximizar los beneficios. La posibilidad de aplicación de este criterio está relacionada con la titularidad de las pesquerías. En el caso de pesquerías de acceso abierto es prácticamente imposible de aplicar y, si se hace, se generan tensiones sociales importantes. En cambio, cuando las pesquerías tienen carácter de «propiedad privada», por ejemplo cuando existen concesiones por especies o zonas a individuos concretos, cooperativas o cofradías, puede resultar un criterio muy útil de gestión, puesto que en estas situaciones la pesca se parece mucho a cualquier otra empresa privada. Sin embargo, si además de los beneficios, se introducen otras consideraciones socioecónomicas, como por ejemplo el número de empleos generados, que van a ser proporcionales al esfuerzo de pesca y al modo con que ese esfuerzo se ejerza, el objetivo a conseguir cambia y se acerca de nuevo al óptimo biológico, que se alcanza a mayores niveles de esfuerzo que el óptimo económico.

Por otra parte, una misma mortalidad por pesca se puede alcanzar con pocos barcos muy eficientes, es decir, con un elevado poder de pesca, o con muchos barcos poco eficientes o de bajo poder de pesca que, habitualmente, tienen costos de operación más reducidos, puesto que emplean tecnologías menos sofisticadas y porque suelen emplear proporcionalmente a mayor cantidad de personal. Muchos de los conflictos que se producen entre pescadores se deben precisamente a la introducción de nuevas tecnologías más eficaces. Por tanto, los criterios para tomar una decisión de ordenación, como prohibir o favorecer determinados artes, no son de tipo biológico sino político.

Un último criterio que se debe considerar antes de adoptar una determinada medida de ordenación es la facilidad o dificultad con que dicha medida puede ponerse en práctica. Un mismo objetivo de ordenación, como por ejemplo una reducción del esfuerzo de pesca, se puede alcanzar con distintas medidas, que pueden requerir, según el caso, la presencia de observadores a bordo de cada barco, visitas periódicas de inspección a cada barco, o un control en los puertos base más o menos intenso. Evidentemente, cada uno de los sistemas de control tiene unas dificultades económicas y técnicas diferentes. Resulta contraproducente proponer medidas de ordenación que no pueden llevarse a la práctica por falta de mecanismos de inspección o vigilancia adecuados.

15.2 TIPOS DE SOBREPESCA

En general, la ordenación pesquera intenta evitar que exista una sobreexplotación del recurso. Se puede definir una situación de sobrepesca cuando a un incremento del esfuerzo se corresponde un descenso de las capturas. Cuando dicho descenso es drástico se habla de colapso de la pesquería. Sin embargo se pueden diferenciar distintos tipos de sobrepesca (Bohnsack, 1992):

- *Sobrepesca de crecimiento.* Este tipo de sobrepesca se produce cuando se capturan los individuos muy jóvenes, antes que puedan haber tenido oportunidad de crecer hasta un peso adecuado.
- *Sobrepesca de reclutamiento.* Esta sobreexplotación se produce cuando falla el reclutamiento a consecuencia de que se ha reducido drásticamente la proporción de reproductores, de tal modo que éstos son incapaces de producir suficientes huevos para reconstituir la población. Sus efectos son muy drásticos y provoca el colapso de las pesquerías. Las especies hermafroditas secuenciales, como los grandes serránidos, son particularmente sensibles a este tipo de sobrepesca, ya que la reducción de los individuos de más edad provocada por la pesca afecta selectivamente a uno de los sexos.
- *La sobrepesca demográfica.* Es una variante del caso anterior en la que se reduce la edad media de población de tal modo que unas pocas clases anuales producen la mayor parte de los productos sexuales, pudiéndose producir el colapso del recurso por la variabilidad natural del reclutamiento. En este caso, el tamaño del stock puede ser suficiente para mantener la pesquería en condiciones normales, pero varios años de reclutamientos bajos provocan el agotamiento del recurso. El colapso de la pesquería de almeja catarina, *Argopecten circularis,* en el Golfo de California se debe, probablemente, a esta situación.
- Recientemente se ha reseñado la posibilidad de que se produzca una *sobrepesca genética.* En este caso, las características genéticas de la población cambian con el tiempo debido a una selección dirigida. La pesca eliminaría selectivamente los individuos más grandes de tal modo que, con el tiempo, se seleccionarían caracteres genéticos indeseables desde el punto de vista humano, como aquellos que enlentecen el crecimiento o hacen que la reproducción se produzca a tallas inferiores y, por tanto, que afectarían negativamente a la fecundidad. De momento no se conoce ningún trabajo que indique a qué escala de tiempo puede producirse este efecto en las pesquerías pero, al menos desde el punto de vista teórico, debe de ser considerado.

- La *sobrepesca «en serie»* se aplica a pesquerías multiespecíficas y consiste en una pérdida secuencial del número de especies que componen una pesquería. En una pesquería uniespecífica, cuando la especie objetivo se vuelve rara disminuyen los beneficios y se reduce el esfuerzo, lo que puede facilitar la recuperación del stock. Sin embargo, en pesquerías multiespecíficas se puede mantener la explotación, y las especies cuya abundancia ha disminuido se continúan capturando lo que imposibilita su recuperación.
- Por último, la *sobrepesca del ecosistema* se manifiesta por una alteración del sistema producida por la rarefacción de determinadas especies clave, usualmente depredadores, y lo que se denomina «efecto cascada» sobre el resto de compartimentos del ecosistema. El ejemplo típico, aunque no el único, se produjo en California por la caza de la nutria de mar, *Enhydra lutris*. La reducción del número de nutrias provocó un aumento de las poblaciones de erizos de los que se alimentan. A su vez, el aumento de erizos redujo considerablemente los bosques de kelp, *Macrocystis pyrifera*, lo que afectó al reclutamiento de aquellas especies de peces que dependen de ellos durante sus estadios juveniles.

15.3 MEDIDAS DE ORDENACIÓN

En una pesquería podemos encontrarnos en una situación de subpesca, sobrepesca o de pesca óptima (definida no necesariamente desde el punto de vista biológico). En el caso de que nos encontremos en una situación de subpesca, es necesario aumentar la intensidad de pesca, mientras que si la situación es de sobrepesca hay que reducirla. En el extraño caso de que nos encontremos ante una situación de pesca óptima, solamente se trataría de adoptar medidas para evitar que ese escenario varíe.

Las medidas encaminadas a incrementar la intensidad de pesca o de fomento pesquero son, básicamente, de tipo económico. Estas medidas consisten en subvencionar la construcción o la modernización de los barcos o de las artes, financiar campañas de prospección pesquera, realizar cursos de capacitación y formación de los pescadores, reducir los costos de operación (subvencionando el combustible, por ejemplo) y aumentar el rendimiento económico mejorando los sistemas de comercialización y distribución (construcción de fábricas de hielo o conservas, facilitar el acceso a los mercados, etc.) o incrementando la demanda mediante campañas publicitarias, por ejemplo.

Sin embargo, en determinados casos, se pueden realizar actividades de fomento pesquero de carácter biológico. Es lo que se consigue con la construcción de arrecifes artificiales de atracción-concentración, que aumentan la capturabilidad de tal modo que, un mismo esfuerzo de pesca provoca una mortalidad por pesca mayor. Los arrecifes de concentración, además, pueden reducir los costos si se instalan cerca de los puertos base y aseguran las capturas en caso de especies de presencia ocasional.

Algo evidente y que, sin embargo, se olvida frecuentemente es que las medidas de fomento de las pesquerías son contraproducentes en situaciones de sobrepesca.

Una pesquería de acceso abierto no regulada evoluciona hacia la sobrepesca, excepto en aquellos casos en los que la curva de costos corta a la de rendimiento antes del óptimo biológico. De este modo, la situación más habitual es que cuando se pretenden introducir medidas de regulación nos encontremos en una situación de sobrepesca y, por tanto, se deba reducir la intensidad de pesca. Los factores sobre los que se puede actuar son el tamaño o edad de primera captura y el esfuerzo pesquero. Los métodos más utilizados, con sus ventajas e inconvenientes, son los siguientes:

A) Métodos que afectan al tamaño o edad de primera captura

1 Establecimiento de tallas mínimas. Es uno de los sistemas más antiguos, remontándose su uso hasta la Edad Media. No garantiza que los organismos que no alcancen la talla mínima dejen de ser pescados y destruidos. Es relativamente sencillo de controlar con inspecciones en los puntos de venta (lonjas, pescaderías y restaurantes) y sanciones disuasorias.

2 Implantación de vedas zonales en las áreas donde se concentran los juveniles. Sólo es apto cuando existe una separación espacial entre juveniles y adultos. La dificultad de vigilancia dependerá del tamaño de la zona vedada y de la separación entre la zona de pesca y la zona de veda. Requiere, salvo excepciones, inspección en el mar.

3 Establecimiento de límites a la cantidad de juveniles en la captura. Se aplica, por ejemplo en la pesquería del bacalao ártico noruego donde no se permite superar un determinado porcentaje de juveniles en la captura. Se puede aplicar, a diferencia del caso anterior, cuando no existe separación entre juveniles y adultos, pero requiere un muestreo constante a bordo de los barcos de pesca.

4 Instauración de épocas de veda. Las épocas de veda son medidas que actúan, habitualmente, sobre el esfuerzo de pesca. Sin embargo, en especies de crecimiento rápido, que alcanzan la talla comercial en unos pocos meses, como los camarones y cefalópodos, se pueden establecer vedas temporales para regular la talla o edad (en días) de primera captura.

5 Modificación de la selectividad de los artes mediante la regulación del tamaño de mallas o anzuelos. Si puede aplicarse, es el sistema con más ventajas y menos inconvenientes. Requiere inspecciones periódicas en el

mar y es conveniente que se prohiba no solamente el uso de artes de dimensiones ilegales, sino también que éstas se lleven a bordo de las embarcaciones, lo cual facilita el control en los puertos. En el caso de pesquerías multiespecíficas la regulación de selectividad que se realice sólo es válida para una especie y puede ser inadecuada para el resto. Este sistema no es adecuado para pesquerías de cerco porque si la malla es muy grande la red se comporta como una red de enmalle en la que quedan atrapados muchos peces que mueren y no son aprovechables, originándose problemas posteriores para limpiar la red. En este caso es preferible regular la talla de primera captura mediante un sistema de tallas mínimas puesto que los bancos de especies pelágicas son de una talla homogénea y, si se cerca un banco de individuos que no alcanzan dicha talla, puede abrirse el cerco escapando los peces vivos.

Todos estos métodos requieren un buen conocimiento de la biología de la especie a regular, sobre todo del crecimiento, de la talla de primera madurez sexual, de la época o épocas de puesta y de la distribución de los distintos grupos de edad de la especie. Para establecer la talla de primera captura óptima para unas tasas de mortalidad conocidas, se aplican, en general, modelos de rendimiento por recluta. Hacer coincidir la talla de primera captura con la talla de primera madurez sexual no es necesariamente lo más adecuado.

B) Métodos que afectan al esfuerzo pesquero

1 Limitación del crecimiento de la flota. Es un buen sistema para regular el esfuerzo de pesca a largo plazo, sobre todo si se controla además el poder de pesca de los barcos y artes. No sirve para realizar cambios rápidos en el esfuerzo. Se impide o dificulta la renovación de la flota provocándose problemas de envejecimiento de la misma.

2 Restricción del acceso a los caladeros, es decir, otorgando licencias, concesiones o permisos individuales o colectivos. Con este sistema se puede alcanzar no sólo el máximo biológico sino también el económico. Es un método fácil de controlar puesto que los propios concesionarios pueden encargarse de impedir el acceso. Los inconvenientes son de tipo político al restringir el carácter de propiedad común de un recurso marino y favorecer a unos individuos o empresas determinados. Es necesario buscar actividades alternativas para aquellos pescadores que no obtengan licencia. En determinados casos, la obtención de una licencia está sometida a unas tasas que pueden hacer subir los costos de explotación.

3 Limitación del poder de pesca. Es uno de los métodos más extendidos y diversificados, en el que se establecen límites a la eficacia pesquera de los barcos (tamaño de la bodega, potencia de los motores, sistemas de

detección) o de los artes de pesca (prohibiendo artes muy efectivos o limitando la longitud, abertura o superficie de las redes y aparejos por pescador o por barco, limitando el número de anzuelos para los palangres, etc.). Permite regular el esfuerzo de pesca a corto plazo, aunque algunas de las medidas pueden presentar un coste elevado (como cambiar el tipo de motor o de arte empleado). Al disminuir la eficiencia puede aumentar la función de los costos.

4 Limitación de las áreas de pesca. Las vedas de una zona pueden ser permanentes o temporales, en este caso se habla también de pesca intermitente. Es un método adecuado para especies ecológicamente muy maduras, que no incrementa la función de costos y que es fácil de vigilar con embarcaciones adecuadas. En el caso de la pesca intermitente, los resultados pueden no ser los esperados porque el tiempo de recuperación de las poblaciones es más largo que el tiempo en el que se disipan los beneficios.

5 Restricción del tiempo de pesca. Admite dos variantes:

5a Prohibición de la pesca durante un cierto tiempo o vedas totales, también llamadas «paro biológico». Son adecuadas para especies que presentan cambios estacionales en la capturabilidad. Fáciles de aplicar en pesquerías industriales, permitiendo regular el esfuerzo de pesca a corto plazo. Tienen un impacto socioeconómico muy elevado puesto que obligan a amarrar la flota durante un cierto tiempo, desabastecen los mercados favoreciendo la importación y, cuando se reanuda la pesquería, suelen caer los precios por exceso de oferta. Existe la creencia errónea de que es positivo vedar la época de reproducción de cualquier especie, pero esta medida solamente está justificada si la capturabilidad aumenta en la época de reproducción o si el arte de pesca puede dañar a la puesta o los juveniles. En la mayoría de las especies marinas que tienen fecundación externa y larvas planctónicas esto es inútil.

5b Limitación del número de horas de pesca al día o del número de días a la semana o al mes. Tiene las ventajas de la medida anterior y carece de inconvenientes socioeconómicos. En el caso de pesquerías de altura es difícil de aplicar y aumentaría la función de costos. Si la reducción del número de horas al día es muy elevada se puede concentrar el esfuerzo en las zonas más próximas al puerto base.

6 Limitando el rendimiento. Para ello se establecen Totales Admisibles de Captura (TAC) o cuotas anuales. Es el sistema más flexible de regulación de una explotación y ha permitido situar algunas pesquerías en el óptimo biológico. Necesita un gran esfuerzo en la recolección de los datos para que las evaluaciones sean precisas. Si el número de barcos es muy eleva-

do, la cuota se puede agotar en poco tiempo. Precisa de un control estricto de las capturas para evitar que la cuota sea sobrepasada. Las cuotas se pueden asignar a la flota en su conjunto, a distintos grupos de barcos (por ejemplo, el reparto de las cuotas entre países en el caso de pesquerías internacionales) o se pueden asignar a barcos individualmente. Este último caso ha sido criticado por algunos economistas porque favorece a aquellas unidades de flota menos eficientes. En su lugar proponen un sistema de cuotas individuales transferibles mediante las cuales un pescador que no complete su cuota puede venderla a otros más eficientes que hayan agotado la suya.

Todos estos métodos requieren un conocimiento bastante bueno de la biomasa de la población, de la composición y cantidad de la flota y de las características de los barcos. Además, es necesario conocer como afectará la modificación del esfuerzo a la abundancia del recurso.

Todas las medidas de ordenación mencionadas anteriormente son compatibles entre sí y se deben combinar para la gestión más adecuada del recurso. Otra posible clasificación de las medidas de ordenación se puede realizar en función de su flexibilidad ante cambios bruscos en la abundancia del recurso. Se diferencian, desde este punto de vista, en medidas adaptativas, cuyo mejor ejemplo son las cuotas que se establecen anualmente en función de las previsiones sobre el estado de la pesquería para el año siguiente, y en medidas no adaptativas, que están en vigor independientemente de cuales sean las previsiones (si existen) de la evolución del recurso.

Toda ordenación pesquera necesita, en primer lugar, de una definición precisa de los límites de las áreas reguladas, que deben coincidir, en la medida de lo posible, con el área ocupada por el stock principal que se desea gestionar. Por otra parte, también es estrictamente necesaria la vigilancia y control por parte de las autoridades competentes. Esto genera gastos importantes, que no siempre se pueden sufragar. Por ello, y por razones de otra índole, las medidas de ordenación deben ser prácticas, claras y precisas.

Como en muchos casos las pesquerías son multiespecíficas, puede ocurrir que siendo las medidas de ordenación adecuadas para una especie no lo sean para otras que conviven en el mismo área. Si las especies no son interdependientes no será difícil determinar qué medidas son las más adecuadas para aplicar al conjunto. Pero la cosa se complica cuando las especies dependen unas de otras, que es lo más frecuente. Entonces es necesario realizar un análisis profundo de sus interrelaciones y decidir por cuál o cuáles se opta. En cualquier caso, para llevar a cabo una ordenación adecuada y exitosa hay que conocer muy bien el recurso y el sector, y aplicar siempre medidas prácticas, claras, sencillas y fáciles de controlar. Ello, además de buenos conocimientos biológicos, económicos y políticos, requiere sentido común.

Como cualquier medida de ordenación o gestión de un recurso que se adopte tiene repercusiones biológicas y sociopolíticas importantes, la decisión no puede tomarse unilateralmente; los economistas y políticos precisan de los informes de los biólogos y viceversa. Por ello, en los organismos internacionales para la ordenación de las pesquerías (Nafo, Cecaf, Icatt, Ices, etc.) existe un comité de científicos que aconseja a la comisión, compuesta por representantes (políticos) de las administraciones pesqueras de los países miembros, sobre una cifra que correspondería a un nivel aconsejable de captura (Total Admisible de Captura) para cada especie o stock, o sobre otras medidas a tomar basadas en conocimientos biológicos, las cuales se adoptan sin modificaciones, o parcialmente modificadas, atendiéndose a razones socioeconómicas y políticas.

15.4 ARRECIFES ARTIFICIALES

Los arrecifes artificiales, a veces llamados también hábitats artificiales, son estructuras instaladas por el hombre con fines de ordenación pesquera. Los materiales con los que se fabrican son muy diversos; se pueden construir de hormigón, acero, fibra de vidrio, madera, etc. También se pueden utilizar estructuras recicladas como barcos viejos, plataformas de petróleo, neumáticos, etc. Del mismo modo, las formas y tamaños son muy variados, dependiendo de los objetivos y las especies a las que vayan dirigidos (Fig. 15.4.1). En general, un arrecife artificial está formado por unas unidades básicas o módulos, que se agrupan en juegos («sets»), que forman a su vez estructuras más complejas, los grupos o campos de arrecifes (Fig. 15.4.2).

Existen dos grandes grupos de arrecifes: los de atracción-concentración, también llamados a veces de producción, porque incrementan las capturas a su alrededor, y los disuasorios o antiarrastre, que se construyen para proteger del impacto de determinadas modalidades de pesca hábitats de interés para las pesquerías. En el primer caso, el efecto se puede conseguir mediante la reducción de la mortalidad natural ofreciendo refugio a los juveniles o aumentando la disponibilidad de alimento. Sin embargo, en la actualidad existe un amplio consenso en que dichos arrecifes actúan, principalmente, aumentando la capturabilidad de especies demersales o pelágicas. Aumentar la capturabilidad supone que a igualdad de esfuerzo de pesca la mortalidad por pesca es mayor. Este tipo de arrecifes están indicados para concentrar especies de una alta movilidad, asegurando las capturas. Además, si los arrecifes se sitúan cerca de los puertos base se consigue reducir los costos y que la flota opere con mayor seguridad.

A nivel mundial, los dos países con mayor número de arrecifes de atracción-concentración son Japón y Estados Unidos, aunque existen diferencias

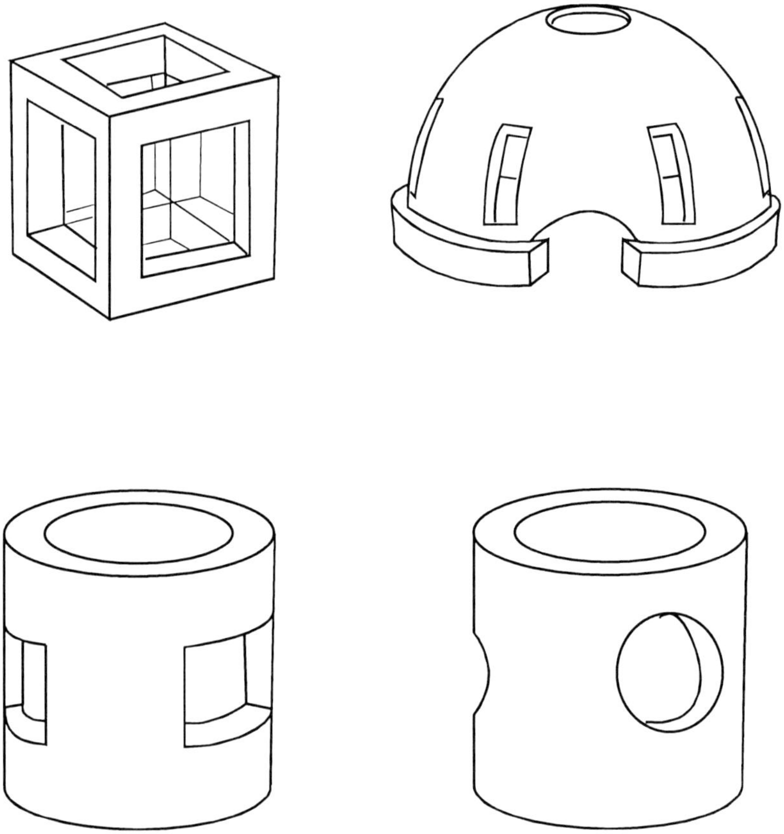

Figura 15.4.1 Algunos tipos de módulos para arrecifes artificiales.

importantes en los objetivos y los materiales empleados para su construcción. En Japón se construyen arrecifes para potenciar la pesca artesanal, mientras que en los Estados Unidos se emplean mayoritariamente elementos de reciclaje para potenciar la pesca deportiva. Un tipo particular de arrecifes de atracción-concentración para especies pelágicas son los FAD's (Fish Attracting Devices), que son estructuras flotantes para la atracción de túnidos, muy desarrollados principalmente en Filipinas y otros países del Pacífico.

Los arrecifes disuasorios se han instalado sobre todo en el Mediterráneo para proteger las praderas de la fanerógama marina *Posidonia oceanica* de la alteración producida por la pesca de arrastre ilegal. Las praderas de *Posidonia oceanica* son comunidades de gran importancia por su elevada producción primaria, por la complejidad del ecosistema que conforman y por ofrecer

Figura 15.4.2 Ejemplos representativos de la gran variedad de materiales y estructuras utilizados como arrecifes artificiales.

refugio a juveniles de especies de interés comercial. Aunque se trata de comunidades protegidas, una de las causas principales de regresión de las praderas es la pesca de arrastre ilegal, que en algunos sectores del Mediterráneo ha supuesto la destrucción de más del 40% de la superficie inicialmente ocupada por esta comunidad. Para evitar este impacto y facilitar la recuperación de las praderas se ha propuesto la construcción de arrecifes de carácter disuasorio frente a la pesca de arrastre ilegal (Guillén *et al.*, 1994). Estos arrecifes deben ser pesados para evitar que sean desplazados por los arrastreros, tener salientes para que se enganchen las redes y cubrir un máximo de superficie al menor costo posible. Se construyen principalmente de hormigón con perfiles metálicos, los módulos se instalan separados, dependiendo de las características del arte de arrastre, y no aumentan la capturabilidad de las especies. Son, por tanto, adecuados en situaciones de sobrepesca, ya que reducen el esfuerzo de pesca a diferencia de los de atracción-concentración. Estos arrecifes sirven, además, para potenciar las pesquerías artesanales, habiéndose demostrado que producen un incremento de las capturas de las especies objetivo, como por ejemplo el salmonete (Martínez, 1997).

15.5 RESERVAS DE PESCA

Los sistemas clásicos de ordenación no han podido evitar que se sigan produciendo colapsos en algunas pesquerías. Estos fracasos en la ordenación se pueden producir por múltiples causas que incluyen, por ejemplo, una mala calidad de los datos de partida, una inadecuación de los modelos de evaluación utilizados, una mala traducción de las recomendaciones biológicas sobre el estado de los stocks a medidas concretas de ordenación, o una falta de mecanismos de control y vigilancia adecuados para la aplicación de las medidas de ordenación.

Frente a las aproximaciones clásicas, cada vez toman más fuerza como medidas de ordenación y gestión de pesquerías la creación de zonas de reserva de pesca. Una reserva de pesca es, básicamente, una zona en la que se prohibe la pesca para que se recupere la estructura demográfica de las poblaciones explotadas y que actúe de zona de repoblación de las áreas vecinas. Desde esta perspectiva, una reserva de pesca es similar a una veda de área. La diferencia estriba en que, desde el punto de vista tradicional, las vedas se aplican normalmente a una especie o a una modalidad de pesca mientras que en las reservas, generalmente, se prohibe la pesca de cualquier especie y con cualquier tipo de arte. La creación de una zona de reserva supone, en cierta medida, el retorno a una situación inicial de la pesquería en la que sólo se explotaban determinadas zonas del área de distribución de la población existiendo lugares que quedaban fuera del alcance de la flota por su lejanía o inaccesibilidad. El incremento de la autonomía de los barcos y del esfuerzo de pesca provoca que desaparezcan estos refugios naturales y que la población corra el peligro de ser sobrexplotada o esquilmada.

En las zonas de reserva se produce un incremento del número de individuos y, sobre todo, de la biomasa de las especies explotadas, una recuperación de la estructura de edades de la población y una exportación hacia las zonas de no reserva de huevos, larvas y reclutas puesto que el potencial reproductivo de los individuos de mayor edad es más importante. También se exportan individuos grandes que han crecido dentro de la zona de reserva donde no estaban sometidos a mortalidad por pesca. Se han documentado muchas situaciones en las que el establecimiento de zonas de reserva han incrementado las capturas en las zonas vecinas, en otros casos no existen datos fiables. Se ha demostrado también que, en estas situaciones, existe una contribución de la exportación de individuos adultos de la zona de reserva. Hasta la fecha, sin embargo, no se ha documentado un incremento del reclutamiento debido a las zonas de reserva, básicamente porque no existen series de datos de reclutamiento antes y después de la creación de las mismas. Carr y Reed (1993) han estudiado en profundidad las características que debe poseer una zona de reserva para que se produzcan incrementos del reclutamiento en función de la biología reproductiva de distintas especies de la costa pacífica de los Estados Unidos.

Las reservas de pesca presentan, desde el punto de la ordenación pesquera, una serie de ventajas e inconvenientes que han sido analizados en detalle por Bohnsack (1992). Entre los inconvenientes se pueden destacar:

1 Cuando se limitan los usos en la zona protegida puede presentarse una oposición por grupos de personas con intereses específicos. La discusión y negociación con los afectados por la creación de la reserva es siempre necesaria y puede evitar que se produzcan conflictos.

2 Se deben proporcionar medios para que se cumplan los objetivos de ordenación propuestos, particularmente una delimitación y balizamiento claros de la zona protegida, mecanismos de vigilancia adecuados y sistemas de educación para los usuarios y visitantes de la zona protegida.

3 El cambio de estrategia de ordenación puede provocar resistencia debido a la incertidumbre de los resultados de la nueva táctica y a la inercia de la admistración que suele ser reacia a introducir modificaciones.

4 Existe un desfase de tiempo entre el momento en que se establece la reserva y el momento en el que se alcanzan los máximos beneficios. En general, cuanto más severa sea la situación de sobrepesca más tiempo pasará antes de que se recuperen las poblaciones en la zona de reserva y se incrementen los reclutamientos en la población. También influye en la duración de este periodo la biología de las especies. En la reserva marina de Tabarca (Alicante), las capturas de peces en las zonas de no

reserva se incrementaron a partir del segundo año, mientras de los grandes crustáceos decápodos como la langosta tardaron casi cinco años en recuperarse.
Estos problemas son temporales y suelen desaparecer un cierto tiempo después de la creación de la reserva. A modo de ejemplo, la oposición inicial de los pescadores al establecimiento de una reserva suele transformarse después de un tiempo en una defensa de las reservas existentes y en la solicitud de creación de otras nuevas (Ballantine, 1989).

5 Las reservas difícilmente van a beneficiar a especies altamente migratorias. La protección de esas especies será proporcional al tamaño de la reserva y al tiempo que la especie pase dentro de la zona protegida. Estos beneficios se pueden disipar si se incrementa el esfuerzo fuera de la zona de reserva. En este caso, particularmente si existen cambios estacionales en la capturabilidad, las vedas temporales son más adecuadas.

6 Es posible que los pescadores de las zonas de reserva tengan que viajar a mayores distancias para pescar incrementándose la función de costes. Esto va a depender del tamaño y de la localización de la zona de reserva, así como de la ubicación de los puertos base de la flota. En muchos casos, la mayoría de los pescadores no se verán afectados.

7 Las áreas de pesca permitida pueden recibir un incremento del esfuerzo de pesca por desplazamiento de aquellos que trabajaban en la zona de reserva. Este efecto será mayor cuanto más grande sea el tamaño de la reserva.

8 Existe una incertidumbre científica para establecer el número, tamaño y localización óptimos para las reservas. Se ha discutido, por ejemplo, la conveniencia de crear una (o pocas) reservas grandes o bien muchas pequeñas, existiendo argumentos a favor y en contra de cada una de estas alternativas. La Unión Internacional para la Conservación de la Naturaleza (IUCN) ha establecido un objetivo de proteger un tercio de los hábitats marinos. Bohnsack (1992) sugiere la protección de un 20% de la zona de distribución de una especie basándose en criterios teóricos sobre la biomasa del stock reproductor. Sin embargo, hasta que no se analicen los resultados de las reservas que se están creando en la actualidad será muy difícil aportar argumentos sólidos a este problema.

Por otra parte, las ventajas de la creación de zonas marinas protegidas se pueden resumir en los siguientes puntos:

1 Las reservas protejen al stock de la sobrepesca del crecimiento. Los peces que han crecido dentro de la reserva pueden salir de la misma y ser capturados fuera de las zonas de reserva. El incremento de las capturas

fuera de la zona protegida se debe, normalmente, a este efecto, en particular en el caso de especies hermafroditas secuenciales proterogínicos como los grandes serránidos en los que los machos son territoriales. Cuando se produce el cambio de sexo de las hembras, los machos jóvenes, si no encuentran un lugar libre en la zona de reserva, son expulsados de la misma por los más viejos y se incrementa la captura de individuos de gran talla fuera de la reserva.

2 Las reservas protegen la biomasa crítica del stock reproductor de la sobrepesca.

3 En el mismo sentido, las reservas proporcionan un seguro frente a los fallos en el reclutamiento debidos a fluctuaciones ambientales. Al proteger la estructura de edades de la población se evita la sobrepesca demográfica y se reduce la incertidumbre del reclutamiento al mantenerse la generación de productos sexuales.

4 Las reservas ayudan a proteger la diversidad genética de las poblaciones explotadas. Los genes desfavorecidos por la selección pesquera mantienen sus ventajas en la zona de reserva y, como una parte importante del número total de huevos de la población es producida por los individuos de la zona de reserva, impide la deriva genética de la población hacia caracteres «desfavorables».

5 Las reservas son la mejor manera de proteger la biodiversidad y el equilibrio natural de las comunidades evitando la sobrepesca del ecosistema.

6 El sumistro de peces y reclutas a las zonas de no reserva puede permitir que las restricciones a la intensidad de pesca disminuyan y que se puedan mantener niveles de esfuerzo mayor.

7 En general, las ventajas de tener zonas no explotadas es más fácil de comprender y aceptar que otras medidas de ordenación pesquera tanto por la opinión pública como por el sector pesquero.

8 Las áreas protegidas suponen un seguro contra los colapsos debidos a fallos en la evaluación, ordenación o regulación de las pesquerías.

9 Las necesidades de recolección de datos se reducen. La estrategia de las reservas no requiere información exhaustiva sobre todas las especies e interacciones puesto que asume que la naturaleza actuará adecuadamente sin intervención humana. Muchas técnicas tradicionales de ordenación requieren datos anuales exhaustivos sobre composición de tallas, edades, crecimiento, capturas y esfuerzos por especies y zonas que son costosos y difíciles de obtener.

10 Las reservas proporcionan mejores datos para algunas de las variables que intervienen en los modelos pesqueros como mortalidad natural, du-

ración de la vida, tasas de crecimiento, composición e interacciones inter- e intraespecíficas entre otras. Estas variables, que intervienen de modo decisivo en muchos de los modelos de evaluación, se estiman con poca precisión en el caso de poblaciones severamente explotadas.

11 Las reservas mantienen las pesquerías de grandes depredadores (pesca de trofeos) que suelen desaparecer en las zonas explotadas y evitan la sobrepesca en serie.

12 Las reservas reducen los conflictos entre los usos pesqueros y otros usos de las zonas costeras como la educación ambiental, el buceo, el turismo o la conservación de especies y ecosistemas.

13 Las reservas simplifican la vigilancia y facilitan el cumplimiento de la normativa de pesca. En una zona de reserva cualquier barco que esté pescando es fácilmente detectado. Otras medidas de ordenación requieren inspección de cada uno de los barcos para comprobar si las artes, las mallas, las especies o las capturas se adecúan a la legislación vigente. La tentación a la picaresca se reduce al ser más difícil burlar la vigilancia.

14 Las reservas son aplicables a la gestión de pesquerías multiespecíficas. El número de especies beneficiadas por la reserva dependerá, básicamente, de la diversidad de hábitats en su interior y de la extensión que ocupe cada uno de ellos.

15 En las zonas de reserva se incrementan determinadas actividades económicas no extractivas que contribuyen a mejorar las condiciones de vida de los habitantes de las zonas costeras. Las zonas protegidas suponen un incremento de los visitantes, un aumento de las posibilidades turísticas, la aparición de actividades de educación ambiental y observación de la naturaleza, etc. En muchos casos, las nuevas posibilidades económicas son aprovechadas por algunos pescadores que cambian de actividad mejorando su nivel de vida y reduciendo el esfuerzo de pesca, lo que resulta también beneficioso para aquellos que continúan con actividades pesqueras.

BIBLIOGRAFÍA

En esta biobliografía se recoge una selección de trabajos de interés general con objeto de orientar a quienes deseen ampliar sus conocimientos. Todas las citas del texto, algunas de las cuales no se recogen en este apartado, pueden encontrarse en alguno de los manuales o artículos citados aquí.

General

Alverson, D. L. (Ed.). 1971. Manual of methods for fisheries resource survey and appraisal. Part.1. Survey and charting of fisheries resources. *FAO Fish. Tech. Pap.*, (102): 80 pp.

Brether, J. C. y R. N. O'Boyle (Ed.). 1990. *Méthodes d'évaluation des stocks halieutiques*. Project CIEO-860060. Centre International d'Explotation des Océans, Halifax (Canada): 963 pp.

Caddy, J. F. 1983. Advances in assessment of world cephalopod resources. *FAO Fish. Tech. Pap.* 231: 452 pp.

Csirke, J. 1980. Introducción a la dinámica de poblaciónes de peces. *FAO Doc. Téc. Pesca*, nº 192: 182 pp.

Cushing, D. H. 1968. *Fisheries biology: A study in population dynamics*. University of Wisconsin Press, USA: 200 pp.

Guerra, A. y G. Pérez-Gándaras. 1983. Recursos mundiales de cefalópodos: situación actual y perspectivas. *Inf. Téc. Inst. Invest. Pesq.*, 102-104: 141 pp.

Guerra, A. 1992. *Cephalopod Resources of the World: A present day view*. In: The 2nd World Cephalopod Conference. Nierentz, J.H.(Ed.). Agra-Europe (London, U.K.): 1-14.

Guerra, A., P. Sánchez y F. Rocha. 1994. The Spanish fishery for *Loligo*: recent trends. *Fish. Res.,* 21(1-2): 217-230.

Gulland, J. A. 1971. *Manual de métodos para la evaluación de las poblaciones de peces*. Acribia, Zaragoza: 164 pp.

Gulland, J. A. (Ed.). 1977. *Fish populations dynamics*. John Wiley & Sons , Ltd: 372 pp.

Gulland, J. A. 1983. *Fish stock assessment. A manual of basic methods.* En: FAO y Wiley Series of Food and Aquiculture. Vol.1. John Wiley and Sons (Eds): 233 pp.

Hilborn, R. y C. J. Walters. 1992. *Quantitative fish stock assessment: Choice, dynamics and uncertainty.* Chapman and Hall, Inc., London and New York: 500 pp (con programas en un disquete).

ICES. 1975. Fish stocks and recruitment. Proceedings of the symposium held in Aarhus, 7-10 July, 1970. *Rapp. P-V. CIEM*, 164: 372 pp.

Iversen, E.S. 1996. *Living Marine Resources. Their utilization and management.* Chapman & Hall., 430 pp.

King, M. 1995. *Fisheries biology, assessment and management.* Fishing News Books. Blackwell Science Ltd., London: 341 pp.

Larrañeta, M. G. 1972a. *Dinámica de las poblaciones explotables de animales marinos.* En: *Ecología Marina.* Hno Ginés y R. Margalef (Eds.). Fundación La Salle, Monografía 14, Venezuela: 601-636.

Larrañeta, M. G. 1972b. *Explotación pesquera.* En: *Ecología Marina.* Hno Ginés y R. Margalef (Eds.). Fundación La Salle, Monografía 14, Venezuela: 637-666.

Larrañeta, M. G. 1980. *Curso de dinámica de poblaciones.* Instituto de Investigaciones Marinas. CSIC, Vigo: 73 pp (mimeo).

Lleonart, J. (Coordinador). 1986. L'Oceanografia II. Recursos pesquers de la mar catalana. *Quaders d'Ecologia Aplicada*, nº 9. Diputació de Barcelona: 147 pp.

Lleonart, J. (Ed.). 1993. Northwestern Mediterranean Fisheries. *Scientia Marina*, 57 (2-3): 271pp.

Lleonart, J. y J. Salat. 1992. VIT. Programa de análisis de pesquerías. *Inf. Téc. Scientia Marina*, nºs 168-169: 116 pp.

May, R. M. (Ed). 1984. *Explotation of marine communities.* Springer-Verlag. Berlín: 367 pp.

Nielsen, L. A. y D. L. Johnson (Eds.). 1983. *Fisheries techniques.* Oliver and Boyd Ltd: 468 pp.

Pauly, D. y G. I. Murphy (Eds.). 1982. Theory of management of tropical fisheries. *ICLARM Conferences Proceedings*, 9. Manila: 360 pp.

Pauly, D. 1984. Fish population dynamics in tropical waters: A manual for use with programmable calculators. *ICLARM Studies and Reviews*, 8. Manila: 325 pp.

Pauly, D. 1996. One hundred million tonnes of fish, and fisheries research. *Fish. Res.*, 25 (1): 25-38.

Pereiro, J. A. 1982. Modelos al uso en dinámica de poblaciones marinas sometidas a explotación. *Inf. Téc. Inst. Esp.Oceanogr.*, 1: 255 pp.

Pereiro, J. A. 1993. Consideraciones generales sobre la dinámica de poblaciones sometidas a pesca. *Bull. Inst. Esp. Oceanogr.*, 9(1): 57-74.

Pierce G. J. y A. Guerra. 1994. Stock assessment methods used for cephalopod fisheries. *Fish. Res.,* 21(1-2): 255-285.

Ricker, W. E. 1975. Computation and interpretation of biological statistics of fish populations. *Bull. Fish. Res. Bd. Canada*, nº 191: 382 pp.

Rothschild, B. J. 1986. *Dynamics of marine fish populations.* Hardward Univ. Press: 277 pp.

Royce, W. F. 1996. *Introduction to the practice of Fishery Science.* Academic Press, London: 456 pp.

Saville, A. (Ed.). 1980. The assessment and management of pelagic fish stocks. A symposium held in Aberdeen, 3-7 July, 1978. *Rapp. P-V. Reún. CIEM*, 177: 517 pp.

Sparre, P. y S. C. Venema. 1995. Introducción a la evaluación de recursos pesqueros tropicales. Parte 1. Manual. *FAO Doc. Téc. Pes.*, 306/1: 420 pp.

Troadec, J P. 1977. Méthodes semi-quantitatives d'évaluation. *FAO.Cir. Pêches*, 701: 31-141.

Varios. 1979. *Estudio y explotación del mar en Galicia*. Universidad de Santiago de Compostela, España: 487 pp

Walters, C. 1986. *Adaptative management of renewable resources*. MacMillan Publishing Co. New York: 374 pp.

Wyatt, T. y M. G. Larrañeta, (Eds.). 1988. *Long term changes in marine fish populations*. Instituto de Investigaciones Marinas. CSIC. Vigo, 554 pp.

Xunta de Galicia. 1992. *Plan de ordenación dos recursos pesqueiros e marisqueiros de Galicia*. Santiago de Compostela, España: 874 pp.

Capítulo 2

Bas, C., E. Morales y M. Rubió. 1955. *La pesca en España I. Cataluña*. Consejo Superior de Investigaciones Científicas, Patronato Juan de la Cierva, Instituto de Investigaciones Pesqueras, Barcelona: 465 pp.

Cornide, J. 1787. *Ensayo de una historia de los peces y otras producciones marinas de las costas de Galicia*. Edición facsimil publicada por Publicacións da Area de Ciencias Mariñas do Seminario de Estudos Galegos en 1983. Ediciós do Castro,Sada, A Coruña: 263 pp.

Kesteven, G. L. 1996. A fisheries science approach to problems of world fisheries or: three phases of an industrial revolution. *Fish. Res.*, 25 (1): 1-5.

Labarta, U. 1985. *A Galicia mariñeira*. Biblioteca Básica da Cultura Galega. Ed. Galaxia, Vigo: 234 pp.

López Linage, J. y J. C. Arbex. 1991. *Pesquerías tradicionales y conflictos ecológicos*. 1681-1794. *Una selección de textos pioneros*. Ministerio de Agricultura Pesca y Alimentación. Secretaría General de Pesca Marítima, Madrid: 316 pp.

Ricker, W. E. 1977. *The historical development*. En: *Fish Population Dynamics*. J. A. Gulland (Ed.). J. Wiley & Sons: 1-25.

Sahrhage, D. y J. Jundbeck. 1992. *A history of fishing*. Spriger-Verlag, Berlín: 348 pp.

Sañez Reguart, A. 1791-1795. *Diccionario histórico de los artes de la pesca nacional*. Joaquín Ibarra. Madrid (5 Vols.). Reedición preparada por J. C. Arbex en el Ministerio de Agricultura, Pesca y Alimentación. Madrid. 2 Vols (1988).

Urteaga, L. 1987. *La tierra esquilmada. Las ideas sobre la conservación de la naturaleza en la cultura española del siglo XVIII*. Serbal, Barcelona /CSIC, Madrid: 221 pp.

Vázquez, G., P. Arruza, M.G. Larrañeta, J. Mª Losada, E. Polanco y J.M. Sánchez. 1996. *El sector pesquero español en la Unión Europea*. Primera parte: *Adpatación del sector pesquero español a la normativa de la CEE*: 525 pp. Segunda parte: *La realidad actual del sector pesquero español*: 549 pp. Fundación Alfonso Martín Escudero. Mundi Prensa, SA. Madrid.

Capítulo 3

Cushing, D. H. 1975. *Marine ecology and fisheries*. University Cambridge Press, London: 278 pp.

Cushing, D. H. 1982. *Climate and Fisheries*. Academic Press, London: 373 pp.

Fraga, F. 1979. *El afloramiento marino*. En: *Estudio y explotacción del mar en Galicia*. Universidad de Santiago de Compostela: 73-99.

Garrison, T. 1993. *Oceanography. An invitation to marine science*. Wadsworth Inc. Belmont, CA (USA): 540 pp.

Guerra, A. y P. Sánchez. 1985. Comparación de las pesquerías de cefalópodos de dos áreas de afloramiento de la costa occidental africana. *Simposio Internacional de Afloramientos. Instituto de Investigaciones Pesqueras, Barcelona*, vol.II: 749-760.

Hagen, E. 1974. Ein einfaches schema der enwicklung von Kalwasseranfttriebszellen von der nordwest afrikanischen Küste. *Beiträge zur Meereskunde*, 33: 123-298.

Margalef, R. 1974. *Ecología*. Editoral Omega. Barcelona : 951 pp.

Sverdrup, H. V., M. W. Johnson y R. H. Fleming.1942. *The oceans: their physics, chemistry and general biology*. Prentice Hall. Inc: 1087 pp.

Valiela, I. 1984. *Marine ecological processes*. Springer Verlag, Berlin: 546 pp.

Capítulo 4

FAO. 1972. *FAO catalogue of fishing desings*. Fishing News Books Ltd., London: 155 pp.

Guerra, A. 1985. La pesca de cefalópodos mediante poteras automáticas. *Inf. Téc. Inv. Pesq.,* 123: 20 pp.

Kristjonsson, H. (Ed.). 1971. *Modern fishing gears of the world*: 3. FAO Fishing News (Books) Ltd., London: 517 pp.

Sainsbury, J. C. 1996 (Tercera edición). *Commercial fishing methods. An introduction to vessels and gears*. Fishing News Books Ltd., London: 355 pp.

Capítulo 5

Booke, H. E. 1981. The conundrum of stock concept- are nature and nurture definable in fishery science? *Can. J. Fish. Aquat. Sci.*, 39: 1479-1480.

Guerra, A. 1981. Spatial distribution pattern of *Octopus vulgaris* Cuvier. *J. Zool. Lond.,* 195: 133-146.

Ihssen, P. E., H. E. Booke, J. M. Casselman, J. M. McGlade, N. R. Payne y F. M. Utter. 1981. Stock identification: material and methods. *Can. J. Fish. Aquat. Sci.*, 38: 1838-1855.

Mac Lennan, J. A. y D. O. Evans. 1981. The stock concept, discreteness of fish stocks and fisheries management. *Can.J. Fish. Aquat. Sci.*, 38:1880-1898.

Pascual, S. 1996. *Los sistemas hospedador-parásito en la pesquería de omastréfidos de Galicia*. Tesis Doctoral. Facultad de Ciencias. Universidad de Vigo: 167 pp.

Pawson, M. G. 1996. A critique of methods for stock identification in marine capture fisheries. *Fish. Res.,* 25 (3,4): 203-219.

Pierce, G. J., R. S. Thorpe, L. C. Hastie, A. S. Brierley, A. Guerra, P. R. Boyle y P. Avila. 1993. Geographic variation in *Loligo forbesi* in the northeast Atlantic:

analysis of morphometric data and test of causal hypotesis. *Mar. Biol.,* 119: 541-547.
Pierce, G. J., L. C. Hastie, A. Guerra, R. S. Thorpe, F. G. Howard y P. R. Boyle. 1994. Morphometric variation in *Loligo forbesi* and *Loligo vulgaris*: regional seasonal, sex, maturity and worker differences. *Fish. Res.,* 21(1-2): 127-148.
Sanjuán, A., M. Pérez-Losada y A. Guerra. 1996. Intra and interespecific genetic differentiation in three species of *Sepia* (Mollusca: Cephalopoda) from Galician waters (NW of the Iberian Peninsula). *Mar. Biol.,* 126: 253-259.

Capítulo 6

Doubleday, W. G. (Ed.). 1981. Manual of groundfish surveys in the Northwest Atlantic. *NAFO. Sci. Counc. Stud.*, 2: 7-55.
Pope, J. A. 1956. An outline of sampling techniques. *Rapp. P-V. Reún. CIEM,* 140: 11-20.
Sokal, R. R y F. J. Rohlf. 1979. *Biometría.* H. Blume Ediciones, Madrid: 832 pp.
Zar, J. H. 1984. *Biostatistical analysis.* Prentice Hall, Englewood Cliffs.New Jersey.USA. 2nd edition: 718 pp.

Capítulo 7

Bauer, R. T. y J. W. Martin (Eds.). 1991. *Crustacean sexual biology.* Columbia University Press. New York.
Cortez, T., B. G. Castro y A. Guerra. 1995. Reproduction and condition of females *Octopus mimus* (Mollusca, Cephalopoda). *Mar. Biol.,* 123: 505-510.
De Vlaming, V., G. Grossman y F. Chapman. 1982. On the use of the gonosomatic index. *J. Physiol. Great Britain,* 1: 31-39.
Espinosa de los Monteros y U. Labarta (Eds.). 1987. *Reproducción en Acuicultura.* Comisión Asesora de Investigación Científica y Técnica. Plan de Formación de Técnicos Superiores en Acuicultura, (FEUGA), Madrid: 321 pp.
Giese, A. C. y J. S. Pearse (Eds.). 1975-1977. *Reproduction of marine invertebrates.* Academic Press. New York. 5 volúmenes.
González, A. F. y A. Guerra. 1996. Reproductive biology of the shorth-finned squid *Illex coindetii* (Cephalopoda, Ommastrephidae) of the Northeastern Atlantic. *Sarsia,* 81: 107-118.
Guerra, A. y B. G. Castro. 1994. Reproductive-somatic relationships in *Loligo gahi* (Cephalopoda: Loliginidae) from the Falkland Islands. *Antar. Sci.*, 6(2): 175-178.
Kartas, F. y J. P. Quignad. 1984. *La fecondité des poissons teleostéens.* Masson. Paris.
Mangold, K. 1987. *Reproduction.* En: P. R. Boyle (Ed.). *Cephalopod life cycles.* Vol.2, pp: 157-200. Academic Press, London : 441pp.
Mangold, K., R. E. Young y M. Nixon. 1993. *Growth versus maturation in cephalopods.* En: *Recent Advances in Fisheries Biology* : 697-703. T. Okutani, R. K. O'Dor y T. Kubodera (Eds.) Tokai University Press, Tokyo: 752 pp.
Potts, G. W.y R. J. Wootton (Eds).1984. *Fish reproduction.* Academic Press. London.
Rocha, F. y A. Guerra. 1996. Signs of an extended and intermittent terminal spawning in the squids *Loligo vulgaris* Lamarck and *Loligo forbesi* Steenstrup (Cephalopoda: Loliginidae). *J. Exp. Mar. Biol. Ecol.,* 207: 177-189.

Wallace, R. A. y K. Selan. 1981. Cellular and dynamic aspects of oocyte growth in teleosts. *Amer. Zool.*, 21: 325-343.

Capítulo 8

Amezago, R. 1988. *Análisis de contenidos estomacales en peces*. Revisión bibliográfica de los objetivos y la metodología. Secretaría General Técnica. Ministerio de Agricultura, Pesca y Alimentación. Madrid: 74 pp.

Berg, J. 1979. Discussion of methods of investigating the food of fishes with reference to a preliminary study of the prey of *Gobiusculus flavescens* (Gobiidae). *Mar. Biol.,* 50: 263-273.

Boucher-Rodoni, R., E. Boucaud-Camou y K. Mangold. 1987. *Feeding and digestion.* En: P.R. Boyle (Ed.). *Cephalopod life cycles.* Vol. 2, pp: 85-108. Academic Press, London: 441 pp.

Castro, B. G. y A. Guerra. 1989. Feeding pattern of *Sepia officinalis* (Cephalopoda, Sepioidea) in the Ría de Vigo (NW Spain). *J. mar. biol. Ass. U.K.,* 69: 545-553.

Castro, B. G. y A. Guerra. 1990. The diet of *Sepia officinalis* and *Sepia elegans* (Cephalopoda, Sepioidea) from the Ria de Vigo. *Scientia Marina*, 54(4): 375-388.

Clarke, M. R. 1986. *A handbook for the identification of cephalopod beaks.* Clarendon Press. Oxford: 273 pp.

Clarke, M. R. 1987. *Cephalopod biomass - estimation from predation.* En: P.R. Boyle (Ed.). *Cephalopod life cycles.* Vol. 2, pp: 221-237. Academic Press, London: 441 pp.

Cortez, T., B. G. Castro y A. Guerra. 1995. Feeding dynamics of *Octopus mimus* (Cephalopoda, Octopodidae) from the North of Chile. *Mar. Biol.,* 123: 497-503.

Cowey, C. B., A. M. Mackie y J. G. Bell (Eds.). 1985. *Nutrition and feeding in fish.* Academic Press, London: 489 pp.

Crow, M. E. 1982. *Some statistical techniques for analyzing the stomach contents of fish.* En: G. M. Caillet y C. A. Simenstad (Eds.). *Fish food habits studies.* Prodeeding of the Third Pacific Workshop, Washington Sea Grand Publ., Univ. Washington: 8-15.

Daan, N. 1973. A quantitative analysis of the food intake of North Sea Cod, *Gadus morhua*. *Netherlands J. Sea. Res.*, 6(4): 479-517.

De Silva, S. S. y T. A. Anderson. 1995. *Fish nutrition in acuaculture.* Chapman & Holt. London, 319 pp.

Elliot, J. M. y L. Persson. 1978. The estimation of daily rates of food comsumption for fish. *J. Anim. Ecol.*, 47: 977-991.

Gerking, S. D. 1994. *Feeding ecology of fish.* Academic Press. San diego, CA, USA: 416 pp.

González, A. F., A. López, A. Guerra y A. Barreiro. Cephalopods in the diets of marine mammals stranded on the Galician coast (NW Spain). *Fish. Res.,* 21(1-2): 179-191.

Guerra, A. 1978. Sobre la alimentación y el comportamiento alimentario de *Octopus vulgaris*. *Inv. Pesq.,* 42(2): 351-364.

Guerra, A. 1985. Food of the cuttlefish *Sepia officinalis* and *Sepia elegans* in the Ría de Vigo (NW Spain) (Mollusca: Cephalopoda). *J. Zool. Lond.,* 207: 511-519.

Guerra, A., F. Simón y A. F. González. 1993. Cephalopods in the diet of the swordfish, *Xiphias gladius*, from the Northeastern Atlantic Ocean. En: *The Recent Advances in Cephalopod Fisheries Biology.* Okutani T., R. K.O'Dor and T. Kubodera (Eds.): 159-164.Tokai University Press, Tokyo, Japan.

Harkönen, T. 1986. *Guide to the otoliths of the bony fish of the Northeast Atlantic.* Daubin Aps, Sweden: 256 pp.

Hellawey, J. M. y R. Abel. 1971. A rapid volumetric method for the analysis of the food of fishes. *J. Fish. Biol.*, 3: 29-37.

Hynes, H. B. N. 1950. The food of freswater sticklebass with a review of methods used in studies of the food of fishes. *J. Anim. Ecol.*, 19: 35-38.

Hyslop, E. J. 1980. Stomach contents analysis - A review of methods and their application. *J. Fish. Biol.*, 17: 411-429.

Ivlev, V. S. 1961. *Experimental ecology of the feeding of fishes.* Yale University Press, New Haven: 302 pp.

Jobling, M. y A. Breiby. 1986. The use and the abuse of fish otoliths in studies of feeding habits of marine piscivores. *Sarsia*, 71: 265-274.

Kamler, E. 1992. *Early life history of fish: An energetic approach.* Chapman & Holt. London: 267 pp.

Lovell, T. 1989. *Nutrition and feeding in fish.* Van Nostrand Reinhold: 260 pp.

Mangold, K. 1983. Food, feeding and growth in cephalopods. *Mem. Mus. Victoria*, Nº 44: 81-93.

Macpherson, E. 1977. *Estudio sobre las relaciones tróficas en peces bentónicos de la costa catalana.* Tesis Doctoral. Universidad de Barcelona: 137 pp.

Mauchline, J. y J. D. Gordon. 1985. Trophic diversity in deep-sea fish. *J. Fish. Biol.*, 5: 527-535.

New, M. B. 1987. *Feed and feeding of fish and shrimp.* United Nations Development Programme FAO. Ser. Aquaculture Development and Coordination Programme.

Nixon, M. 1987. *Cephalopod diets.* En: P.R. Boyle (Ed.). *Cephalopod life cycles.* Vol. 2, pp: 201-219. Academic Press, London: 441 pp.

O'Dor, R. K. y M. J. Wells. 1987. *Energy and nutrient flow.* En: P.R. Boyle (Ed.). *Cephalopod life cycles.* Vol. 2, pp: 109-133. Academic Press, London: 441 pp.

Rasero, M., A. F. González, B. G. Castro y A. Guerra. 1996. Predatory relationships of two sympatric squids *Todaropsis eblanae* and *Illex coindetii* (Cephalopoda: Ommastrephidae) in Galician wateres (NW Spain). *J. mar. biol. Ass. U.K.*, 76: 73-87.

Rocha, F., B. G. Castro, M. S. Gil y A. Guerra. 1994. The diets of *Loligo vulgaris* and *Loligo forbesi* (Cephalopoda: Loliginidae) in the Northeastern Spanish Atlantic waters. *Sarsia*, 79: 119-126.

Sánchez-Lizaso, J. L. 1988. *La alimentación del bacalao,* Gadus morhua L., *en los bancos de Terranova (Atlántico Noroeste) y en el banco de Spitsbergen (Ártico oriental).* Tesis de Licenciatura. Universidad de Valencia: 30 pp y anexos.

Schoener, T. W. 1985. Theory of feeding strategies. *Ann. Rev. Ecol. Sust.*, 2: 309-404.

Steffens. W. 1987. *Principios fundamentales de la alimentación de los peces.* Acribia, Zaragoza: 257 pp.

Stevenson, J., M. Green y A. MacDonald. 1983. Redundacy of variables used to describe importance of prey species in fish diets. *Can. J. Fish. Aquat. Sci.*, 40 (5): 633-637.

Villanueva, R. y A. Guerra. 1991. Food and prey detection of two deep-sea cephalopods: *Opisthoteuthis agassizii* and *O. vossi* (Octopoda: Cirrata) from Southeastern Atlantic. *Bull. Mar. Sci.,* 49(1-2): 288-299.

Watling, L., A. B. Thistle y B. E. Felgenhauer. 1987. *Functional morphology of feeding and grooming in crustacea.* B.E. Felfenhauer (Ed.). Rotterdam.

Windell, J. T., y S. H. Bowen. 1978. *Methods for study fish diets based on analysis of stomach contents.* En: T. Bagned (Ed.). *Methods for assessment of fish production in fresh waters.* Blackwell Sci. Publ., Oxford: 187-198.

Capítulo 9

Bertalanffy, L. von. 1938. A quantiative theory of organic growth. *Human Biology,* 10(2): 181-213.

Bhattacharya, C. G. 1967. A simple method of resolution of a distribution into Gaussian components. *Biometrics,* 23: 115-135.

Cassie, R. M. 1954. Some use of probability paper in the analysis of size frequency distributions. *Aust. J. Mar. Freshwat. Res.,* 5: 513-522.

Fournier, D. A., J. R. Sibert, J. Majkowski y J. Hampton. 1990. MULTIFAN: a likelihood-based method for estimating growth parameters and age composition from multiple length-frequency data sets, illustrated using data for Southern Bluefin Tuna *(Thunnus maccoyii). Can. J. Fish. Aquat. Sci.,* 47: 301-317.

Forsythe, J. W. y W. F. Van Heukelen, 1987. *Growth.* En: *Cephalopod life cycles,* vol II. P.R. Boyle (Ed.): 135-156. Academic Press, London: 440 pp.

Gayanilo, Jr., F. C ., P. Soriano y D. Pauly. 1988. A draft guide to complete ELEFAN. *ICLARM Sofware Project,* 2: 65 pp (con 10 disquetes).

González, A. F., B. G. Castro y A. Guerra. 1996. Age and growth of the short-finned squid *Illex coindetii* off Galician waters (NW Spain) based on statolith analysis. *ICES J. Mar. Sci.,* 53: 802-810.

Guerra, A. 1979. Fitting a von Bertalanffy expression to *Octopus vulgaris* growth. *Inv. Pesq.,* 43(1): 319-326.

Guerra, A. 1979. Edad y crecimiento de *Octopus vulgaris* del Atlántico Centro-Oriental. *CECAF-ECAF Ser.* 78/11: 113-126.

Guerra, A. y M. Manriquez. 1980. Parámetros biométricos de *Octopus vulgaris. Inv. Pesq.,* 44(1): 177-198.

Guerra, A. 1992. *Mollusca, Cephalopoda.* En: *Fauna Ibérica,* vol. 1. M.A. Ramos *et al.* (Eds.). Museo Nacional de Ciencias Naturales (CSIC), Madrid: 327 pp.

Guerra, A. 1996. Algunas consideraciones sobre el envejecimiento de los cefalópodos. *Iberus,* 14(2): 125-130.

Harding, J. P. 1949. The use of probability paper for graphical analysis of polymodal frequency distributions. *J. mar. biol. Ass. U. K.,* 28: 141-153.

Jereb, P., S. Ragonese y S.v. Boletzky (Eds.). 1991. *Squid age determination using statoliths.* Proceedings of the International Workshop held in the Instituto de la Pesca e del Pescato (I.T.P.P.-C.N.R.), Mazara del Vallo, Italy, 1-14 th October 1989. N.T.R.-I.T.P.P. Special Publications nº 1: 128 pp.

Jones, R. 1977a. *Tagging: Theoretical methods and practical difficulties.* En: *Fish population dynamies.* J.A. Gulland (Ed.), New York, Wiley Interescience: 46-66.

Macdonald, P. D. M. y P. E. J. Green. 1985. *User's guide to the program MIX: An interactive program for fitting mixtures of distributions*. Ichthus Data System. Ontario, Canada: 28 pp.

Munro J. L. y D. Pauly. 1983. A simple method for comparing growth of fishes and invertebrates. *ICLARM Fishbyte*, 1(1): 5-6.

Pauly, D. y G. Gaschütz. 1979. A simple method for fitting oscillating length growth data, with a program for pocket calculators, *ICES. C.M.* 1979/G: 24:26 pp.

Ricker, W. E. 1979. *Growth rates and models. En: Fish Physiology*. W.S. Hoar et al., (Eds.), vol VIII, Bioenergetics and growth. Academic Press, New York: 677-743.

Sparre, J. A. 1987. A method for the estimation of growth, mortality and gear selection/recruitment parameters from length-frequency samples weighted by catch per effort. *ICLARM Conf. Proc.*, 13: 75-102.

Schnute, J. y D.Fournier. 1980. A new approach to length-frequency analysis: growth structure. *Can. J. Fish. Aquat. Sci.*, 37: 1337-1351.

Summerfield, R. C. y G. E. Hall (Eds.). 1987. *Age and growth of fish*. Iowa State University Press, USA : 544 pp.

Stevenson, O. K. y S. E. Campana (Eds.). 1992. Otoliths microestructure examination and analysis. *Can. Spec. Publ. Fish. Aqua. Sci.*, 117: 126 pp.

Taylor, C. C. 1960. Temperature, growth and mortality-the Pacific cockle. *J. Cons. CIEM*, 26:117-1254.

Walford, L. A. 1946. A new graphic method of describing growth of animals. *Biol. Bull. Mar. Biol. Lab. Woods Hole*, 90: 141-147.

Weatherley A. H y H. S. Gill. 1989. *The biology of fish growth*. Academic Press, London: 443 pp.

Wetherall, J. A., J. J. Polovina y S. Ralston. 1987. Estimating growth and mortality in steady-state fish stock from length-frequency data. *ICLARM Conf. Proc.*, 13: 53-74.

Capítulo 10

Garrod, D. J. 1961. The selection characteristic of nylon gill nets for *Tilapia esculenta* Graham. *J. Cons. CIEM*, 26(2): 191-203.

Guerra, A. 1979. Selectividad de *Octopus vulgaris* del Atlántico Centro Oriental. *CECAF-ECAF Ser.* 78/11: 75-81.

Jones, R. 1976. Mesh regulation in the demersal fisheries of the South China Sea area. Manila. *South China Sea Fisheries Development and Coordinating Programme*, SCS/76/WP/34: 75 pp.

Jones. R. 1977b. Stock and recruitment. En: Les modèles d'evaluation des stocks halieutiques. *FAO Cir. Pêches,* 701: 89-110.

Larrañeta, M. G. 1997. Ecología de la relación stock-reclutamiento en peces marinos. *Oceánides* 1(2): 1-130.

Mac Lennan, C. N. (ed.) 1992. Fishing gear selectivity. *Fish. Res.,* Special issue, 13 (3):201-352.

Parrish, B. B. (Ed.). 1973. Fish stocks and recruitment. Proceedings of the Symposium held in Aarhus (7-10 de julio, 1970). *Rapp. P-V Réun. CIEM*, 164: 372 pp.

Ricker.W. E. 1954. Stock and recruitment. *J. Fish. Res. Board Can.*, 11: 559-623.

Capítulo 11

Alagaraja, K. 1984. Simple methods for estimation of parameters for assessing exploited fish stocks. *Indian J. Fish.*, 31:177-208.

Alverson, D. L. and M. J. Carney, 1975. A graphic review of the growth and decay of population cohorts. *J. Con. int. Explor. Merc.,* 36: 133-143.

Gulland. J. A. 1965. Estimation of mortality rates. Annex to Arctic fisheris working group report. *ICES C.M.* Doc., 3 (mimeo).

Heincke, F. 1913. Investigations on the plaice. General report, 1. The plaice fishery and productive regulations. Part I. *Rapp. P-V. Réun. CIEM,* 17 A: 1-153 + Anexos.

Pauly, D. 1980. On the interrelation ships between natural mortality, growth parameters and mean environmental temperature in 175 fish stocks. *J. Con. int. Explor. Merc.,* 39(2): 175-192.

Ricker, W. E. 1949. Mortality rates in some little-exploited populations of freshwaters fishes. *Trans. Am. Fish, Soc.*, 77: 114-128.

Rikhter, V. A. y V. N. Efanov. 1976. On once of the approaches to estimation of natural mortality of fish populations. *ICNAF Res. Doc.*, 76/VI/8: 12 pp.

Taylor, C. C., 1960. Temperature, growth and mortality, the Pacific cockle. *J. Con. int. Explor. Merc.,* 26: 117-124.

Capítulo 12

Ehrhardt, N. S., 1981. *Métodos de análisis de las estadísticas de captura y esfuerzo de pesca y su aplicación en modelos globales de pesquerías.* Curso CICIMAR-FAO, La Paz (México), Roma.

Quiñones Velázquez, C. y V. M. Gómez Muñoz. 1986. El éxito de la pesca como un índice de abundancia del atún en el Pacífico Oriental Mexicano. *Inv. Mar. CICIMAR,* 3(1): 1-11.

Vázquez, A. 1983. *Estudios bio-matemáticos de ecosubsistemas pesqueros.* Tesis Doctoral. Universidad de Santiago de Compostela: 175 pp.

Schnute, J. 1985. A general theory for analysis of catch and effort data. *Can. J. Fish. Acuat. Sci.*, 42: 414-429.

Capítulo 13

Andersen, P. y E. Ursin. 1977. A multiespecies extension to the Beverton and Holt theory of fishing, with accounts of phosphorous circulation and primary production. *Meddr. Danm. Fisk.-og Havunders,* N.S., 7 : 319-435.

Baranov, F. I. 1918. On the question of the biological basis of fisheries. *Nauchn. Issled. Ikhtiol. Inst. IZV.*, 1: 81-128 (en ruso).

Basson, M., J. R. Beddington, J. A. Crombie, S. J. Holden, L. V. Purchase y G. A. Tingley. 1996. Assessment and management techniques for migratory annual squid stocks: The *Illex argentinus* fishery in the Southwest Atlantic as an example. *Fish. Res.*, 28 (1): 3-28.

Beddington, J. R., A. A. Rosenberg, J. A. Crombie y G. P. Kirkwood. 1990. Stock assessment and the prevision of management advice for the short fin squid fishery in Falkland Islands waters. *Fish. Res.*, 8: 351-365.

Beverton, R. J. H. y S. J. Holt. 1957. *On the dynamics of exploited fish populations.* U.K. Ministery of Agriculture. Fisheries Investiments, Ser. 2 (19), London : 533 pp.
Beverton R. J. H y S. J. Holt. 1966. Manual of methods for fish stock assessment. Part 2. *FAO Fish Tech. Pap.*, 38, (Rev. 1): 67 pp.
Bishop, Y. M. M. 1959. Errors in estimates of mortality obtained from virtual populations. *J. Fish. Res. Board Can.*, 16 (1): 73-90.
Butterworth, D. S., A. E. Punt, D. L. Borches, J. G. Pugh y G. S. Hughes. 1989. A manual of mathematical techniques for linefish assessment. *S. Afr. Natl. Prog. Rep.,* 160: 89 pp.
Burczynski, J. 1982. Introducción al uso de sistemas sonar para la estimación de biomasa de peces. *FAO Doc. Tec. Pesca,* nº 191 (revisión 1): 74 pp.
Cadima, S. L.1976. Les models globaux. *FAO Cir. Pêches*, 701 : 71-88.
Caddy, J. y O. Defeo. 1996. Fitting the exponential and logistic surplus yield models with mortality data: some explorations and new perspectives. *Fish. Res.*, 25 (1): 39-62.
Clarke, W. G. 1991. Groundfish exploitation rates based on life history parameters. *Can. J. Fish. Aquat. Sci;* 48:734-750.
Clarke, W. G. 1993. The effect of recruitment variability on the choice of a target level of spawning biomass per recruit. En: Krause, G. et al., (Eds.). *Proc. Int. Sym. Manag. Strat. Expl. Pop. Alaska Sea Grant Rep.,* 93-02: 233-246.
Chapman, D. G. 1961. Statistical problems in dynamics of exploited fisheries populations. Proceedings of the 4th Berkeley Symposium on Mathematics Statistics and Probability. *Cont. Biol. Probl. Med.*, 4: 153-168. University of California Press.
Daan, N. and M. P. Sissenwine (Eds.).1991. Multispecies models relevant to management of living resources. Proceedings of a Symposium held in The Hague, 2-4 October, 1989. *ICES Mar. Sci. Symp.*, Vol. 193: 358 pp.
De Lury, D. B.1947. On the estimation of biological populations. *Biometrics*, 3: 145-167.
Derzhavin, A. N. 1922. The stellate sturgeon (*Acipester stellatus* Pallas), a biological sketch. *Byull. Bak. Ikt. Stan.*, 1: 393 pp (en ruso).
FAO. 1977. Les modèles d'évaluation des stocks halieutiques. *FAO Cir. Pêches*, 701: 164 pp.
FAO. 1978. Some scientific problems of multispecies fisheries. *FAO Fish. Tech. Pap.*, nº 181: 41 pp
FAO. 1980. Selected lectures from the CIDA/FAO/CECAF-seminar on fishery resource evaluation. *FAO/TF/INT*, 180(c) (Can) suppl., :166 pp.
Forbes, S. F. y O. Nakken (Eds.). 1972. Manual of methods for fisheries resources survey and appraisal. Part 2. The use of acustic instruments for fish detection and abundace estimation. *FAO Man. Fis. Sci.*, nº 5: 138 pp.
Fox, W. W Jr. 1970. An exponential surplus-yield model for optimizing exploited fish populations. *Trans. Am. Fish. Soc.*, 99 (1) : 80-88.
Fox, W. W. Jr. 1974. An overview of production modeling. *ICCAT Rec. Doc. Sci.,* vol. III: 142-156.
Fry, F. E. J. 1949. Statistics of a lake trout fishery. *Biometrics*, 5: 27-67.
Garrod. D. J. 1969. Empirical assessment of catch-effort relationships in North Atlantic cod stocks. *Res. Bull. ICNAF*, 6: 26-34.

Gayanilo, F. C. Jr., P. Sparre y D, Pauly. The FAO-ICLARM stock assessment tools (FiSAT). User's guide. *FAO Comp. Inf. Ser. (Fisheries)*, 8. Rome: 186 pp.

Gislason, H. y Th. Helgason. 1985. Species interaction in assessment of fish stock with special application to Norh Sea. *Dana,* 5: 1-44.

Govender, A. 1995. Mortality and biological reference points for the king mackerel *(Scomberomorus cammersoni)* fishery off Natal South Africa (based on a per-recruit assessment). *Fish. Res.*, 23: 205-208.

Gulland, J. A. 1969. Manual of methods for fish stock assessment. Par 1. Fish population analysis. *FAO Man. Fish. Sci.*, 4: 155 pp.

Jones, R. 1964. Estimating population size from commercial statistics when fishing mortality varies with age. *Rapp. P-V, CIEM,* 155 : 210-214.

Jones, R. 1969. Appendix to report of the North-Western working group, 1968. *ICES Coop. Res. Rep.*, Ser. A, nº 10: 32 pp.

Jones, R. 1977a. *Tagging: Theoretical methods and practical difficulties.* En: *Fish population dynamics*. J.A. Gulland (Ed.) New York, Wiley Interscience: 46-66.

Jones, R. 1984. Assessing the efects of changes in exploitation pattern using length composition data (with notes on VPA and cohort analysis). *FAO Fish. Tech. Pap.*, 256: 118 pp.

Lasker, R (Ed.). 1985. An egg production method for estimating spawning biomass of pelagic fish: Application to the northern anchovy, *Engraulis mordax. NOAA. Nat. Mar. Fish. Ser. Tech. Rep.*, 36.

Laurec, A. y J. C. Le Guen. 1981. Dynamique des populations marines exploités. Tome I: Concepts et Modèles. *Rapp. Sci. Tech. CNEXO*, nº 45: 117 pp.

Leslie, P. H. y D. H. S. Davis. 1939. An attempt to determine the absolute number of rats on a given area. *J. Anim. Ecol.*, 8: 94-113.

May R. M., J. R. Beddington, C. W. Clarke, S. J. Holt y R. M. Laws. 1979. Management of multispecies fisheries. *Science*, vol.205, nº 4403: 267-277.

Mac Lennan, O. Nand y E. J. Simmonds. 1992. *Fisheries acoustics*. Chapmnan and Hall, London: 325 pp.

Pauly, D. 1979. Theory and management of tropical multispecies stocks: a review with emphasis on the southeast Asian demersal fisheries. *ICLARM Stud. Rev.*, 1: 35 pp.

Pauly, D. 1980. A selection of simple methods for the assessment of tropical fish stocks. *FAO Fish. Circ.*, 729: 84 pp.

Pauly, D. 1985. Population dynamics of short-lived species, with emphasis on squids. *NAFO Sci. Counc. Studies,* 9: 143-154.

Pauly, D. y G. I. Murphy (Eds.). 1982. Theory of management of tropical fisheries *ICLARM Conf. Proc.*, 9: 360 pp.

Pella, J. J. y P. K. Tomlinson.-1969. A generalized stock production model. *Bull. Int-Am.Trop.Tuna Comm.*, 13 (3): 419-496.

Pope, J. G. 1972. An investigation of the accuracy of the virtual population analysis using cohort analysis. *Res. Bull. ICNAF*, 9 : 65-74.

Pope, J. G. 1980. TAC. Background to scientic advice of fisheries management.*Lowestoft Laboratory Lealef*, 54: 26 pp.

Punt, A. E. 1992. PC-YIELD II User's Guide (version 2.2) *Rep. Benguela Ecol. Program. S. Afr.*, 26: 36 pp.

Punt, A. E. 1993. *The use of spawner-biomass-per-recruit in management of linefisheries*. En: Beakley L. E. y R. P. van der Elst (Eds.). *Fish, fishers and fisheries*. Proccedings of the 2nd South African Marine Linefish Symposium. Oceanographic Research Institute, Special Publication (2): 80-89.
Regier, H. A. 1974. Sequence of exploitation of stocks in multiespecies fisheries in the Laurentian Great Lakes. *J. Fish. Res. Board Can.*, 30: 1992-1999.
Ricker, W. E. 1958. Handbook of computations for biological statistics of fish populations. *Bull. Fish. Res. Board Can.*, 119: 300 pp.
Ricker, W. E. 1975. Computation and interpretation of biological statistics of fish populations. *Bull. Fish. Res. Board Can.*, 141: 382 pp.
Riffenburgh, R. H. 1969. A stocastic model of interpopulation dynamics in marine ecology. *J. Fish. Res. Board Can.*, 26: 2843-2880.
Rosenberg, A. A., G. P. Kirkwood, J. A. Crombie y J. R. Beddington. 1990. The assessment of stocks of annual squid species. *Fish. Res.*, 8: 335-350.
Russell, E. S. 1931. Some theoretical considerations on the «overfishing» problem. *J.Cons. CIEM*, 6: 1-20.
Sánchez Lizaso. J. L. 1996. La alimentación del bacalo (*Gadus morhua* L.) en el banco de Spitsbergen (Ártico oriental) con particular referencia al canibalismo. *Tomo extraordinario, 125 Aniversario de la Real Sociedad Española de Historia Natural, Madrid*: 233-236.
Schaefer, W. E. 1954. Some aspects on the dynamics of populations important to the management of commercial marine fisheries. *Bull. Inter-Am.Trop.Tuna Comm.*, 1(2): 27-56.
Schaefer, W. E. 1957. A study of the dynamics of the fishery for yellowfin tuna in the eastern tropical Pacific Ocean. *Bull. Int-Am.Trop.Tuna Comm.*, 2 (6): 247-268.
Seber, G. A. F. 1982. *The estimation of animal abundance*. Macmillan, New York : 635 pp.
Simón, F., F. Rocha y A. Guerra. 1996. The small-scale squid hand-jig fishery off the northeastern Iberian Peninsula: Application of a model based on short fishery statistics survey. *Fish. Res.*, 25(3, 4): 253-263.
Sparre, P. 1987. Computer programs for fish stock assessment. Length-based fish stock assessment for Apple II computers. *FAO Fish. Tech. Pap.*, 101, Suppl.2: 218 pp.
Sparre, P. 1991. Introduction to multispecies virtual population analysis. *ICES. Mar. Sci. Symp.* 193: 12-21.
Thompson, W. F. y F. H. Bell. 1934. Biological statistics of the Pacific halibut fishery. 2. Effect of changes in intensity upon total yield and yield per unit of gear. *Rep. Int. Fish. (Pacific Halibut) Comm.*, 8: 49 pp.

Capítulo 14

Anderson, L. G. 1980. Necessary components of economic surplus in fisheries economics. *Can. J. Fish. Aquat. Sci.*, 37: 858-870.
Bas, C. y P. Rubiés (Eds.). 1987. Economía de la Pesca. *Inv. Pesq.* 51 (supl. 2): 252 pp.
Bockstael, N y J. Opaluch. 1983. Discreet modelling of behavioral response under uncertainty. *J. Env. Econ. Manag.*, 10(2): 125-137.
Clark, C. W. 1976. *Mathematical Bioeconomics*. New York, Wiley Interscience.

Cochet, Y. y B. Gilly. 1990. Logiciels pour l'analyse bioéconomique des pêcheries. BEAM 3. *FAO Doc. Tech. Pêches*, 310.2: 57 pp.

Coppola, S. R., S. M. García y R. Willimann. 1992. Software for bio-economic analysis of fisheries BEAM 1 and BEAM 2. *FAO Computerized Information Series (Fisheries)*, 1: 61 pp. (con programa y disquetes).

Crutchfield, S. R. 1987. Fisheries economics: Current status and outlook for the future. *Inv. Pesq.*, 51(suppl. 2): 1-19.

Cuningham, S., M. R. Dunn y D. Whitmarsh, 1985. *Fisheries economics: an introduction.* Mansell Publishing Limited, London: 372 pp.

Gordon, H. S. 1954. The economic theory of a common property resource: The fishery. *J. Polit. Econ.*, 62: 124-142.

Lleonart, J., R. Franquesa, J. Salat y P. Oliver, 1996. «Heures» a bio-economic model for Mediterranean fisheries, towards an approach for the evaluation of management strategies. *Sci. Mar.,* 60(2-3): 427-430.

López Veiga E. C. 1985. *Ordenación Pesquera: sus bases y su aplicación*. Servicio de Publicaciones de la Caja de Ahorros de Vigo: 214 pp.

Scott, A. 1955. The fishery: The objectives of sole ownership. *J. Polit. Econ.*, 63: 116-124.

Smith, V. L. 1969. On models of commercial fishing. *J. Polit. Econ.*, 77: 181-198.

Sparre, P. y R. Willmann. 1992. Sotfware for bio-economic analysis of fisheris BEAM 4. Analytical bio-economic simulation of space-structured multi-species and multi-fleet fisheries. Vol. 1: Description of the model. Vol 2: User's manual. *FAO Com. Inf. Ser. (Fisheries)*, 3; Vol. 1: 186 pp y Vol 2: 46 pp. (con programas y disquetes).

Vázquez, G., P. Arruza, M.G. Larrañeta, J. Mª Losada, E. Polanco y J.M. Sánchez. 1996. *El sector pesquero español en la Unión Europea.* Primera parte: *Adpatación del sector pesquero español a la normativa de la CEE*: 525 pp. Segunda parte: *La realidad actual del sector pesquero español*: 549 pp. Fundación Alfonso Martín Escudero. Mundi Prensa, SA. Madrid.

Warning, J. 1911. Om grudente at fiskegrunde. *Nat. Okon. Tadskrift*, 49: 499-505.

Capítulo 15

Ballantine, W. J. 1989. Marine reserves: lessons from New Zealand. *Progr. underw. Sci.,* 13: 1-14.

Bohnsack, J. A. 1992. *Reef resources habitat protection: The forgotten factor.* En: *Stemming the tide of coastal fish habitat lost.* R.H. Strout (Ed.). Marine Recreactional Fisheries, 14: 117-129.

Carr, M. H. y D. C. Reed. 1993. Conceptual issues relevant to marine harvest refuges: examples from temperate reef fishes. *Can. J. Fish. Aquat. Sci.*, 50: 2019-2028.

Guillén, J. E., A. A. Ramos, L. Martínez y J. L. Sánchez Lizaso. 1994. Antitrawling reefs and the protection of *Posidonia oceanica* (L.). Delile meadows in the Western Mediterranean Sea: demand and aims. *Bull. Mar. Sci.*, 55 (2-3): 645-650.

Gulland, J. A. 1977. Metas y objetivos de la ordenación pesquera. *FAO Doc. Tec. Pesca*, nº 166: 14 pp.

López Veiga E. C. 1985. *Ordenación Pesquera: sus bases y su aplicación*. Servicio de Publicaciones de la Caja de Ahorros de Vigo: 214 pp.

Martínez, M. 1997. *La pesquería artesanal de El Campello: influencia de un arrecife artificial disuasorio*. Tesis Doctoral. Universidad de Alicante.

Shepherd, J. G. y D. H. Cushing. 1990. Regulation in fish populations: myth or mirage. *Phil. Trans. Roy. Soc. Lond.* B, 330: 151-167.

Steele, J. H. 1996. Regime shifts in fisheries management. *Fish. Res.*, 25 (1): 19-25.

Troadec, J. P. 1982. Introduction a l'aménagement des pêcheries: intérêt, difficultés et principales méthodes. *FAO Doc. Tech. Pêches*, nº 224: 65 pp.

ÍNDICE ALFABÉTICO DE MATERIAS

Los números en cursiva indican que la materia se encuentra en una figura.

D

E

F

G

H

I

N

O

P

Q

R

S

T